그 마법의 원리를 말하다

해양 빅데이터의 세계

박상일 · 허준호 지음

KYOWOO

·머리말

빅데이터(Big Data)는 마법의 열쇠인가?

2020과 2021년은 대한민국 빅데이터 호황기이자 빅데이터 분야의 침체기가 시작되는 시점으로 보는이도 있다. 많은 빅데이터 컴퓨터공학자들과 경제학자들이 앞다투어 빅데이터에 관한 이야기를 나누었고, 빅데이터가 무슨 마법의 열쇠인 듯 언론에서 앞다투어 보도하였다. 그런데, 언젠가 빅데이터도 블록체인 처럼 호황기를 마치고 불황기에 들어서고 '빅데이터는 허황한 꿈이다' 등의 기사들이 또 쏟아져 나올수도 있다.

결국, 빅데이터는 유행에 좌지우지 되고, 이러한 현상은 비단 국내에서 뿐만이 아니고 해외에서도 똑같이 반복되고 있다. 어떠한 기술이던 요술램프처럼 갑자기 나타난 것은 없고, 빅데이터도 이와 같다. 기존의 데이터베이스에서는 최적화 하여 처리 속도를 빠르게 하여 가치를 찾아내는 패러다임이었다면 빅데이터 패러다임은 때로는 엉뚱한 데이터들을 계산하고 병합하여 사회적인 통찰력을 제시하고 진리를 찾아 내거나 미래를 예측 할 수 있다.

과거 인터넷(Internet)이 처음 이 세상에 나왔을 때, 사람들은 이것이 과연 실물경제와 연동할 수 있을까 하는 고민을 하였고 우리 또한 그렇게 생각을 하였다. 하지만 세계의 장벽이 없는 인터넷은 온라인 기반 쇼핑몰(Online-based Shopping Mall), 핀테크(FinTech), 메신저(Messenger) 등의 실제 생활에 접목이 된 뒤부터는 우리 생활에 밀접하게 적용되면서 폭발적으로 쓰이게 되었다.

빅데이터란 개념이 나온 지 어언 10년이 넘는 기간이 지났지만, 과연 실세계에 사용 가능한 기술인지, 그리고 거기에 상응하는 경제개념을 인식하고 있는지가 매우 중요하다. 기술이 아무리 좋아도 사용처가 없으면 무용지물이고 사용처가 아무리 많아도 기술이 없으면 필요 없는 Trade-Off 관계인 것이다.

필자들은 실제 생활에 빅데이터가 꼭 필요한 분야에 적용이 되었을 때 의미를 부여할 수 있다고 생각한다. 그리고 빅데이터는 결국 어느 산업 분야 또는 적용이 가능한 곳에 사용되었느냐에 따라 마법의 열쇠가 될 수도 있고, 불편한 시스템으로 전락할 수도 있어서, 빅데이터가 ICT(Information & Communication Technology)가 발전 할수록 필요한 응용의 영역이라는 것은 틀림이 없다.

필자들은 교육 분야에 종사하고 있어서 학생들과 직장인들을 대상으로 많은 교육을 하였으며, 향후의 빅데이터는 IT(Information Technology) 분야와 다른 모든 분야의 응용 영역이기 빅데이터 플랫폼(Big Data Platform)처럼 사용하지 않아도 사용되는 것처럼 모르게 작동하는 매커니즘이 나와야 한다고 생각한다.

한편, 본 저서에서는 해양 빅데이터셋을 수집하고 데이터셋을 만들고 있는 과정부터 조선, 해운, 해양 금융, 헬스케어, 스마트그리드, 에너지, 수산물 등 다양한 사업 분야에 적용하기 위한 기법 학술적으로 논문을 쓰는데 있어 기초를 배양 할수 있도록 교육과정을 구성 하였다.

또한, 교수자 입장에서도 도움될 만한 자료를 제시하고자 하였다.

저자 박상일·허준호

·목 차

PART. 02 (중급내용) 해양 빅데이터 분석

·서언

한국해양대학교가 있는 대한민국 부산시 영도구는 조선업 침체로 해양신산업 부스트 벨트 사업이 진행중이다. 그 과정에서 해양 빅데이터 활용이 대단히 중요 하다고 생각된다. 해양 빅데이터 수집 및 응용 그리고 방법론과 관련된 교재가 대한민국에 부족한 것이 사실이다.

그리고 부산시 영도구 동삼혁신지구에 첨단 해양 과학기술 혁신거점 컨트롤타워 역할을 할 STEM빌리지를 조성할 계획이다. STEM이란 과학(Science), 기술(Technology), 공업생산기술(Engineering), 수학(Mathematics)의 앞머리 글자를 딴 것으로 혁신클러스터, 슈퍼컴퓨팅센터, 빅데이터센터, 개방형 연구실(한국해양과학기술원 (KIOST): Korea Institute of Ocean Science & Technology) 등을 갖추고 해양 신산업 관련 연구개발을 주도하는 시설이다.

한편, 부산시 영도구 동삼혁신지구는 [그림 1]과 같이 지역 출신 인재들이 부산시에 정착할 수 있도록 돕는 역할도 한다. STEM 빌리지에 중견·중소기업, 대기업 연구소, 창업기업 등을 유치해 연구개발 성과를 사업화하거나 창업으로 연계하는 것. 2022년 목표로 기업유치 63개사, 직접 일자리 600개, 간접 일자리 3400개를 창출할 예정인데 인력 개발과 관련된 교재가 필요하다고 생각 하였다.

본 저서는 해양 전반의 연구, 영도구의 선박 건조 과정에서의 빅데이터 수집과 구축 방법론 개발, 조선 기자 활용에 있어서 최적화와 빅데이터 수집 및 분석, 전체적인 해양 산업의 최적화 그리고 빅데이터 수집 및 분석을 통해, 해양 산업과 전주기에 도움이 되는 빅데이터셋을 구축하는 기법을 배우며 4차 산업 혁명을 준비한다.

[그림 1] 2018~2022년 5년간 부산지역 혁신도시를 발전 시키는 종합발전계획
[출처: 국토교통부 2018년 10월 25일 발표자료]

한편, 구글에서도 이세돌 9단을 이긴 알파고를 논문으로 발표 하였고, 익명의 사토시 나카모토도 비트코인과 블록체인을 논문으로 발표하였다.

다른 업계와는 다르게 컴퓨터 분야 (IT 분야)에서는 기업 혹은 개인이 완성한 프로젝트의 결과물을 논문으로 발표하는 경우가 다수 있었기에 본 저서에서 학부생에게는 기본 내용에 대한 이해 그리고 대학원생들에게는 논문을 작성하는 기초를 배양할 수 있도록 구성하였다.

PART 01

(기본내용)
빅데이터의 이해

1. 빅데이터 정의와 특징

1.1. 빅데이터 정의

빅데이터(Big Data)란 무엇일까? 용어 그대로 단순히 정보가 큰 어떠한 집합을 의미하는 것일까? 우선 빅데이터를 알기 위해서는 빅데이터의 등장 배경부터 알아 보도록 하자.

인터넷의 발달, 블로그(Blog), SNS(Social Network Service)등 매체를 통한 개인의 다양한 정보 생산, IT(Information Technology)를 통한 다양한 데이터 생산, IoT(Internet of Things)를 비롯한 기계와의 정보 전달 등 디지털 사회의 변화와 경제 확산으로 우리 주변에는 그 크기를 알 수 없는 많은 빅데이터(Big Data)가 수집되고 가공 되고 있다.

이처럼 빅데이터란 과거 수동 또는 아날로그(Analog 또는 Analogue)로 대표되는 환경에서 생성되는 정보에 비해 그 규모와 측정이 어려울 정도로 방대하고, 생성되는 속도 또한 매우 빠르고, 숫자뿐만 아니라 문자 데이터, 이미지 데이터, 소리 데이터, 영상 데이터 등 다양한 종류의 데이터를 포함한 대규모 데이터를 말한다.

한편, [그림 2]는 헤럴드 경제 데이터 연구소에서 공개한 빅데이터의 워드 클라우드(Word Cloud)의 예시이다.

과거 PC와 스마트폰(Smart Phone)을 이용한 인터넷(Internet) 사용이 생활화 되면서, 지난 30년 동안 사람들이 만들어 내는 데이터는 기하급수적으로 증가하였다. 현재 많은 데이터를 생산하고 있는, UCC(User Created Contents)등 동영상 콘텐츠와 SNS(Social Network Service)를 1990년 초반인 30년전 과거를 생각 해보면 극히 일부는 PC 통신을 통해 글을 남기는 수준이었고, 대부분은 편지나 정식적인 출판을 통해 기록을 남겨야 했다.

[그림 2] Big Data 연관 Keyword (출처 : 헤럴드경제 데이터연구소)

하지만 지금은 인터넷을 사용 가능한 누구나 다양한 매체를 통해, 지금의 생각과 기분을 사진, 동영상, 글을 통해 원한다면 전 세계 사람들에게 공개하고 정보를 공유 할 수 있다. UCC를 비롯한 동영상 콘텐츠와 SNS는 생성되는 데이터 속도와 양도 기하급수적으로 늘어나고 있지만, 형태와 성질에서도 기존과 다른 모습을 보이고 있다. 특히 SNS나 Blog에서 생성되는 텍스트 정보는 글 쓴 사람의 성향뿐 아니라, 해당 글을 읽고 소비하는 상대방과의 관계도 파악 가능하다.

한편, 물건을 사고 파는 상거래를 생각 해보면 과거에는 가게에서 물건을 직접 보고 고르고, 단순히 어떤 물건이 언제, 얼마에 판매 되었다는 기록만 열람 가능했고, 이 또한 대부분 각 가게 내의 정보로 보관되었다.

반면 인터넷을 활용한 쇼핑몰의 경우 어떤 사용자가 어떤 물건을 어떠한 접근 방법으로 구매 했는지 바로 알 수 있고, 심지어 구매를 하지 않고 해당 쇼핑몰에서 머물면서 어떤 상품을 보았고, 그 상품을 보기 위해서 어느 정도 시간을 머물렀는지, 그리고 어떤 내용 또는 접근 방법으로 그 상품을 찾았는지 등 다양한 정보를 알 수 있다.

SNS, 쇼핑뿐 아니라 운전하는 습관, 자주 가는 장소, 증권, 은행, 카드와 같은 금융 거래, 자료 검색 정보, 여가 생활, 이메일 등 다양한 정보를 보관 수집하고 있다. 또한, 사물인터넷(IoT: Internet of Things)과 사물통신(M2M: Machine to Machine), 제조의 IT화 등으로 디지털 정보가 폭팔적으로 증가하고 있고, 이제 우리는 만물 인터넷(IoE: Internet of Everything) 세상에 살고 있다.

인류가 생기고 2003년까지 만들어낸 데이터 양이 5 exabyte라면, 현재는 단 하루만에 5 exabyte 데이터를 생산해 내고 있다. 매월 300억 이상의 동영상을 비롯한 콘텐츠가 생산되며, 6,500만 이상의 기업이 회사 또는 업무와 관련된 정보나 사이트를 운영하고, 매일 3,500만 명 이상이 Facebook에서 상태를 업데이트하고 있다.

2021년 2월을 기준으로 페이스북(Facebook)의 월 사용자 수(MAU : Monthly Active Users)는 28억명에 이르며, 트위터(Twitter)는 50억개 이상의 트윗을 매일 전송하고 있다. 한편, 오늘날 전 세계 데이터 규모는 2018년에 기준 33 zetabyte에서 2025년에는 175 zetabyte로 연평균 61%가 증가할 것이라고 전망하고 있다(IDC, 2018). 한편, zetabyte는 exabyte의 1024배이니 엄청난 데이터가 생성되고 있는 것이다.

이처럼 빅데이터(Big Data)는 다양하게 정의되고 있다. 대한민국 한국소프트웨어기술인협회 빅데이터 전략연구소에 따르면 빅데이터란 기존의 관리 및 분석 체계로는 처리할 수 없을 정도의 거대한 데이터의 집합이라 칭하며, 과거 빅데이터는 항공, 우주, 천문, 유전자 바이오 정보 등 특수한 분야에 한정되어 있었다면, 인터넷 기술 발달에 따라 사소한 개인의 일상 정보에서 부터 전문적인 학문 정보 및 제조 생산 정보까지 전 분야로 확산 되었다. 또한, 빅데이터를 가공 및 분석하는 모든 내용이 빅데이터 범주에 포함된다.

기술 발전에 따라 데이터 저장 및 처리와 분석 비용이 매우 저렴해 졌고, 하락하고 있다. SNS 확대, 개인화 서비스 등으로 막대한 데이터가 폭발적으로 진행중에 있으며, 앞으로 기계, 가정의 전자기기, 휴대용 기기, 자동차 심지어 건축물과 도로 등에 내장된 임베디드 시스템(Embedded System)과 사물인터넷(IoT)을 통해 우리가 상상할 수도 없는 막대한 양의 데이터가 생성될 것이다. 디지털 사회화와 4차 산업 혁명 등으로 기하급수적으로 데이터가 증가하게 되었고, 이러한 대규모 데이터의 분석과 활용이 중대한 이슈로 부각 되면서 사람들에게 빅데이터(Big Data)라는 용어가 일상화 되었다. 한편, [표. 1]은 한국소프트웨어기술인협회 빅데이터 전략연구소 정보 사회의 패러다임의 변화와 힘의 이동에 대한 내용이다.

[표. 1] 정보 사회의 패러다임의 변화와 힘의 이동

구분	PC시대	인터넷시대	모바일시대	스마트시대
패러다임	디지털화, 전산화	온라인화, 정보화	소셜화, 모바일화	지능화, 개인화, 사물정보화
IT이슈	PC, PC통신, 데이터베이스	초고속 인터넷, WWW, 웹서버	모바일 인터넷, 스마트폰	빅데이터,차세대PC 사물인터넷(IoT)
핵심분야 (서비스)	PC, OS	포털, 검색엔진, Web2.0	스마트폰, 앱서비스, SNS	미래전망,상황인식, 개인맞춤형 서비스
대표기업	MS, IBM 등	구글, 네이버, 유튜브 등	애플, 페이스북, 트위터 등	새로운 기업
IT 비전	1인 1PC	클릭 e-korea	손안의 PC	IT everywhere 새로운 가치 창출

(출처 : (사)한국소프트웨어기술인협회 빅데이터전략연구소)

미래의 빅데이터는 더욱 폭발적으로 증가하게 될 것으로 예측 되고 있다. 스마트 단말의 일상화, SNS 및 UCC을 통한 의사 소통, 사물인터넷(IoT) 등 세상의 모든 사물과 인간이 연결될 것이고 모든 것이 데이터가 될 것이다. 이와 같이 미래에는 빅데이터를 활용한 정제 및 분석 기술이 더욱 필요하게 될 것이고, 중요한 산업이 될 것으로 예측된다.

1.2. 빅데이터 특징

과거에는 빅데이터의 특징으로 데이터 양(Volume), 데이터 생성 속도(Velocity), 데이터 형태의 다양성(Variety)을 정의하는 것이 일반적이었다. (O'Reilly Radar Team, 2012). 하지만 최근에는 데이터 가치(Value)와 데이터 정확성(Veracity)을 포함하여 빅데이터의 특징으로 보고 있다. 즉 과거에는 데이터 양이나 특성으로 빅데이터를 정의하였다면, 현재는 원하는 가치(Value)를 얻을 수 있도록 분석 가능한 데이터를 의미한다.

빅데이터 특징 중 데이터 양(Volume)의 경우, 기술적의 발전과 IT의 일상화와 보편화가 진행되어 정보 등 다양한 데이터가 생성되고 있으며, 동시에 텍스트(Text)로 된 단순한 문자형 이외의 이미지, 소리, 동영상 등의 비정형화된 데이터 유형의 다양성도 증가하고 있다.

속도(Velocity)는 사물인터넷(IoT: 센서, 기계적 정보, 모니터링), 스트리밍 정보 등 실시간성 정보가 증가하고 있으며, 이로 인하여 데이터 생성 및 이동 속도도 증가하고 있다. 대규모 데이터 처리를 통한 가치 있는 실시간 정보를 활용하는 경우 분석의 속도도 매우 중요하다.

정확성(Veracity)은 빅데이터 특성상 데이터의 양이 방대한 정보를 바탕으로 분석을 수행하게 되며, 데이터 분석을 통해 수준 및 가치가 높은 데이터를 활용하는 것이 분석의 정확도에 매우 큰 영향을 준다.

가치(Value)의 경우 빅데이터는 데이터 양이 아니라 해당 데이터를 활용하여 유의미한 결과의 가치를 만들어 낼 때 그 의미가 있다. 빅데이터 분석을 통해 만들어진 가치(결과물)는 다양한 곳에서 야기되고 있는 여러 가지 문제를 해결하는데 많은 도움을 주고 있다.

[그림 3]은 빅데이터의 6가지 특징을 보여준다. 빅데이터의 특징 6가지로, 데이터 양(Volume), 데이터 생성 속도(Velocity), 데이터 형태의 다양성 (Variety), 정확성(Veracity), 가치(Value), 시각화(Visualization)가 있다.

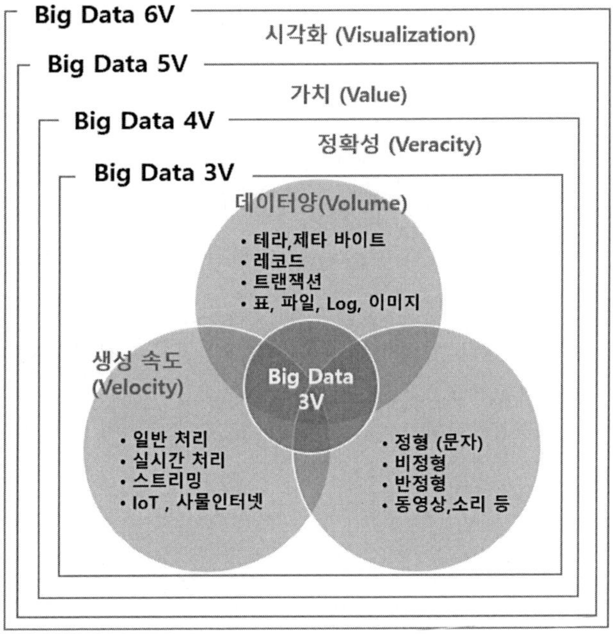

[그림 3] 빅데이터의 6가지 특징

최근에는 빅데이터에 새로운 V로 시각화(가시화, Visualization)를 추가하기도 한다. 시각화란 빅데이터는 다양한 대규모의 데이터를 수집하여 복잡한 분석을 진행한 후 용도에 맞게 정보를 가공하여 가치 있는 정보를 추출한다.

이때 중요한 것은 사용자의 이해 정도이다. 즉 아무리 가치 있는 정보를 찾았다고 해도 사용자가 이해하지 못하면 해당 정보는 쓸모가 없기 때문이다. 이를 위하여 처리된 빅데이터 결과를 시각화하는 것은 매우 중요하다.

기존 데이터 처리(RDBMS) 방식과 빅데이터 처리 방식에는 다음과 같은 특징이 있다. 기존 데이터 처리 방식은 정형 데이터 중심이며, 한곳에서 처리 가능한 데이터 양의 경우 테라베이트 수준으로, 정형화된 처리와 분석 결과 및 단순화 프로세스 및 기술에 적합하다. 즉 기존 데이터 처리(RDBMS)는 원인과 결과의 규모 중심으로 처리를 목적으로 하고 있으며, 입력과 출력이 문자 및 숫자 등 정형 데이터 형태로 명확하고 데이터 양이 한정적일 때 유용하다.

반면 빅데이터 처리 방식은 최소 100테라바이트(페타바이트) 이상 데이터 처리를 할 수 있으며, 장기간의 정보 수집 및 분석을 통한 방대한 데이터 처리를 하게 된다. 그리고 문자 및 숫자 등의 정형 데이터보다는 비정형 데이터 비중이 높고 처리의 복잡도도 높은 편으로 분산 처리 기술이 필요하다. 이처럼 빅데이터는 다양한 형태의 데이터 및 복잡한 분석과 처리가 이루어지며, 이를 해결하기 위한 새롭고 다양한 처리 방법이 만들어지고 있다.

한편, [표. 2]는 RDBMS(Data Warehouse)와 빅데이터에서 Hadoop의 차이를 보여준다.

[표. 2] RDBMS (Data Warehouse)와 Big Data (Hadoop)의 차이

비교	RDBMS(DW)	Big Data(No SQL)
목적	데이터조회 분산처리	다양한 Workload 분산 처리 (배치, 데이터조회, Streaming 등)
대상 데이터	정형	정형, 비정형
데이터 처리 방식	SQL	SQL 포함 다양한 스크립트 및 언어 지원

성능	조회 성능 우수 (인덱싱 데이터 조회 성능 우수)	배치 처리 우수 전체 데이터 조회 (Full Scan) 성능 우수
동시 사용자 지원	수십명~수천명	~수십명
H/W & SW	Commercial S/W, Specialized H/W [고비용]	Open Source Software Commodity H/W [저비용]
확장성	시스템 확장이 까다롭고 느림	원하는 용량 만큼 신속하게 확장
데이터 정합성	Schema on Write	Schema on Read

(출처 : LG CNS Blog Site)

1.3. 빅데이터 영향

빅데이터는 정치, 경제 및 경영, 공공, 사회, 문화, 과학기술 등 다양한 분야에 영향을 미치고 있으며, 그 영향은 다양하게 나타나고 있다. 빅데이터를 통해 만들어진 가치는 기업과 산업의 혁신 원동력을 제공하고 있고, 이를 통해 기업경쟁력을 향상 시킬 수 있다.

또한, 생산성 향상을 통한 기업경쟁력 및 효율성을 동시에 높여주는 역할을 하고 있다. 정보 및 공공에서는 빅데이터를 통해 전반적인 영향과 현상을 파악하고 이를 통해 새로운 가치를 분석하여 기존에는 해결하지 못했던 문제점들을 빠르고 쉽게 해결할 수 있다.

그리고 빅데이터는 기업, 경제, 산업뿐 아니라 국가 경쟁력에서도 우위를 선점할 수 있는 중요한 자원으로 활용될 수 있다. 과거에도 대용량 데이터 분석을 통해 의미 있는 결과를 찾아내는 노력은 지속적으로 해왔다.

하지만 지금의 빅데이터를 통한 분석 및 처리는 과거와 비교하면 양은 물론이고 다양성과 가치 측면에서 완전한 해결 방법을 제시하고 있으며, 4차 산업혁명이라는 새로운 산업 혁명의 한 축처럼 여겨지기도 한다. 빅데이터는 2차 산업 혁명 시기의 석탄처럼 IT(Information Technology)와 스마트혁명 시기에 경쟁력 강화와 생산성 향상의 중요한 혁신의 시작 점이라 할 수 있다.

한편, 기업은 빅데이터를 활용하여 고객의 행동 및 소비 패턴을 분석하고 이를 통해 시장의 동향과 소비자가 무엇을 원하는지를 예측하여 기업의 문제점을 파악하여 이를 개선 및 수정함으로써 기업의 이익에 직접적인 영향을 줄 수 있다. 생산 기업 시스템인 PLM, ERP, MES, WMS 등으로부터 생성되는 데이터를 수집하여 빅데이터화 하고 이를 가공, 분석하여 비즈니스 전반의 가치 데이터 활용함으로써 품질 향상, 원가 절감, 제품 차별화가 가능해졌다. 과거에는 생산 공정 및 운영 중에 발생하는 데이터를 하나로 모아 가치 있는 데이터로 만들기에는 그 양이 적거나 정제가 쉽지 않고, 역량이 부족하여 제대로 활용하기 어려웠으나, 지금은 빅데이터 기술을 활용하여 품질과 생산성은 높이고, 제품 불량을 줄여서 다양한 데이터로 이용 할 수 있게 되었다.

한편, 1990년부터 기업들은 자신들이 보유하고 있는 다양한 고객 정보를 활용하여 마케팅 활동을 해 왔다. 이러한 고객관계 관리(CRM, Customer Relationship Management) 활동은 기업이 보유하고 있는 데이터를 활용한 고객 데이터 분석(데이터 마이닝, Data Mining), 이를 통합하는 데이터웨어하우스(Datawarehouse)등을 통해 새로운 고객 유치와 유지 그리고 이탈방지 등과 같은 다양한 마케팅 활동을 진행하였다. 초기에는 자신들이 보유한 데이터를 활용한 CRM을 진행하였다면, IT가 발전함에 따라 자사의 고객 데이터 뿐 아니라 제휴회사의 데이터를 활용한 고객 마케팅까지 확대되었다.

최근에는 기존에 보유한 정보 외에 분산처리방식과 같은 다양한 빅데이터 기술을 활용해서 대규모 고객 정보를 빠른 시간 안에 분석하는 것이 가능하다.

다양한 구매 이력 정보와 웹 서비스를 사용을 측정한 웹로그(Web-Log) 분석, 모바일 기반의 위치기반 서비스(GPS), 트위터, 페이스북 등 SNS 분석을 통한 개인 요구 및 관심사 등을 분석하여 소비자가 원하는 서비스를 정확하게 사용자가 원하는 장소에 원하는 방식으로 제안할 수 있는 기술까지 갖추게 되었으며, 기업에 부정적인 또는 개선점이 발견될 경우 실시간으로 이를 파악하여 즉각적으로 대처하고 있다. 결국 기업의 빅데이터 활용은 고객의 행동을 미리 예측하고 대처방안을 마련해 기업경쟁력을 강화 시키고, 생산성 향상과 비즈니스 혁신을 가능하게 하고 있다(맥킨지 보고서 McKinsey, 2011).

정부 기관에서도 빅데이터를 활용하기 위해 많은 노력을 하고 있다. 정부 기관의 경우, 단일 현상이 아닌 사회 전반적인 데이터를 수집 관리하고 있으며, 이는 환경, 사회, 주거 등 다양한 데이터를 수집하고 있다. 이를 통해 사회 현상의 문제점 해결, 재난 및 재해에 대한 대비, 미래의 국가 방향성 수립 등에 다양하게 활용되고 있다. 그리고 빅데이터는 사회 현상 분석을 통해 사회적 약자를 위한 활동들을 수행하는데 많은 도움을 줄 수 있으며, 이는 다양한 사회적 기회 창출 및 복지 등 정책으로도 이어지고 있다. 정부 기관의 입장에서도 빅데이터는 시민이 요구하는 서비스를 제공할 수 있는 기회로 작용한다. 이는 '사회적 비용 감소와 공공 서비스 품질 향상'을 가능하게 만든다. 한편, 대한민국의 국가정보화전략위원회도 2011년 '빅데이터를 활용한 스마트 정부 구현(안)'을 보고했다. '빅데이터'는 민간 기업은 물론 정부를 포함한 공공 부문의 혁신을 수반하는 패러다임의 변화를 의미한다. 빅데이터는 단순한 변화나 추이뿐 아니라 경제적인 효과, 사회 현상 해결, 환경 문제, 전략 및 방향성 수립 등 다양한 효과를 보여주고 있으며, 이는 데이터의 양이 많아지는 미래에는 더욱 큰 가치를 줄 것으로 예상된다.

한편, 미국의 대통령 과학자문위원회는 2010년 발간한 '디지털 미래 전략(Designing a Digital Future)' 보고서에서 '모든 연방정부 기관은 빅데이터 전략이 필요함'을 강조했다.

2012년에 열린 다보스 포럼(세계경제포럼)에서도 위기에 처한 자본주의를 구하기 위한 '사회 기술 모델(Social and Technological Models)'을 제시하고 '빅데이터'가 사회현안 해결에 강력한 도구가 될 것으로 예측했다(Vital Wave Consulting, 2012).

연습문제

1. 빅데이터란 무엇인지 설명하세요.

2. 빅데이터를 예를들어 설명하세요.

3. 빅데이터의 6가지 특징을 설명하세요.

4. 빅데이터가 공공에 미치는 영향에 대해서 설명하세오.

5. 맥킨지 보고서는 무엇인지 찾아보고 설명하세요.

2. 빅데이터 활용 사례 및 의의

2.1. 경제적 사례

고객 관리 사례로는 영국의 아비바 생명(Aviva plc)은 운전자의 운전 패턴에 기반을 둔 맞춤형 보험 상품을 제공하고 있다. 이를 위해 차량 내 운행 기록 장치를 통해 실제 운전 형태를 빅데이터 수집하고 분석하고 있으며, 주로 운전하는 시간과 지역 등을 감안해 운전한 만큼 지불하는 보험 상품인 'Pay-as-you-drive'과 "RateMyDrive"를 내 놓아 고객들로 부터 좋은 반응을 얻었으며, 이제는 많은 보험사에서 동일한 상품을 기획 또는 출시하였다.

미국의 저가 항공의 대명사인 사우스웨스트 항공(Southwest Airlines)은 항공기 좌석 스크린에 승객별로 다른 광고를 제공하고 있는데, 미국인의 96%를 비롯해 전 세계적으로 5억명에 달하는 고객 정보를 갖고 있는 엑시엄(Acxiom)의 DB에 저장되어 있는 항공기 탑승객의 쇼핑 습관과 구매 패턴 등을 분석한 후 승객별로 최적화된 광고를 제공하고 있다.

그리고 미국의 타깃 코퍼레이션(Target Corporation)은 2002년 데이터 분석 전문가 '앤드루 폴'을 영입해 '임신 예측 모델'을 개발하였다. 이는 여성 고객의 임신 여부를 선제적으로 파악하여, 고객의 임신을 높은 확률로 추정할 수 있게 해주는 주요 아이템에 대한 검색이나 구매 등 온오프라인(On/Off-Line)에서 행해지는 고객의 모든 활동을 지속적으로 축적하여 고객의 임신 주기까지 알아 맞힐 수 있는 수준의 정보를 확보하고 있다.

타깃 코퍼레이션(Target Corporation)에서 임신 여부를 파악할 수 있었던 것은 평소에 구매하지 않은 상품 구매 패턴이 발견되면 상관 관계 분석(Correlation Analysis)을 통해 결과를 도출해 내며, 이와 같은 분석 결과를 바탕으로 관련 상품에 대한 프로모션 등의 효과를 제공하고 있다.

한편, 대한민국의 온라인 쇼핑몰인 티켓몬스터(티몬: TMON)은 여행을 원하는 소비자들이 쉽고 간편하게 정보를 찾고 예약할 수 있는 개인화 서비스를 제공하고 있다. 항공권 가격 비교 서비스를 통해 항공권을 찾았던 기록이 있는 고객에게 해당 지역의 특가 항공권 딜을 보여주고, 해당 지역의 호텔 및 현지 입장권, 교통권 등의 상품을 추천하고 있다.

그리고 대한민국의 온라인 쇼핑몰 11번가(11 Street)는 빅데이터를 활용한 개인화 추천 플랫폼 '콜로세오'을 통해 고객의 쇼핑 요구를 실시간으로 반영하여 상품 추천을 하고 있으며, 방문량이 많은 물품 및 항목들을 중심으로 고객에게 맞는 상품 추천과 해당 상품과 함께 본 상품 등과 같은 추천 서비스를 제공하고 있다. 'MY 추천' 메뉴를 통해 고객이 관심 있는 상품, 최근 구매한 상품, 최근 장바구니에 담아 둔 상품 등을 분석하여 추천을 한다.

또한, 대한민국의 롯데카드(Lotte Card)는 고객 생활 중심의 최적의 맞춤형 혜택과 서비스를 롯데카드 라이프앱(LIFE APP)을 통해 제공하고 있다. 고객군을 200개 선호 지수를 통해 고객을 분류하여 위치, 상황, 경험 등 빅데이터 분석을 통한 '초 개인화 서비스'를 적용하여 맞춤형 혜택을 알아서 추천하고 해당 가맹점 결제 시 자동으로 적용해주는 '롯데 카드 터치' 서비스를 제공한다. 또한 금융 서비스 신청, 결제 계좌 실시간 잔액 조회를 할 수 있는 '원스톱 금융 서비스'를 업계 최초로 적용하였다.

대한민국의 이마트 트레이더스(E-MART TRADERS)는 서울 매장의 개점을 앞두고 삼성 카드와 협업하여 빅데이터 마케팅 전략을 펼쳤다. 불특정 다수 혹은 단순 주거지를 기준으로 무작위 광고 발송을 하지 않고 거주지, 주요 소비 지역, 소비 성향 등 고객을 다각도로 분석해 고객을 세분화, 집중화하여 마케팅을 한 것이다. 삼성카드 앱을 통한 수요 조사 실행 및 개점 3주 전 백화점 식품 코너, 대형 마트에서 자주 결재한 소비자 등으로 타켓을 좁혀 마케팅 한 것으로 이에 따른 맞춤형 할인 쿠폰 및 프로모션 안내 메시지를 전송하여 높은 효과를 보았다.

2.2. 프로세스와 효율성 개선 사례

스페인의 자라(Zara)는 패스트패션(SPA) 기업의 대표 주자 중 하나로 빅데이터 분석을 활용하여 전세계 매장의 판매 현황을 실시간으로 분석한 뒤 고객 수요가 높은 의류를 실시간으로 공급할 수 있는 물류망을 구축함으로써 재고 부담은 줄이고 매출은 극대화의 성과를 거두고 있다. [그림. 4]는 자라에서 빅데이터 분석을 통해 매장 내에 판매 현황 및 그에 따른 분석 정보를 보여주는 사내 고객/수요 예측 분석 시스템 화면이다.

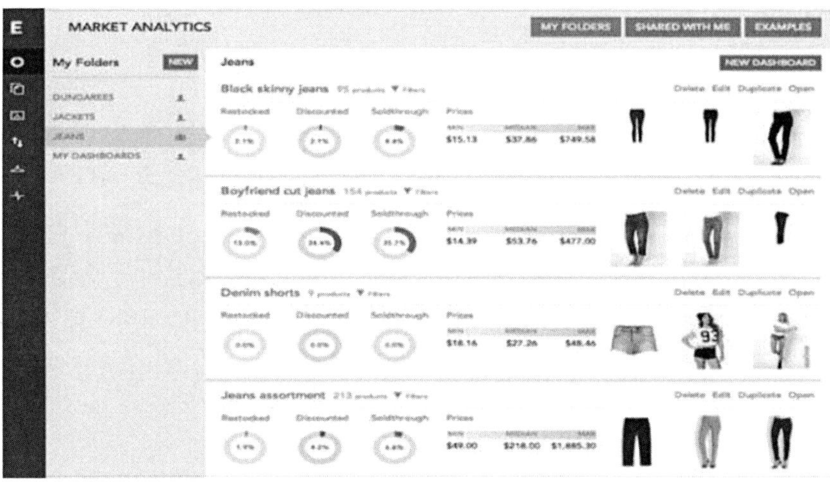

[그림. 4] 자라(Zara)의 빅데이터 분석 예시
(출처:http://www.press9.kr/news/articleView.html?idxno=13950)

한편, 독일의 도이체 포스트 DHL 그룹은 일별 배송 정보를 분석하여 소비자의 물류 서비스 이용 흐름과 패턴 파악에 활용하고 있다. 이를 위하여 도이체 포스트는 실시간 교통 상황, 수진자 상황, 지리적/환경적 요소를 고려한 최적화된 배송 경로를 실시간으로 분석하여 적기 배송을 통한 배송 실패율

제로 수준으로 만들었다.

미국 구글(Google)의 경우 데이터 센터 서버와 기타 장비의 사용 시간과 에너지 사용량에 대한 방대한 데이터를 분석하여 데이터 센터의 에너지 사용량과 성능의 관계를 조율하여 최적의 에너지로 최고의 효과를 보일 수 있는 성능으로 운영하고 있다.

대한민국의 삼성 SDS는 물류, 제조 등 다양한 서비스에 활용 할 수 있는 데이터 분석 솔루션 '브라이틱스(Brightics)' [그림. 5]를 통해 물류 리스트 모니터링, 실시간 생산 시설 분석 등 제조 고객사의 생산성 향상을 지원하는 빅데이터 서비스를 제공하고 있다. 이는 국내외 법인 간의 물류 효율화에 적용하였으며, 다수의 기업들이 기업의 품질 향상을 위해 해당 솔루션을 사용하고 있다.

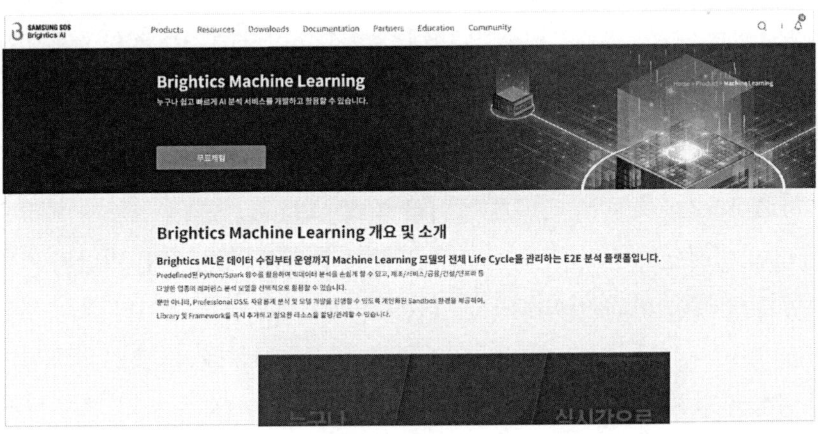

[그림. 5] 삼성 SDS Brightics AI(출처: https://www.brightics.ai)

2.3. 새로운 가치 창출 사례

미국의 아마존은 예측 배송이라는 서비스로 쇼핑몰에 새로운 패러다임을 보였다. 이는 빅데이터 분석을 이용한 고객 이해와 구매 추천을 보다 진보시킨 것이다. 이를 위해 아마존(Amazon)은 2013년 12월에 고객이 구매하기 전에 배송을 준비하는 '예측 배송 서비스'에 대한 특허를 이미 취득하였다. 예측 배송은 고객이 구매할지 말지의 불확실한 상황에서 고객 주소지와 가장 가까운 물류 창고로 미리 배송을 시작하는 것으로, 이는 기존 주문과 장바구니, 희망 물품 구입 목록, 검색 내역, 반품 내역, 페이지에 머무는 시간, 머무는 상품 정보 등 다양한 정보를 활용하여 고객을 고객보다 더 잘 이해하여 미리 배송하는 서비스이다.

한편, [그림. 6]은 아마존의 예측 배송 경로를 보여준다. 본 서비스가 가능한 것은 아미존이 빅데이터 분석 역량을 바탕으로 서비스를 하기 때문이다. 월스트리트 저널은 '예측 배송'은 방대한 고객 데이터 가치를 정확하게 이해하고 활용하고 있는 아마존만이 가능한 서비스로 타 업체들과 다른 강력한 차별화 포인트라고 설명하였다.

한편, 미국의 제프리 이멜트 제너럴 일렉트릭(GE: General Electric) 회장은 '제너럴 일렉트릭(GE: General Electric)는 어제 밤 잠들 때는 산업 기반의 기업이었지만, 오늘 아침 일어나면서부터는 소프트웨어 및 빅데이터 분석 기업이 될 것이다.'라는 말로 제너럴 일렉트릭(GE: General Electric)의 앞으로 나아갈 방향을 말하였다. 이는 제너럴 일렉트릭(GE: General Electric)이 빅데이터 수집과 분석을 통해 생산성 혁명의 원동력을 찾겠다는 의지가 담겨 있다. 제너럴 일렉트릭(GE: General Electric)는 고객에게 산업 생산성 향상으로 스마트 공장(Smart Factory)를 구현할 수 있도록 자산의 정보기술(IT: Information Technology) 역량을 대폭 강화하기 위해, 제너럴 일렉트릭 소프트웨어(Software)를 별도로 설립하고, [그림. 7]과 같이 'Predix'라는 빅데이터 분석 플랫폼을 개발하였다.

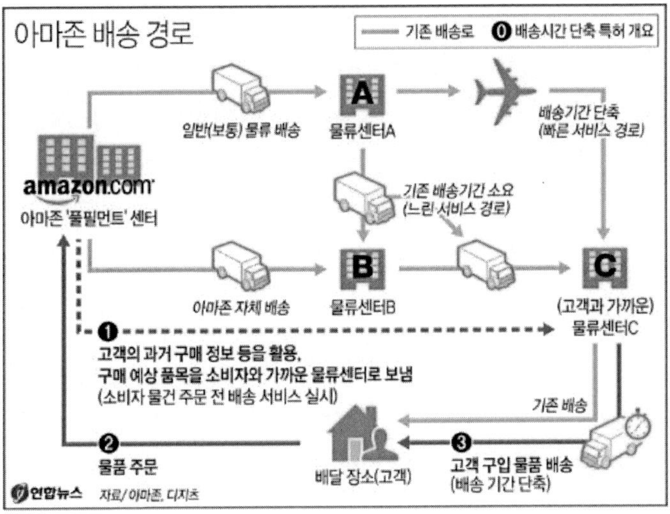

[그림. 6] 아마존의 예측 배송 경로
(출처 : 연합뉴스 , 아마존 디지츠)

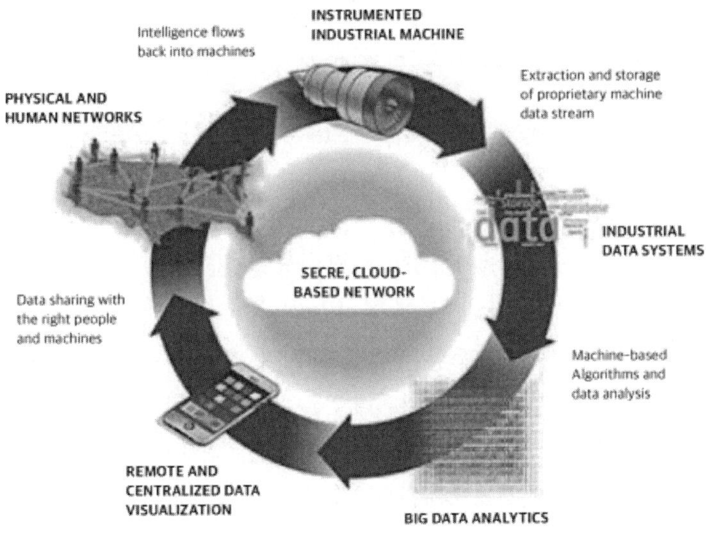

[그림. 7] GE Software Predix (출처: 미국 GE 홈페이지)

일본의 후지쯔(Fujitsu)는 2012년 부터 [그림. 8] 처럼 농지 작업 실적과 작물의 이미지, 농지 상태, 기상 등 데이터를 분석하여 수확량 증가와 품질을 향상 시키는 클라우드(Cloud) 기반의 농업용 빅데이터 분석 솔루션을 제공하고 있다. 이는 기후와 농지, 기타 환경 센서로부터 수집되는 데이터를 기반으로 과거 수확 실적 등을 통합한 빅데이터를 분석하여 최적의 파종 날짜 및 방법, 농약 살포, 물, 온도 조절, 수확 시점 등을 제공하는 솔루션이다.

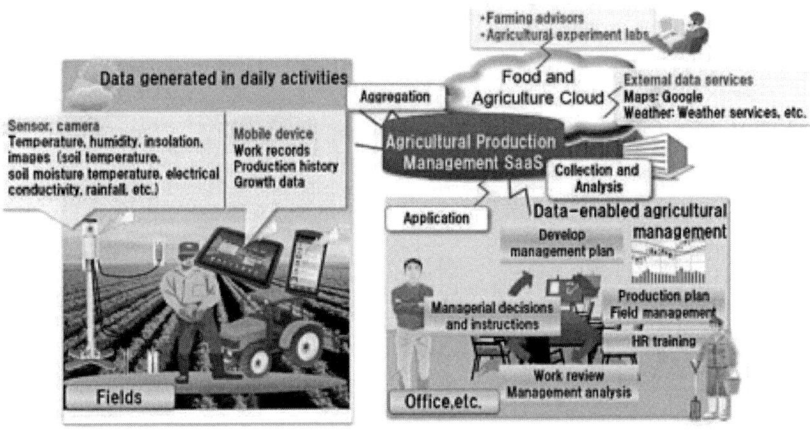

[그림. 8] 후지쯔 농업 관리 솔루션 (출처: 일본 후지쯔 홈페이지)

한편, 미국의 구글 '플루 트렌드(Google Flu Trends : GFT)'는 빅데이터를 활용하여 감기 바이러스의 확산 상황을 알려주는 서비스이다. 즉 '플루 트렌드'는 일반적으로 사람들은 감기에 걸리면 약국 및 병원에 가기 전에 독감이나 감기 같은 단어 및 해당 증상을 검색 하는데, 구글은 위와 같은 데이터를 기반으로 2008년부터 위치와 검색 빈도를 기반으로 미국의 감기바이러스 확산 상황을 알려주는 서비스를 제공하고 있다. 그 동안 미국 보건 기구는 일주일에 한번만 예상 수치를 업데이트 했지만 구글의 '플루 트렌드'는 18개 국가를 대상으로 매일 업데이트 되고 있었다.

하지만 구글의 '플루 트렌드'는 2013년 독감 대유행 시기에는 140%의 오류를 범하여 결과적으로 실패를 했었다. 그러나 '플루 트렌드'실패를 발판으로 이를 재구성하여 2014년 미국의 노스이스턴대학, 휴스턴 대학, 그리고 하버드 대학 멤버로 구성된 연구진이 해당 원인을 분석하여 정확도가 높은 플루 예측 시스템을 구성 중에 있다. [그림. 9]는 구글 '플루 트렌드'의 독감 예측 현황 예시를 보여준다.

[그림. 9] 구글 '플루 트렌드'의 독감 예측 현황 예시
(출처 : 미국 구글 플루 트렌드)

한편, 미국의 구글의 자동 번역 시스템은 수천만 권의 도서 정보와 유럽의회, 유엔 등 각 공공 기간의 웹 사이트 자료를 활용하여 64종의 언어 간 자동 번역 시스템을 개발하였다. IBM의 경우, 과거 캐나다 의회 문서를 이용하여 영어와 불어간의 자동 번역 시스템 개발을 시도하였으나 실패하였다. 구글과 IBM의 차이는 기술적인 차이 보다는 데이터 양에서의 차이가 있다고 할 수 있다. 이러한 데이터를 이용한 분석은 각종 선거의 승부 예측도 유사한 경우이다.

한편, 대한민국 최대 이동 통신사인 SK텔레콤(SK Telecom)은 통신 사업자

로서 보유한 강점을 적극적으로 활용해 지리 정보와 유동 인구, 가계 업종과 상품 판매 현황 등을 종합적으로 분석하여 지오비전(Geovision)이라는 상권 분석을 통한 타겟 마케팅 지원 서비스를 개발하여 제공하고 있다. 또한 SK텔레콤은 소셜데이터(Social Data), SNS, 검색 키워드 등을 이용하여 고객 및 사회 트렌드와 기업 이미지의 상관관계를 파악하여 기업 홍보에 빅데이터 이용하고 있으며, 이를 바탕으로 '스마트 아티스트 마케팅' 사업을 시작하였다. 이는 SNS 등 인터넷 정보와 검색 키워드를 분석하여 연예인의 활동 방향 및 이미지 분석에 활용하며, 모바일 광고 분석, 소셜데이터 분석 등 다양한 빅데이터 분석을 사업에 활용하고 있다. [그림. 10]은 SK텔레콤의 지오비전을 이용한 서울 대치동 주변 10대 청소년 밀집도를 보여준다.

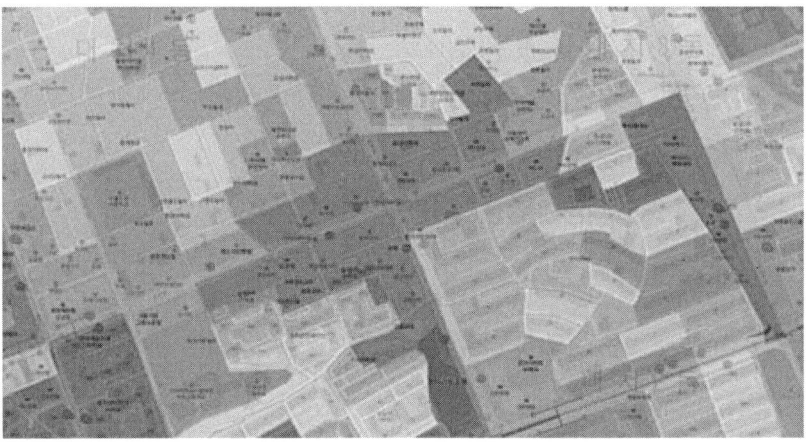

[그림. 10] SK텔레콤의 지오비전을 이용한 서울 대치동 주변 10대 청소년 밀집도
(출처: 대한민국 SK텔레콤 지오비전)

2.4. 고객 및 서비스 관리 사례

대한민국 신한카드(Shinhan Card)는 해당 카드사의 월평균 2억의 승인 건수와 약 2200만명의 고객의 빅데이터 분석을 바탕으로 소비 패턴에 따라 남녀 각각 9개씩 총 18개의 생활 방식을 도출해 새로운 카드 상품인 '코드 나인(Code 9)'을 출시 했다. 신한카드는 '코드 나인'을 활용하여 세부적인 고객 맞춤형 카드를 바탕으로 국내 카드 시장에 새로운 바람을 몰고 왔다.

한편, [그림. 11]은 빅데이터를 활용한 신한카드 고객 라이프 스타일 분류에 대한 설명이다.

[그림. 11] 빅데이터를 활용한 신한카드 고객 라이프 스타일 분류
(출처 : 대한민국 신한카드 홈페이지)

2.5. 해양 빅데이터 사례

2019년 부터 대한민국 해양수산부는 과거 해양 사고가 발생했을 때의 풍향, 수온, 날씨, 풍속, 기상 상황, 기상 특보 등과 SNS 키워드(Social Networking Service Keyword), 기사 및 뉴스, 사고 데이터, 선박 통행량 등을 종합해 과거 해양 사고가 발생한 지역과 이를 수치 데이터화하여 사고 당시의 상황 정보를 빅데이터와 인공지능(Artificial Intelligence)를 결합한 방식의 사고를 예방하는 프로그램을 개발해 왔다.

한편, e-내비게이션(e-Navigation)을 통해 운항 중인 선박이 과거 해양 사고가 일어났던 구역에서 해당 상황과 유사한 수치의 위험 상황에 가까워졌을 경우 [그림. 12]와 같이 실시간으로 사고 예방 활동 강화 주의를 보내게 되어 해양사고를 절감 할 수 있는 효과가 있다.

[그림. 12] e–내비게이션 활용 (출처 : 지능형해상교통정보서비스)

2019년 개발을 시작한 해양 수산 빅데이터 활용 계획은 2021년부터 내부 시범 서비스를 시작하여, 2022년 1월 현재 해양 빅데이터 사이트를 통하여 서비스를 제공하고 있다(https://e-navigation.mof.go.kr). e-내비게이션(바다내비게이션) 서비스는 해양 사고의 84%가 인적 과실이라는 점을 고려하여 선박의 바닷길 안내, 교통 사황 및 기상 정보 등 제공, 충돌 좌초 등 위험 상황을 경고하여 선박 운항의 의사 결정을 지원함으로써 해양 사고를 절감할 수 있도록 도와주고 있다.

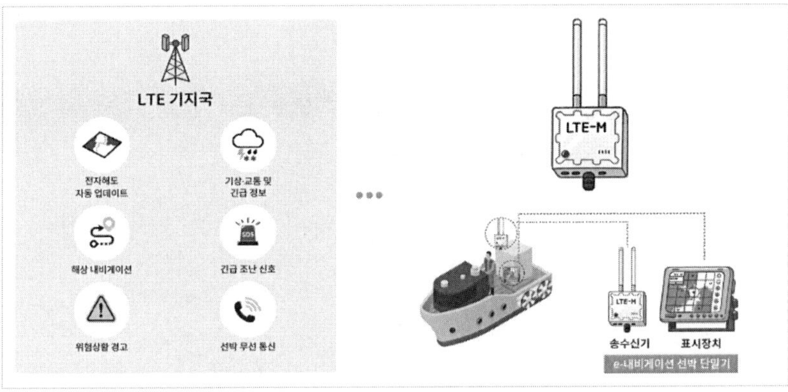

[그림. 13] e-Nav 선박 단말기 (출처: 지능형해상교통정보서비스)

이를 위하여 [그림. 13]과 같이 대한민국 연안으로부터 최대 100Km 해역을 항해하는 선박들에게 지능형 해상교통정보서비스를 제공하기 위한 기반으로 세계 최초로 해상에 LTE 통신 기술을 도입한 무선 통신망을 구축 하였으며, [그림. 14] 처럼 LTE-M망은 최대 100Km 해상까지 e-Nav 선박 단말기를 통해 제공되며, 상용통신망은 최대 30km까지 e-Nav앱을 통해 제공하고 있다.

한편, 해양 안전과 관련된 정보는 해양 관련된 유사 사고를 방지하기 위해서는 매우 중요한 정보로 이를 모우고 활용하기 위해 해양수산부는 2015년부터 지능형 해양수산재난정보체계의 개발을 진행하고 있다. 이를 위하여 대한민국 행정안전부, 국립수산과학원, 국립해양조사원, 기상청, 관세청 등으로부터 여객선, 기상 현황 관리를 위한 해양, 기상, 유사 태풍 정보 그리고 위험물 취급 항만과 항내 반입 위험물 관리 등 관련 정보를 모아 빅데이터를 구축하고 있다.

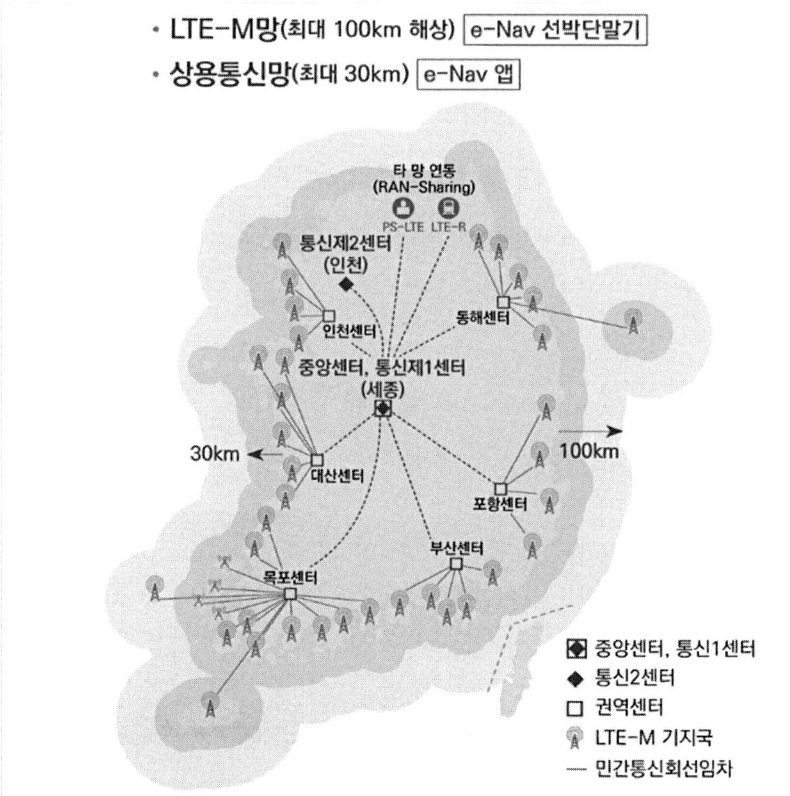

[그림. 14] 해상 무선 통신망(LTE-M 및 상용 통신망) (출처 : 지능형해상교통정보서비스)

한편, 2015년부터는 빅데이터 수집을 위해 태블릿을 활용하여 [그림. 15]처럼 연안 여객선 안전 점검을 실시하고 있으며, 이렇게 수집된 데이터는 지능형해양수산재난정보체계의 해양수산재난 데이터 허브를 통해 관리하여 해양 안전을 확보하는데 중요하게 활용되고 있다.

또한, 연근 해역을 운항하는 선박에게 조업중인 어구의 위치 정보 또는 어구 투망 지역의 정보를 제공하는 전자 어구 빅데이터 서비스는 [그림. 16]처럼 전자 어구실명제 제도를 정책 실현 기반으로 추진 중에 있다. 이는 선박 운항 시 전자 어구 투방 지역 정보를 통해 어구 또는 어망 회피를 통한 안전한 운항을 제공하게 된다. 대상 어구들은 통발, 연근해 자망, 유자망, 안간망으로 어구 실명 표기 대상의 전자 어구이다. 이를 통해 선박 운항 시 사고를 예방하고 원활한 운항을 지원하며, 조업 어선의 오로에 따른 어법과 어구 정보를 제공하고 있다.

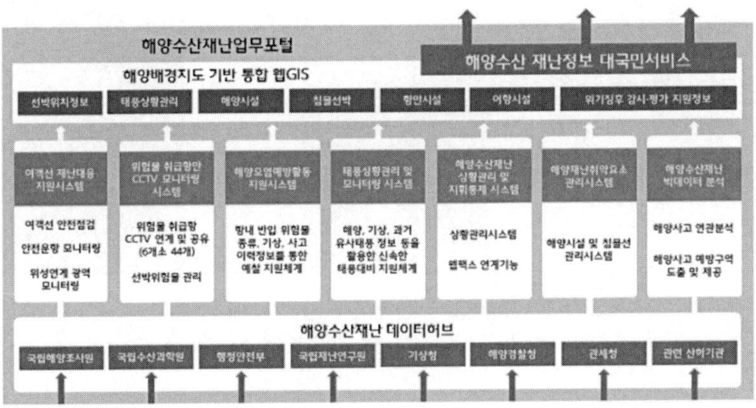

[그림. 15] 해양수산재난업무포털과 데이터허브 (출처 : 해양수산재난업무포털)

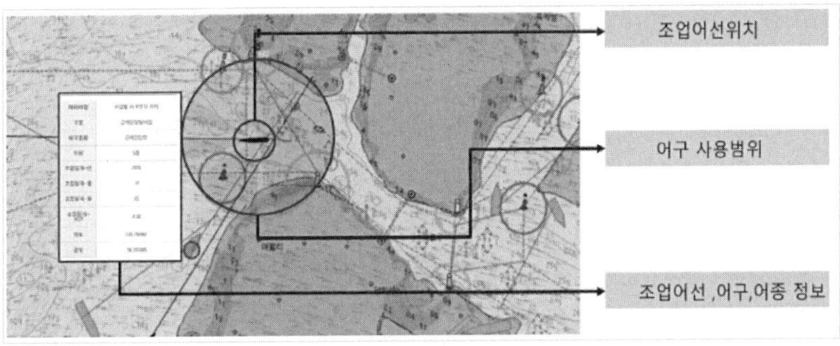

[그림. 16] 전자 어구 빅데이터 센터 서비스 제공 화면 (출처 : 해양수산빅데이터거래소)

한편, 해양환경데이터 통계 플랫폼은 [그림 17] 처럼 유관 기관 별로 분산되어 있는 국내 해양 환경 데이터(관측소/일자별 수온, 기온, 풍속, 유속 등)를 하나로 통합하여 한반도 연안의 관측소 현황 및 관측소에서 수집한 데이터를 제공하여 전체적인 현황 파악 및 해양 환경 연구를 위한 기초 빅데이터를 제공하는 기반 플랫폼이다. 해양환경데이터 통계 플랫폼은 지도 기반 국내 해양한 광 정보, 관측소별 일별 평균 관측 데이터, 수온, 유속, 기온, 풍속, 해양 환경 관측 현황 집계 등을 제공할 예정이다.

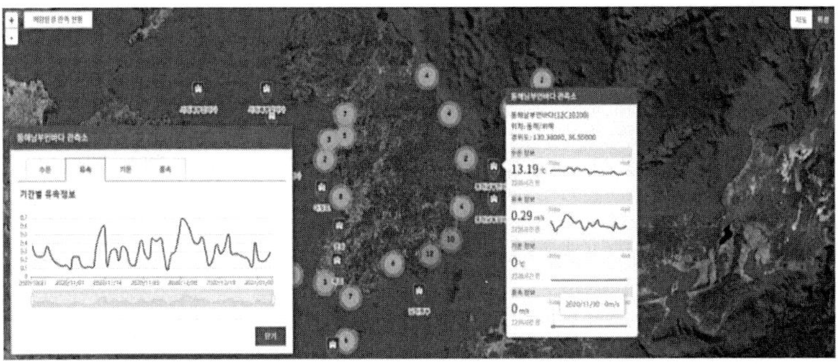

[그림. 17] 해양환경데이터 통계 플랫폼 서비스 화면
(출처 : 해양수산빅데이터거래소)

2.6. 빅데이터 의의

빅데이터는 단순한 산업이 아니라 우리가 과거에 처음 접했던 인터넷처럼 사회, 경제, 문화 등 전반에서 혁신을 주도하는 기반 기술이다.

빅데이터를 효과적으로 이용할 경우 [그림. 18] 처럼 정부는 데이터 기반의 국정 혁신 및 사회 현안에 선제적으로 대응할 수 있고, 기업은 생산성 향상 및 새로운 이익 창출 등 기업 경쟁력 강화와 신시장 창출이 가능하다. 개인의 경우 맞춤형 서비스들 통한 삶의 질이 높아질 것이다.

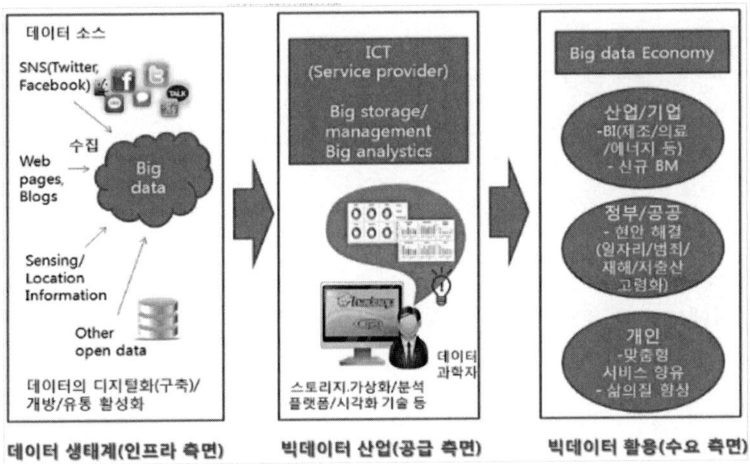

[그림. 18] 빅데이터 활용 및 의의 (출처 : 미래창조과학부 보도자료)

빅데이터는 범람하는 수 많은 정보 속에서 새로운 가치를 창출하고자 빅데이터를 수집하고, 처리 및 분석하는 과정을 통해 가치 있는 정보를 만들어 내는 것으로, 이는 잠재적 가치와 잠재적 위험이 함께 존재하며, 경제적으로 성패를 좌우할 수 있는 핵심 원칙이 될 것이다.

연습문제

1. 빅데이터 활용 사례에 대하여 설명하세요.

2. 빅데이터의 프로세스와 효율성 개선 사례에 대하여 대하여 설명하세요.

3. 빅데이터가의 새로운 가치 창출 사례에 대하여 설명하세요.

4. 빅데이터의 고객 및 서비스 관리 사례에 대하여 설명하세요.

5. 해양 빅데이터 사례에 대하여 설명하세요.

읽을거리

앨런 튜링과 ACM 그리고 ACM 류링상

영국의 앨런 튜링(Alan Turing)이 에니그마(Enigma) 해독기 발명으로 영국이 2차 세계대전에서 승리하는데 많은 공헌을 하였다. 그리고 암호학의 기반을 다지게 된 것이 컴퓨터 공학의 시발점이 되었다.

이런 공헌에도 불구하고 앨런 튜링은 2차 세계 대전이 끝난후 튜링 머신 연구를 계속 하던중 영국 정부에 의하여 성소수자라는 것이 발각 되었고, 1년간 호르몬 치료를 받던 도중 1954년 향년 41세에 독이든 사과를 먹고 자살 하였다. 59년이 지나고 2013년 앨런 튜링은 엘리자베스 2세 여왕님에 의하여 복권 되었으며 2021년 6월 23일부터 영국 50 파운드 지폐의 모델이 되었다.

미국 애플의 창업주 스티브 잡스(Steve Jobs)도 앨런 튜링을 존경하여 로고를 만들 때, 앨런 튜링이 독이든 사과를 먹고 자살을 한 것을 모티브로 로고를 만든 것이 유명하다.

따라서 ACM(Association for Computing Machinery) 학회에서는 컴퓨터 과학에 최고의 업적을 남긴 학자에게 튜링상을 매년 시상하고 있다 [그림. 19].

2022년 1월 기준으로 데이터베이스 분야를 제외하고 빅데이터 분야의 학자에게는 아직 수여하지 않았는데 언젠가 빅데이터 분야에서도 수여가 될것으로 생각된다.

(가) ACM 튜링상

(나) 2021년 6월 23일부터 사용 되고 있는 영국 50 파운드 지폐

[그림. 19] ACM 튜링상과 영국 50 파운드 지폐

한편, ACM 학회에서 60여종의 학술지를 가지고 있는데 목록은 다음과 같다.(ACM Magazines 제외)

https://dl.acm.org/journals

https://dl.acm.org/about/content#sec6

ACM 학회의 60여종의 학술지 (ACM Magazines 제외)

1. Collective Intelligence

e-ISSN:2633-9137

(SAGE 출판사 및 Nesta 공동발간)

https://dl.acm.org/journal/cola

2. ACM Computing Surveys (약어: ACM Comput. Surv.)

ISSN:0360-0300

e-ISSN:1557-7341

(1969 발간)

https://dl.acm.org/journal/csur

특이사항으로는 ACM 튜닝상 수상자가 다수 게재한 저널이다. 이는 Recent Award Winners를 클릭하면 볼 수 있다.

2021년 6월말에 발표된 2020 Impact Factor도 10.282로써 전산학(Computer Science) 분야에서 상위 저널이다. (ranked 4/137 in Computer Science Theory & Methods)

3. Digital Government: Research and Practice (약어: Digit. Gov.: Res. Pract.)

ISSN:2691-199X

e-ISSN:2639-0175

(2020년 1월 발간)

https://dl.acm.org/journal/dgov

4. Distributed Ledger Technologies: Research and Practice (약어: Distrib. Ledger Technol.)

ISSN:2769-6472

e-ISSN:2769-6480

https://dl.acm.org/journal/dlt

5. Digital Threats: Research and Practice

ISSN:2692-1626

e-ISSN:2576-5337

(2020년 3월 발간)

https://dl.acm.org/journal/dtrap

6. Formal Aspects of Computing (약어: Form. Asp. Comput.)

ISSN:0934-5043

e-ISSN:1433-299X

(1989년 3월 발간) Springer 출판사에서 발간하다가 2022년 1월부터 ACM 출판사에게 발간

https://dl.acm.org/journal/fac

7. ACM Transactions on Computing for Healthcare (약어: ACM Trans. Comput. Healthcare)

ISSN:2691-1957

e-ISSN:2637-8051

(2020년 1월 발간)

https://dl.acm.org/journal/health

8. **Proceedings of the ACM on Interactive, Mobile, Wearable and Ubiquitous Technologies** (약어: Proc. ACM Interact. Mob. Wearable Ubiquitous Technol.)
e-ISSN:2474-9567
(2017년 3월 발간)
Proceedings of the ACM on Interactive, Mobile, Wearable and Ubiquitous Technologies
https://dl.acm.org/journal/imwut

9. **Journal of the ACM** (약어: J. ACM)
ISSN:0004-5411
e-ISSN:1557-735X
(1954년 1월 발간)
https://dl.acm.org/journal/jacm

특이사항으로는 ACM 튜닝상 수상자가 다수 게재한 저널이다. 이는 Recent Award Winners를 클릭하면 알 수 있다.

전산학 분야에서 역사와 전통을 자랑하는 저널로 교과서에 나오는 논문들이 다수 있다.

10. Journal of Data and Information Quality

(약어: J. Data and Information Quality)

ISSN:1936-1955

e-ISSN:1936-1963

(2009년 6월 발간)

https://dl.acm.org/journal/jdiq

11. ACM Journal of Experimental Algorithmics

(약어: ACM J. Exp. Algorithmics)

ISSN:1084-6654

e-ISSN:1084-6654

(1996년 발간)

https://dl.acm.org/journal/jea

12. ACM Journal on Emerging Technologies in Computing Systems

(약어: J. Emerg. Technol. Comput. Syst.)

ISSN:1550-4832

e-ISSN:1550-4840

(2005년 4월 발간)

https://dl.acm.org/journal/jetc

13. Journal on Computing and Cultural Heritage

(약어: J. Comput. Cult. Herit.)

ISSN:1556-4673

e-ISSN:1556-4711

(2008년 6월 발간)

https://dl.acm.org/journal/jocch

14. Proceedings of the ACM on Computer Graphics and Interactive Techniques (약어: Proc. ACM Comput. Graph. Interact. Tech.)

e-ISSN:2577-6193

(July 2018년 7월 발간)

https://dl.acm.org/journal/pacmcgit

한편, 여러 저널들에서 수상 경력에 들어가 보면 "ACM Doctoral Dissertation Award"가 있는데 ACM(Association for Computing Machinery)에서 박사과정에서 의미 있는 업적을 남긴 사람에게 매년 시상하는 상으로 1978년 제정되었다. 2011년부터 1년에 3명씩 선정 하는 것이 관례이며 상금과 함께 학위논문을 저자가 원할 경우 ACM 출판사 저서(교과서 혹은 일반서적)로 확장하여 출판하는 것이 관례이다. 이중 유명한 학부 및 대학원 교과서가 된 저서들이 다수 있다. 또한, ACM Doctoral Dissertation Award에 투고한 박사학위 논문을 심사위원들이 스프링거 네이처(Springer Nature), 엘스비어(Elsevier), 와일리(Wiley)와 같은 대형 출판사나 기타출판사들에 추천하여 저서 출판의 기회를 얻을수도 있다. 따라서 박사학위 과정의 학생이나 박사학위를 취득한지 수개월 지난 박사는 지원해 보는것을 추천한다. 필자도 수상을 못하였지만 IGI Global 출판사에 출판할 기회를 얻어 저서 출판을 하였다. 투고와 관련된 URL은 다음에서 확인할 수 있다.

https://awards.acm.org/doctoral-dissertation

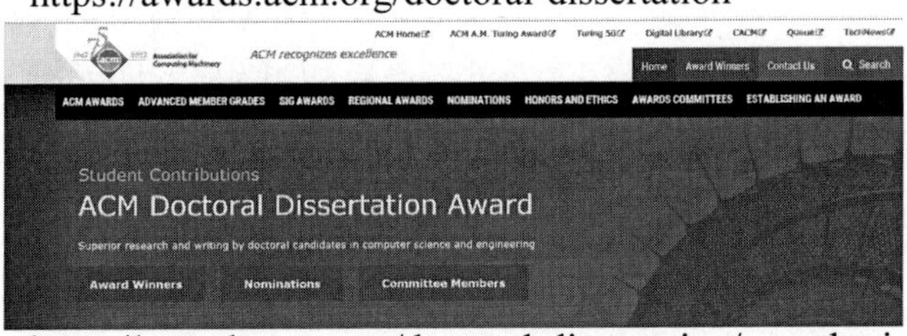

https://awards.acm.org/doctoral-dissertation/award-winners

3 데이터셋

3.1. 데이터셋(Dataset)의 정의

빅데이터를 분석하여 의미 있는 데이터를 만들거나, 인공지능 (AI)을 이용하여 유용한 기능을 활용하기 위해서는 많은 데이터를 활용해야 한다. 데이터가 많으면 많을수록 분석 및 학습의 정확도가 높고 예측을 더 정확하게 할 수 있다.

또한, 품질 좋은 분석 및 학습 결과를 만들려면 데이터 질이 매우 중요하다. 이렇게 특정한 작업을 위해 관련성 있게 모아 놓은 것을 데이터셋(Dataset)이라고 한다. 한편, 데이터셋은 컴퓨터가 처리, 분석할 수 있는 정보의 세트로 데이터 파일, 데이터베이스라고도 부르며, 텍스트, 이미지, 동영상 등 여러 형식으로 되어 있다.

잘 알려진 데이터셋 중 하나는 [그림. 20]과 같은 데이터셋으로 다양한 이미지들에서 트레이닝하기 위해 일반적으로 사용되는 MNIST 데이터베이스(Modified National Institute of Statdards and Technology Database)에서 공개한 손글씨 이미지이다.

그리고 MINST 데이터베이스는 기계 학습 분야의 트레이닝 및 테스트에 널리 사용되며, NIST의 오리지널 데이터셋의 샘플을 재혼합하여 만들어졌다. 또한, MINST 데이터베이스는 10,000개의 테스트 이미지와 60,000개의 트레이닝 이미지를 보유하고 있다. 트레이닝 세트와 테스트 세트의 절반은 NIST의 트레이닝 데이터셋에서 취합하였으며, 그 밖의 절반은 NIST의 테스트 데이터셋으로부터 취합되었다. 한편, National Institute of Standards and Technology 사이트 주소는 (https://www.nist.gov)와 같다.

[그림. 20] MNIST 손글씨 분류

데이터셋을 제공하는 사이트는 매우 많다. 모든 데이터셋은 구글 검색 또는 각 데이터셋 포탈을 통해 검색이 가능하며, 쉽게 찾을 수 있다. 본 교재에서는 대표적인 사이트만 소개하고자 한다.

3.2. 공공 데이터셋

대한민국 공공데이터포털(https://www.data.go.kr)은 행정안전부에서 제공하는 공공 데이터 셋으로 교육, 국토 관리, 공공 행정, 재정 금융, 산업 공용, 사회 복지, 식품 건강, 문화 관광, 보건 의뢰, 재난 안전, 교통 물류, 환경 기상, 과학 기술, 농축 수산, 통일 외교 안보, 법률까지 공공 데이터를 모아 제공하고 있다. 공공 데이터포털은 공공기관이 생성 또는 취득하여 관리하고 있는 공공데이터를 취합하여 한곳에서 제공하고 있으며, 파일 데이터, 오픈 API, 시각화 등 다양한 방식으로 제공 하고 있다. 해당 사이트는 실제로 우편번호, 사업자 정보 검증과 실 서비스 구축 시 활발하게 이용되고 있다.

또한, 공공 데이터 포털에서는 [그림 21]과 같이 데이터 요청을 통해 필요한 공공 데이터를 요청할 수도 있다. 필자도 서비스 구축 시 가장 먼저 확인해 보는 데이터셋으로 정확도가 매우 높고, 광범위한 데이터를 찾을 수 있다. 특히 일반 플랫폼 서비스 구축에서는 반드시 1차적으로 확인이 필요한 데이터셋이다. 다만 공공데이터포털에서 제공한 데이터는 데이터 분석을 위한 특정 목적으로 정제된 데이터가 아닌 경우가 많기 때문에 교육 및 테스트 목적보다는 실 서비스 구축 및 통계 결과 추출 시 활용할 것을 추천한다.

[그림. 21] 공공 데이터 포털 예시 (data.go.kr)

K-ICT 빅데이터 센터는 대한민국 과학기술정보통신부와 한국지능정보사회진흥원(NIA)가 운영하는 서비스로 [그림 22]와 같이 빅데이터를 분야별로 공유하고 있으며, 데이터셋 외에 인프라, 교육, 지식 공유 등 빅데이터 분석에 필요한 다양한 서비스도 제공하고 있다. K-ICT 데이터셋은 데이터를 해당 사이트에서 직접 검색하는 것이 아니라 통합 데이터 지도, AI HUB 등 관련 데이터 사이트를 연결하고 있다. K-ICT는 빅데이터 및 인공지능 분석을 처음 접하는 사용자에게는 매우 유용한 정보가 많은 사이트이며, 교육용 데이터셋이 많아 해당 사이트를 통해 찾아보는 것을 추천한다.

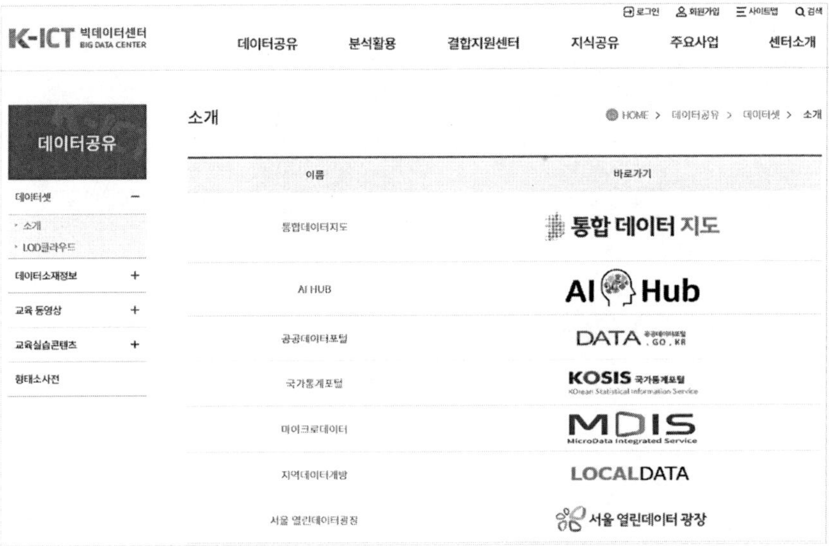

[그림. 22] K-ICT 빅데이터 센터 (kbig.kr)

AI 허브(https://aihub.or.kr)는 인공지능 기술 및 제품, 서비스 개발에 필요한 데이터, 인공지능 소프트웨어 API, 컴퓨팅 자원을 제공하는 서비스로 한국지능정보사회진흥원(NIA)에서 다양한 종류의 학습데이터 셋을 공개. 음성, 비전 등 공공데이터 포털에 비해 활용하는데 의미 있는 데이터가 많은 편이다.

한편 대한민국 계청(http://kostat.go.kr)은 [그림. 23]와 같이 가장 방대한 공공 데이터 제공를 제공하고 있으며, 마이크로 데이터 서비스로 연구 분야에 맞게 데이터를 조회할 수 있는 서비스를 제공하고 있다. 마이크로데이터서비스(https://mdis.kostat.go.kr)는 다운로드 서비스 및 주문을 통해 특정 정보를 요청 할 수 있다. 마이크로데이터서비스(이하 MDIS)에서는 국내 데이터 뿐 아니라 해외 통계 자료 사이트를 안내하고 있어, 데이터셋을 찾기에 매우 훌륭한 사이트이다.

[그림. 23] 대한민국 통계청 마이크로 데이터 서비스 (https://mdis.kostart.go.kr)

한편, 한국소비자원참가격(http://www.price.go.kr/)에서는 대한민국에서 거래되는 생필품, 서비스, 기타 가격 동향 등을 기간별 DB 검색을 통한 게시판 형태로 공개하고 있으며, 특정 정보의 경우 해당 정보를 보유한 사이트로 연결하고 있다. 다만 API나 특정 형태로 데이터를 제공 받을 수 없으며, 검색된 결과를 엑셀로 받을 수 있다. 또한 대량의 데이터를 한번에 받기에는 어려움이 있으나, 가격 통계나 추이 분석에는 유용한 사이트이다.

한편, 지역적인 특성이 있는 데이터도 각 지역 자치 별로 제공하고 있으며, 그중에 서울시는 가장 다양한 공공 데이터를 제공하고 있다.

1) 서울연구데이터베이스 https://data.si.re.kr

2) 서울열린데이터광장 https://data.seoul.go.kr

3) 서울빅데이터캠퍼스 https://bigdata.seoul.go.kr

서울시 관련 데이터셋을 찾을 경우 서울 열린데이터 광장을 통해 [그림. 24]와 같이 먼저 조회한 이후에 다른 곳에서 데이터를 검색할 것을 추천한다.

[그림. 24] 서울 열린 데이터 광장 (https://data.seolul.go.kr)

각 지방별로 데이터셋들이 제공되고 있으며, 지역 특색에 맞는 데이터를 검색을 통해 찾을 수 있다. 다만 공공데이터포털(data.go.kr)에 지역 및 소비 등 거의 모든 공공데이터를 제공하고 있으므로, 공공데이터포털을 통해 사전 검색 후 관련 지방 데이터를 검색하는 것을 추천한다.

3.3. 보건 의료 데이터셋

보건 의료 데이터로는 대한민국 보건복지부 보건 복지 공공 데이터를 제공하고 있으며, 신청을 통해 필요한 정보도 제공하고 있다. 파일데이터 100건, 표준데이터셋 137개를 제공하고 있으며, 보건복지부가 관리하는 의료, 복지 관련 정보를 제공하고 있다. 다만 아직 데이터가 체계적으로 정리되지 않아, 필요한 데이터를 공공데이터포탈(data.go.kr)에서 같이 검색하는 것을 추천한다. (http://mohw.go.kr)

한편, 대한민국 국민건강보험공단에서는 신청을 통해 자료 제공 심의 결정 및 비용 납부를 통해 자료를 제공하고 있다. 다만 교육용 데이터베이스는 신청을 통해 비용 납부 없이 활용이 가능하다. (https://nhiss.nhis.or.kr)

그리고 건강보험심사평가원에서는 [그림. 25]와 같이 보건의료빅데이터개방시스템을 통해 공공 데이터를 제공하고 있다. 의료 데이터 중에는 정리가 잘 되어 있으며, 무료로 제공하는 데이터도 있어서, 연구 데이터 분석에는 적합하다. 다만 신청을 통해서 얻을 수 있는 데이터가 많다. (https://opendata.hira.or.kr)

[그림. 25] 대한민국 보건의료빅데이터개발시스템 (https://opendata.hira.or.kr)

3.4. 금융 데이터셋

금융통계정보시스템(https://fisis.fss.or.kr)은 대한민국 금융감독원이 운영하는 시스템으로 [그림. 26]과 같이 금융회사 현황, 금융 관련 통계, 카드사, 은행, 증권사들이 보유한 통계적인 정보를 제공 받을 수 있다. 또한 Open API를 제공하여 해당 정보를 시스템을 통해 받아서 분석 처리가 가능하다. 다만 전체 데이터를 CSV 등 파일 데이터 형태로 받기는 어려운 편이다.

한편, 대한민국 금융위원회(https://www.fsc.go.kr)는 정보공개를 통해 공공데이터를 제공하고 있다. 금융공공데이터란 금융위원회 및 9개 금융공공기관과 4개 특수법인이 보유한 방대한 데이터를 연계, 융복합, 표준화하여 Open API형태로 제공하는 데이터셋으로 공공데이터포털을 통해서 제공하고 있다.

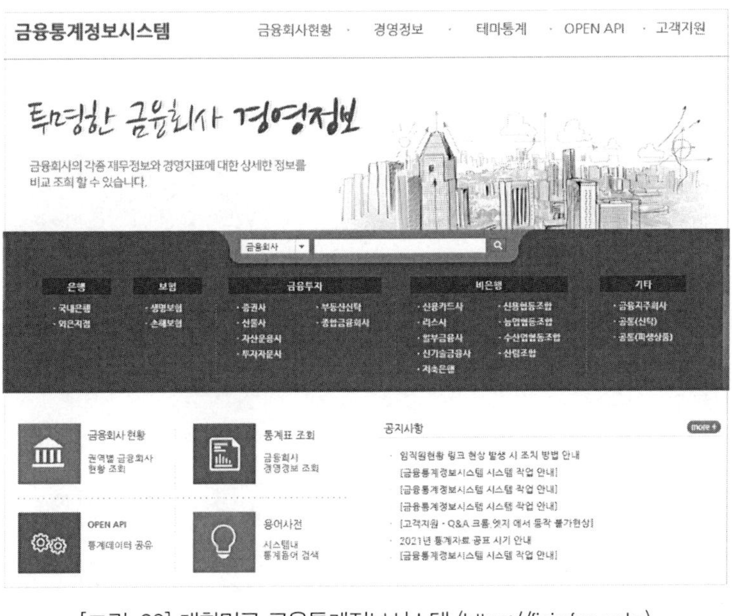

[그림. 26] 대한민국 금융통계정보시스템 (https://fisis.fss.or.kr)

3.5. 민간 및 컨텐츠 데이터셋

대한민국 네이버(Naver)는 네이버에서 검색되는 주제 및 데이터에 관한 정보를 네이버 데이터랩 (Naver Datalab)(http://datalab.naver.com)을 통해 제공하고 있다. 또한 네이버 검색 데이터와 다른 기관/기업 데이터를 통합하여 만들어진 정보로 지역별, 업종별 추이를 확인할 수 있다. 이를 통해 트렌드 분석이나 이슈 등을 쉽게 파악할 수 있다. 다만 해당 정보를 파일이나 API(Application Programming Interface)로 제공하지는 않는다.

한편, 대한민국 KT에서는 통신 빅데이터 플랫폼(https://bdp.kt.co.kr)을 통해 [그림. 27]과 같이 통신 정보와 다양한 데이터를 제공하고 있다. 제공하는 데이터 중에는 산업에 유용한 정보가 많지만 무료 보다는 유료 데이터가 많은 편이다.

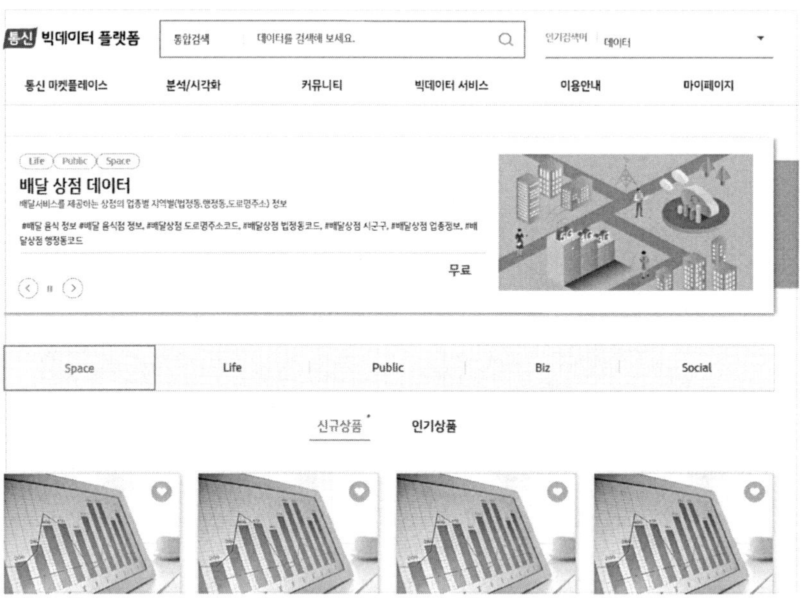

[그림. 27] 대한민국 통신빅데이터플랫폼 (https://bdp.kt.co.kr)

그리고 1,265건의 방대한 민간 데이터를 가지고 있으며, 배달 상점 데이터, 건물 소유 등성 데이터등 재미 있는 데이터가 많은 편이다. 통신빅데이터 플랫폼에는 데이터 셋 제공 외에 커뮤니티, 분석 도구 등 다양한 서비스도 같이 제공하고 있다.

한편, 데이터포털(https://dataportal.co.kr)는 [그림. 28]과 같이 나이스(NICE) 평가정보에서 만든 NICE 지니데이타에서 공개하고 있는 카드, POS 원천의 실제 집계 데이터. 다양한 주제의 데이터를 무료로 제공하고 있으며, 이는 전국 320만 상가정보, 상권, 유통 등 500여 종의 상업 빅데이터를 활용하여, 정제된 데이터로 상업적인 분석에는 매우 유용한 데이터이다. NICE평가정보의 여러 상업 데이터가 주를 이루지만, 상업, 상권 정보 외의 자동차 현황, 기업, 부동산, 금융, 공공 등 흥미로운 데이터가 많이 있다.

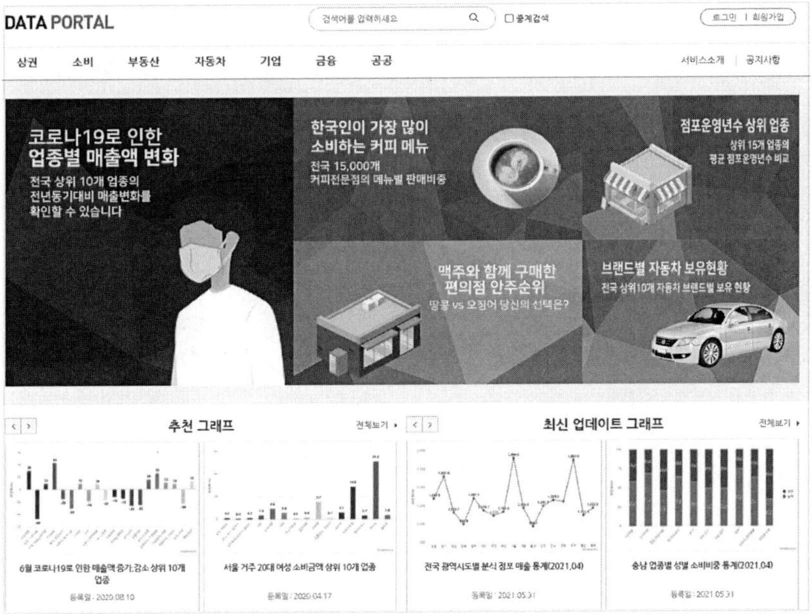

[그림. 28] 데이터 포털 (https://dataportal.co.kr)

3.6. 해외 데이터셋

캐글 (Kaggle: https://www.kaggle.com)은 데이터 분석을 하고자 하는 분석가들에게는 데이터셋의 천국이라고 할 수 있을 만큼 전 세계의 다양한 분야의 방대한 데이터셋을 보유하고 공개하고 있으며, 더욱 중요한 것은 그런 데이터를 가지고 다른 실력 있는 분석가들이 분석해 놓은 결과를 보고 비교할 수 있는 기능도 제공하고 있다. 캐글은 2010년 빅데이터 솔루션 대회 플랫폼으로 시작하였으나, 그 인기가 날로 높아져, 2017년 3월 구글이 인수하였다. 캐글은 데이터 분석을 하기 위해 매우 좋은 데이터셋 및 방대한 자료를 보유하고 있지만, 초보자들에게는 어려운 사이트임은 분명하다. 그러나 필자도 현재 해외 데이터 사례를 찾을 경우 [그림. 29]와 같이 캐글(Kaggle)과 구글 데이터셋 (Google Data Set)에서 다양한 사례들을 찾을 만큼 데이터 품질 및 양은 세계 최고 수준이라 할 수 있다.

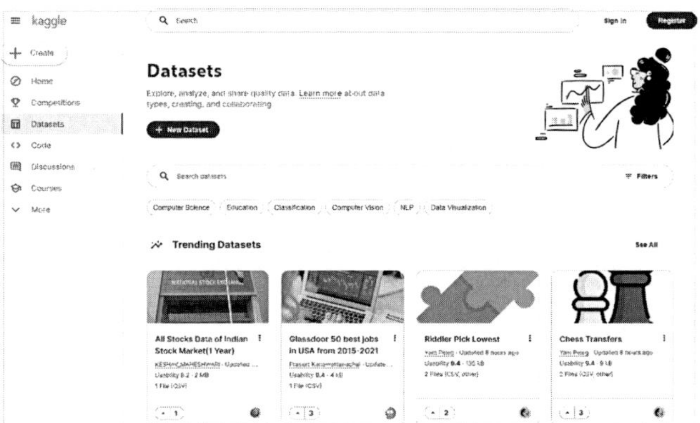

[그림. 29] Kaggle의 데이터셋들 (Data Sets) (https://www.kaggle.com/datasets)

KDnuggets (http://www.kdnuggets.com/datasets)는 빅데이터, 인공지능 분석 커뮤니티 사이트로, 해당 사이트에는 [그림. 30]과 같이 분석하기 유용한 여러 데이터셋을 제공하고 있다.

또한, 어디로 가면 해당 데이터를 얻을 수 있는지에 대한 정보도 해당 사이트를 통해 얻을 수 있다. 네이버 블로그(Naver Blog)와 같은 형식으로 AI와 Big Data 분석에 관련한 다양한 정보도 얻을 수 있다.

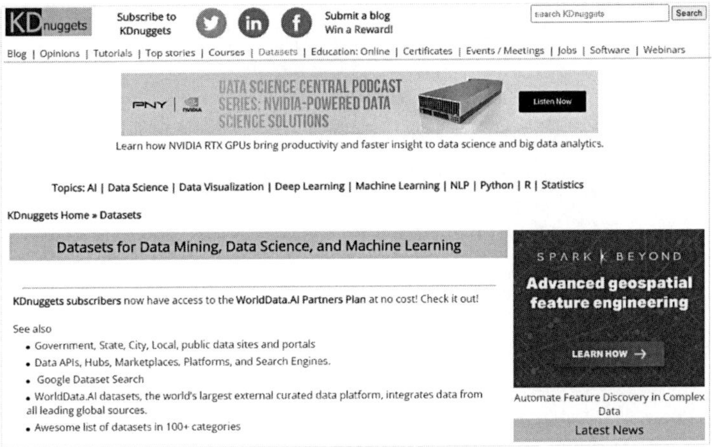

[그림. 30] KDnuggets (https://www.kdnuggets.com/datasets)

3.7. 해양 데이터셋

대한민국 해양수산부는 바다를 체계적으로 관리하기 위해 2018년부터 각 기관에서 개별적으로 관리, 생산되고 있는 정보를 통합하는 작업을 시작하였고, 다양한 해양 수산 정보 활용의 한계점과 어려움을 해소하고자 '해양수산 빅데이터플랫폼(https://www.vadahub.go.kr)'을 구축하였다.

해양수산 빅데이터 플랫폼은 [그림. 31]과 같이 시각화된 맵 형태의 데이터 소재를 제공하여 편리한 검색을 제공하며, 키워드 검색을 통한 해양 웹 소셜 데이터를 실시간으로 검색 및 분석이 가능한다. 또한, 다양한 방식으로 해양 공간 데이터의 시각화 및 분석 기능 제공 및 데이터 융합을 통해 구축된 활용성 높은 정보와 활용 모델 서비스를 사용할 수 있다.

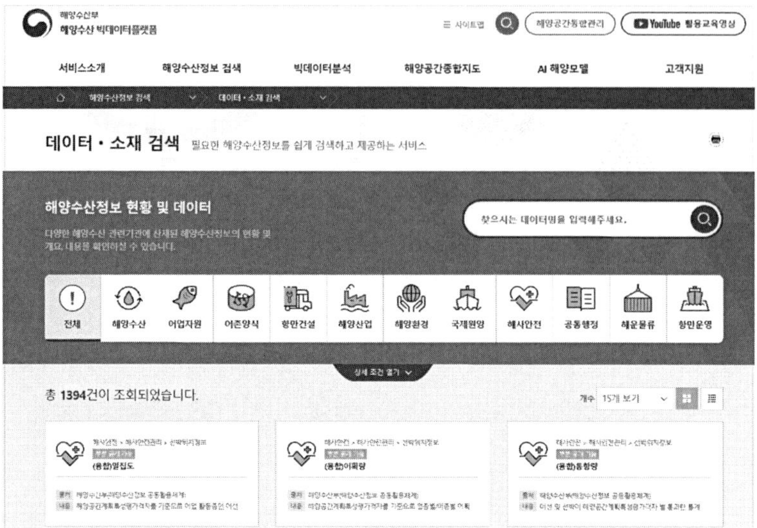

[그림. 31] 대한민국 해양수산 빅데이터플랫폼 홈페이지
(https://www.vadahub.go.kr)

해양수산 빅데이터플랫폼은 2021년 현재 196종의 해양 수산정보, 40종의 공공데이터, 9종의 융합정보를 보유하고 있으며, 데이터 오류율 0.49%로 매우 높은 수준의 데이터를 보유하고 있다. 또한 편리한 해양 공간 종합 지도 서비스를 제공하여 지도를 통한 다양한 시각화가 가능하고, 인공지능 해양 모델을 지원하여 시공간 연속, 예측 모델, 이상패턴 감지 등 인공지능 서비스도 제공하고 있다.

한편, 해양수산 빅데이터플랫폼의 데이터는 해사안전, 공통행정, 해운물류, 항만운영, 해양수산, 항만건설, 해양산업, 해양환경, 어업자원, 어촌양식, 국제원양등으로 이루어져 있으며, 부분 공개 데이터와 외부 공개, 내부 공개 등 데이터 공개 범위가 정해져 있다. 여기서 데이터셋은 이미지 맵 데이터와 원본 데이터 등으로 구분되어 있다. 내부 공개 및 부분 공개는 미리보기 기능만 가능하며, 외부 공개는 데이터 다운로드가 가능하다.

이외에 OpenAPI를 제공하여 관련된 데이터를 OpenAPI를 활용하여 다양한 정보를 활용할 수 있다. 다만 OpenAPI는 활용 신청을 해야만 사용 가능하다. 2022년 1월 현재 해양수산 빅데이터플랫폼에서는 외부 공개 데이터외에는 완벽한 데이터셋(데이터 형태)을 제공받기 어려워 빅데이터를 활용하여 데이터 분석을 하기에 한계가 있는 단점이 있는 것 같지만 잘 완성될것이라 생각된다.

[그림. 32]과 같이 해양수산 빅데이터거래소(www.bigdata-sea.kr, 빅데이터 바다)는 해양수산 분야의 데이터 수집, 가공, 연계, 유통 판매를 위한 데이터 유통 거래 마켓 플레이스이다. 해양수산 빅데이터 거래소는 한국해양수산개발원(KMI)이 주관기관으로 플랫폼을 운영하고 있으며, 다양한 공공과 민간 데이터 융복합을 통해 새로운 해양 빅데이터를 구축하고자 노력하고 있다.

현 필자중 한국해양대학교 허준호 부교수(센터장)는 여기서 조선 해운 전주기 빅데이터 센터의 센터장으로 본 사업을 참여중이다.

[그림. 32] 해양수산 빅데이터 거래소 예시

해양수산 빅데이터거래소에서는 해사안전, 해양산업, 해양환경, 해양수산, 어업자원, 어촌양식, 국제협력, 해운물류, 항만운영, 항만건설, 공통행정 등의 해양수산에 관련한 다양한 데이터를 보유하고 있으며, 무료로 제공하는 데이터도 많이 있다. 해양수산 빅데이터 거래소에서 무료로 데이터를 제공 받기 위해서는 회원가입 후 로그인을 하면 무료로 해당 데이터를 이용할 수 있으며 참여 기관은 [그림. 33]과 같다.

[그림. 33] 해양수산 빅데이터거래소 참여 기관 (2020년~2021년)

한편, 한국해양대학교의 조선 해운 전주기 빅데이터 센터의 목표는 자율운항 선박의 상용화 기반을 마련하고, 국제 표준을 선도적으로 대응할 수 있는 기자재 및 지능화 시스템 개발, 첨단 감지 장비을 위한 빅데이터셋 생성 및 구축이며 조선 해운 전주기 빅데이터 센터의 데이터 보유현황은 [그림. 34]와 같다.

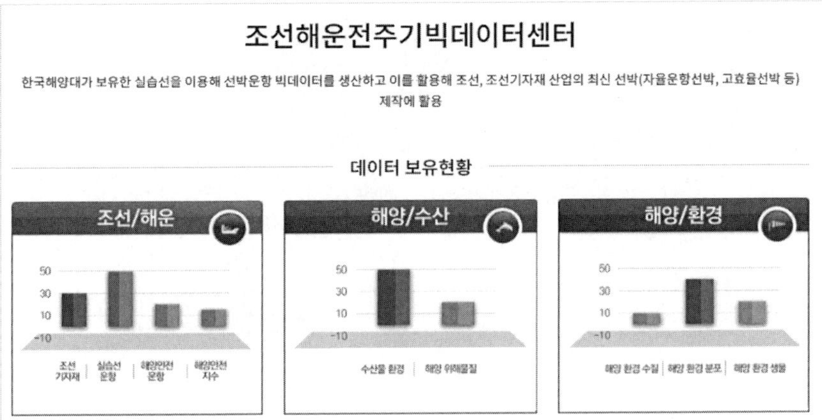

[그림. 34] 조선 해운 전주기 빅데이터 센터의 데이터 보유현황

한국해양대학교 조선 해운 전주기 빅데이터 센터가 수집한 빅데이터셋은 수집된 빅데이터와 분석된 빅데이터로 구분하고, 표준화 및 품질 검사를 실시하여 구축된 데이터베이스를 기준으로 위치별 보정 빅데이터 및 조선 기자재 데이터 그리고 해양 사고 예보를 할 수 있는 빅데이터를 외부 기관 및 민간 사업자에게 제공 하고자 한다.

한편, [그림. 35]는 선박 건조 및 선박 운영에서의 빅데이터 수집 및 빅데이터셋 구축 방안이며, [그림. 36]은 선반 건조 및 선박 운영에서 빅데이터 수집을 위한 자재 통합 물류 관리 프로세스이다.

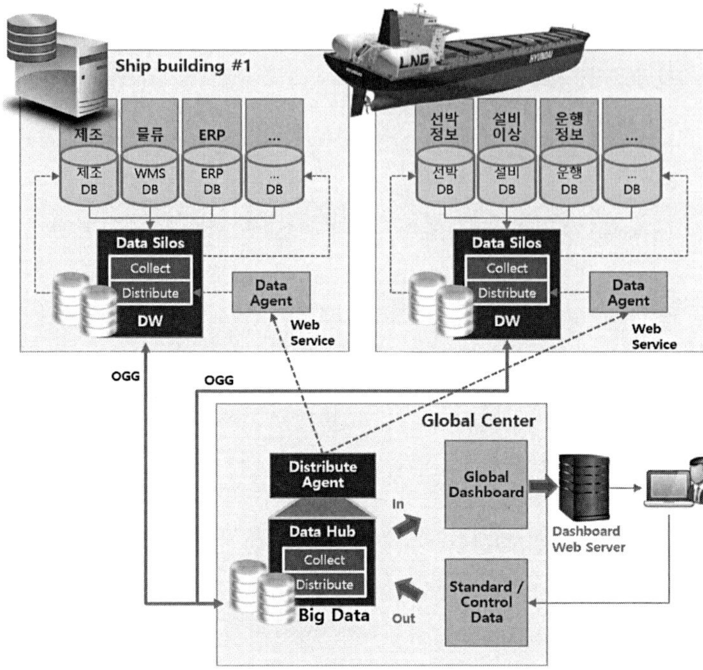

[그림. 35] 선박 건조 및 선박 운영에서의 빅데이터 수집 및 빅데이터셋 구축 방안

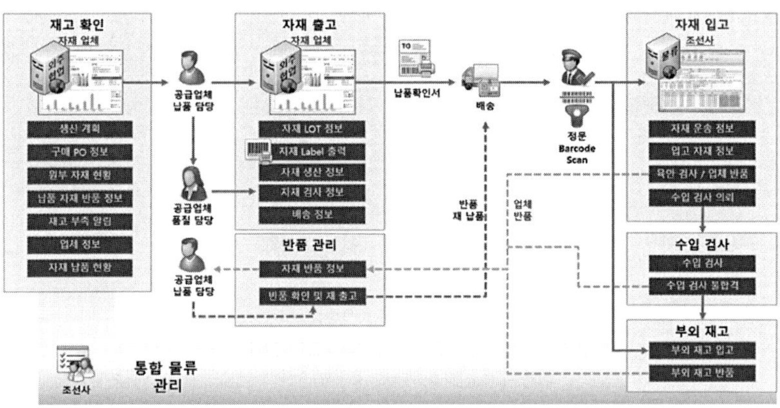

[그림. 36] 선박 건조 및 선박 운영에서의 빅데이터 수집 및 빅데이터셋 구축 방안

빅데이터 플랫폼과의 연계는 동일한 클라우드 기반 아래 유기적인 네트워크 구성 (에지 컴퓨팅)을 위하여 전용 가상사설망(VPN) 연계를 통하여 데이터를 제공한다. 빅데이터 플랫폼과 센터간 데이터 제공을 위해 클라우드 기반의 전용 VPN을 통한 연계를 실시하며 나아가 에지컴퓨팅이 가능하도록 하고자 한다.

한편, 사용자의 상황에 따라 센터와의 직접 연계 문제 발생 시 외부에서 빅데이터 플랫폼을 활용하여 사용자에게 [표. 3]과 같이 빅데이터셋을 제공하고 있으며, 조선 해운 전주기 빅데이터 생성과 개방 방안은 [그림. 37]과 같다.

[표. 3] 공개중인 빅데이터 구분과 설명

구분	설명	
Open 대상	Raw 데이터 형태의 구조로 이루어진 정형 데이터 이미지, 파일등의 형태의 구조로 이루어진 비정형 데이터	
Open 방법	Server	XML과 HTTP 기반의 XML-RPC, SOAP 등
	Client	XML, Javascript, XML HTTP Request 및 Ajax 등

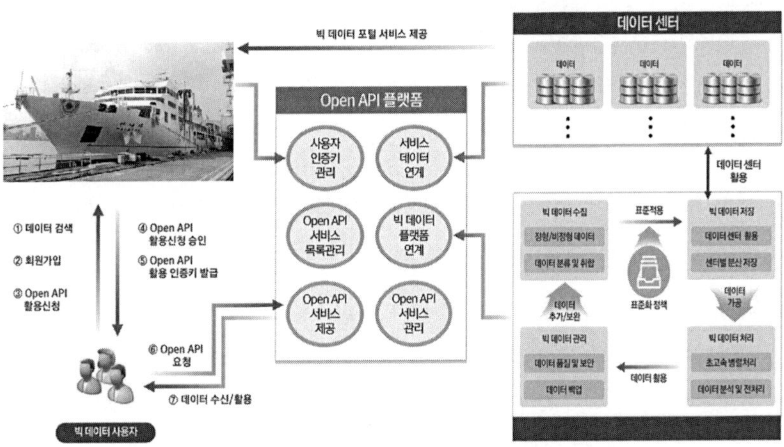

[그림. 37] 조선 해운 전주기 빅데이터 생성과 개방 방안

[그림. 38]과 같이 데이터 품질관리 프로세스에 따른 데이터의 가공 및 적재 후 '정제된 데이터'를 플랫폼을 통하여 빅데이터의 개방하고 공개한다.

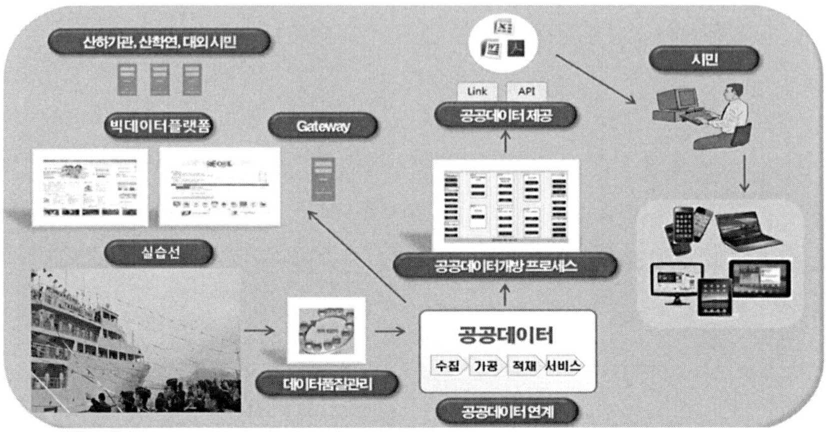

[그림. 38] 공공 데이터 개발 프로세스

공공 데이터 제공 시에는 국가에서 운영 중인 공공데이터 포털을 이용하여 제공하고 홍보 형태로 주기적으로 제공할 수 있는 기반을 마련하고 있으며, [그림 38]과 같은 프로세스로 데이터를 수집 공개하고 있다.

한편, 최근 '자율 운항 선박'을 목표로 조선업과 해운업의 패러다임이 전환되고 있다.

조선 및 해운 사업은 선박 건조부터 운영에 대한 전주기적 스마트화가 확대되고 있는 추세이며, 선박 건조와 운영에 있어서 선박 사고 문제 및 디지털 포렌식 등이 치명적인 문제점으로 대두되고 있으며 항해에서는 현재 서비스되는 풍향, 파고 등의 데이터는 대부분 예측 시스템으로 운영되고 있고, 이를 보정할 수 있는 실시간 빅데이터가 매우 부족한 실정이다. 광범위한 영역에서 동시다발적으로 발생하는 해양 사고로 인해 인프라 및 예측 기술의 부족으로 효과적인 대응이 곤란하여 이를 지원할 수 있는 체계적 시스템구축이 필요하다.

선박에서의 기자재는 이용 시 다양한 문제점이 있다. 이를 위해 일정기간을 정하고 정한 기간이 초과하게 되면 사용 유무와 관계없이 기자재를 교체한다.

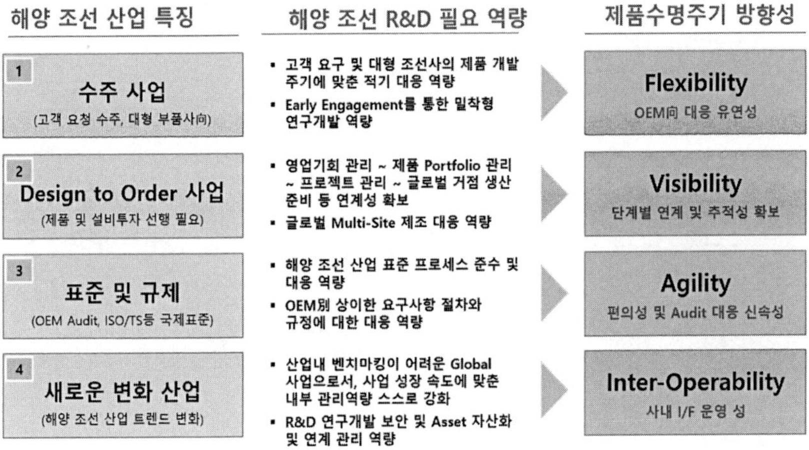

[그림. 39] 선박 건조의 글로벌 수주 확대를 위한 개발 역량 필요성

한편, 선박 건조의 경우 [그림. 39]와 같이 다양한 모델 및 글로벌 수주 확대에 따른 요구 사항 추적 및 R&D개발 역량 확보가 필요하며, 고객 요구사항부터 인도 그리고 운항 중 발생할 수 있는 다양한 문제를 추적 관리할 수 있는 시스템 중요성이 매우 높아지고 있다.

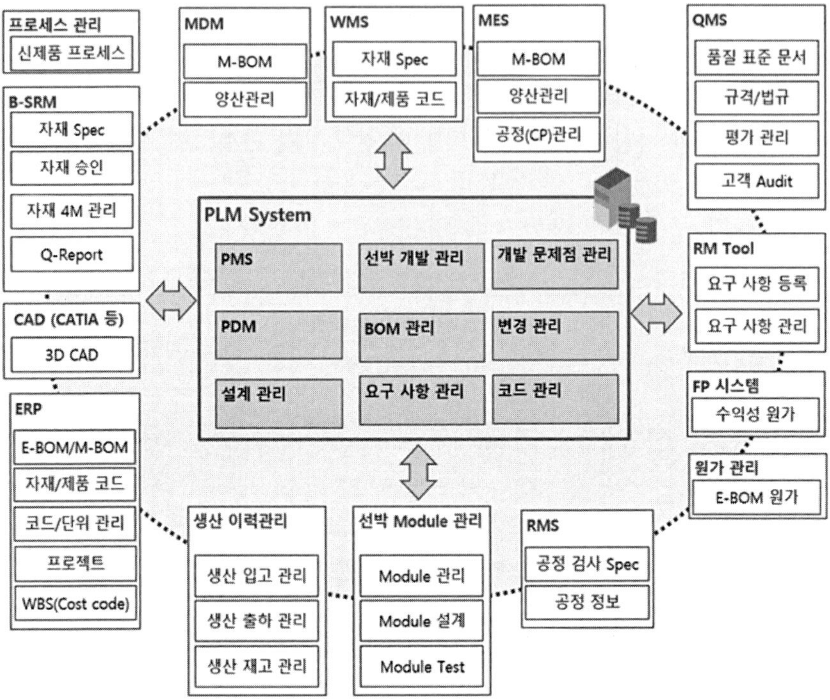

[그림. 40] 해양 조선 산업의 특징과 제품수명주기의 방향성

조선 기자재는 [그림. 40]과 같이 고객 요구 사항에 맞춰 기자재 업체와 함께 외주 협업을 통해 높은 품질의 기자재를 개발하고 이를 원활하게 공급할 수 있도록 대내/외 환경에 맞춰 4차 산업 혁명에 맞는 수주, 요구사항 관리, 설계/개발, 수주, 분할 제조 등 조선 산업에서 필요한 다양한 요건에 맞는 제품수명주기(PLM) 데이터 관리가 필요하다.

여기서 PLM (Product Lifecycle Management) 시스템이란 제조 공정에서 제품 설계부터 최종 제품 생산에 이르는 전체 과정을 일괄적으로 관리하는 시스템으로 제품 품질 및 생산성, 경쟁력 강화에 매우 큰 역할을 하고 있다. 이러한 PLM에는 관련된 다양한 제품 정보뿐만 아니라 설계, 공정 정보를 가지고 있고 다양한 시스템과 연계되어 운영되고 있다.

PLM은 제조 산업에서 MES, ERP와 더불어 3대 S/W할 만큼 제조에 기간에 되는 시스템이며, 그만큼 많은 정보를 가지고 있고, 넓은 범위에서는 기획, 설계, 품질, 기준 정보, 고객 정보, 제품 폐기 등 다양한 정보를 가지고 있다. 다만 PLM은 매우 고가의 시스템으로 구축 자체도 힘들고, 제조 특성에 따라 그 구축 및 내용이 매우 다르며, 필요한 기능 및 모듈도 각기 상이하다.

이러한 특성 때문에 일부 제조에서는 필요성을 느끼고 있지만 도입 자체를 매우 어려워하고 있다. 또한, PLM은 다양한 시스템과 인터페이스(Interface)를 통하여 생성된 데이터를 제공하거나, 받으면 운영되는 유기적인 시스템으로 제조 산업의 대부분의 시스템과 I/F가 매우 필요한 시스템이다.

한편, 해양 조선 사업은 고객의 요구 사항에 따라 건조되는 선박의 특성 및 내용이 모두 다르며, 다양한 기술과 방식이 도입됨에 따라 한척의 선박의 기획부터 최종 완성까지 많은 데이터 (빅데이터)가 생성하게 되며, 발생되는 데이터 규모 및 다양성이 매우 커서 제품수명 주기상에서 발생되는 정형, 비정형 데이터를 취합 관리하는 빅데이터 연구가 매우 필요한 실정이다.

그리고 조선 산업의 제품수명 주기상에서 발생되는 빅데이터는 향후 해당 선박의 운영 중 발생할 수 있는 다양한 환경과 상황에 따른 기자재 변화 및 선박 이상 현상과 연계는 필수적이다. 이를 초기에 방지하기 위한 선박 제조 시 전체적인 관점의 빅데이터 플랫폼에 대한 요구사항은 더욱 필요하게 될 것으로 사료된다.

한편, 해양수산 빅데이터거래소에 관련한 다양한 데이터 외에 데이터 분석 도구 및 사례 등도 제공되어 있으며, 다양한 빅데이터 교육 자료도 제공하고 있다.

본 교재에서도 데이터 분석 실험에 해양수산 빅데이터거래소에서 무료로 제공하는 데이터를 다운받고 활용하는 방법을 PART 2 해양 빅데이터 실습을 통하여 자세하게 설명할 예정이다.

부록

조선 해운 전주기 빅데이터 센터에서 1차년도 (2020년) 및 2차년도 (2021년)에 개방한 빅데이터셋은 다음과 같다.

(2020년 9월~2021년 12월 개방 빅데이터셋)

1.항해통신용 조선 기자재 장비 및 설비 제품 모델별 이미지 데이터
2.기관추진용 조선 기자재 장비 및 설비 제품 모델별 이미지 데이터
3.한나라호 선박의 추진축계 모니터링 데이터
4.한바다호 선박의 추진축계 모니터링 데이터
5.한나라호 선박의 항해통신 장비/설비 현황 데이터
6.한바다호 선박의 항해통신 장비/설비 현황 데이터
7.한나라호선박의 기관설비 기자재 현황 데이터
8.한바다호선박의 기관설비 기자재 현황 데이터
9.한나라호 선박의 기관엔진 모니터링 데이터
10. 한바다호 선박의 기관엔진 모니터링 데이터
11.한나라호 선박의 승선원 교육실 공간환경 정보 데이터
12.한바다호 선박의 승선원 교육실 공간환경 정보 데이터
13.한나라호 선박의 승선원 이동통로 공간환경 정보 데이터
14.한바다호 선박의 승선원 이동통로 공간환경 정보 데이터
15. 한나라호 선박의 AIS 운항 데이터
16. 한바다호 선박의 AIS 운항 데이터
17. 한나라호 선박의 안전진단용 흘수선 측정 데이터
18. 한바다호 선박의 안전진단용 흘수선 측정 데이터
19. 한나라호 선박의 안전진단용 동요 측정 데이터

20. 한바다호 선박의 안전진단용 동요 측정 데이터
21. 한바다호 선박의 운항경로 분석 데이터
22. 선박의 안전운항을 위한 양식장 위성 데이터
23. 선박의 안전운항을 위한 양식장 경계 데이터
24. 선박의 안전운항을 위한 양식장 메타 데이터
25. 한나로호 선박의 기관실 공간환경 모니터링 데이터
26. 한나라호 선박의 브리지 공간환경 모니터링 데이터
27. 조선 기자재 장비 및 설비의 사양 및 가격정보 현황 데이터
28. 한나라호선박 구조물 피로도 모니터링 데이터
29. 한바다호선박 구조물 피로도 모니터링 데이터

연습문제

1. 데이터셋이란 무엇인지 설명하세요.

2. 공공 데이터셋에는 어떤것이 있는지 설명하세요.

3. 보건 의료 데이터셋에는 어떤것이 있는지 설명하세요.

4. 금융 데이터셋에는 어떤것이 있는지 설명하세요.

5. 해양 데이터셋에는 어떤것이 있는지 설명하세요.

6. 해양수산 빅데이터 플랫폼에서 회원 가입후 데이터셋을 다운 받아보세요.

읽을거리

ACM 저널과 ACM 학술대회

ACM 저널은 공동출판을 포함하여 2022년 2월 현재 63종으로 최근 만들어진 저널 또한 그 가치가 인정되어 매우 많은 논문이 투고 되고 있다. 따라서 심사기간이 매우 오래 걸리는 경우가 많은데 이런 경우 수개월만에 새로운 알고리즘 새로운 프로그램이 나오는 컴퓨터공학/전산학 분야에는 시간이 지난 (오래된 내용) 뒤에 저널 (학술지)로 출판하게 된다. 이러한 이유로 과거의 미국의 일부 주립대학교를 시작으로 ACM 및 IEEE 탑티어 학술대회/연례회의에서 발표된 프로시딩도 교수 승진과 정년보장 (Tenure) 등의 업적평가에 활용 되기 시작 하였고, 최근에는 미국 전체 대학교를 비롯한 유럽 그리고 대한민국 (BK 21 사업 기준)의 일부 학교까지 교수 업적평가에 반영하고 있다. 한편, Microsoft, Google, Facebook, IBM등에서도 논문으로 신기술을 공개 하는경우가 많은데 논문에 영업기밀이 되는 모든 내용을 쓰지 않아 저널(저널의 경우 피어리뷰 단계에서 많은 정보를 요구한다.)의 경우 리젝을 받는 사례도 있었고, ACM 및 IEEE 탑티어 학술대회들이 회사 홍보 또한 가능하기에 탑티어 컨퍼런스에서 논문으로 발표하는 글로벌 기업이 많이 있다. 이러한 이유로 컴퓨터공학/전산학 분야는 탑티어 학술대회/연례회의 등에서 주요 내용이 발표되고 있고, 내용이 부족할 경우 저널에 확장하거나 학술대회/연례회의에서 좋게 평가 받은 논문이나 구두세션 논문 모두 ACM 저널에 게재 하는 경우도 있다. 예를들어 ACM SIGGRAP와 ACM SIGGRAP Asia의 경우 구두 논문의 대부분을 ACM Transactions on Graphics의 특집호에 게재하고 있다. 프로시딩을 저널에 게재한다는 것이 타 전공에서는 이상하게 볼 수도 있으나 탑티어 컨퍼런스/연례회의도 엄격한 피어리뷰를 하고 심한 경우 10퍼센트의 이내의 논문만 통과 되어 그 논문의 완성도와 가치가 높은 경우가 대부분이다.

ACM 저널 종류 계속

15. ACM Transactions on Graphics (약어: ACM Trans. Graph.)

ISSN:0730-0301

e-ISSN:1557-7368

(1982년 1월 발간)

https://dl.acm.org/journal/tog

16. Proceedings of the ACM on Human-Computer Interaction

(약어: Proc. ACM Hum.-Comput. Interact.)

e-ISSN:2573-0142

(2017년 6월 발간)

https://dl.acm.org/journal/pacmhci

17. Proceedings of the ACM on Measurement and Analysis of Computing Systems (약어: Proc. ACM Meas. Anal. Comput. Syst.)

e-ISSN:2476-1249

(2017년 6월 발간)

https://dl.acm.org/journal/pomacs

18. ACM Transactions on Autonomous and Adaptive Systems

(약어: ACM Trans. Auton. Adapt. Syst.)

ISSN:1556-4665

e-ISSN:1556-4703

(2006년 9월 발간)

https://dl.acm.org/journal/taas

19. ACM Transactions on Accessible Computing

(약어: ACM Trans. Access. Comput.)

ISSN:1936-7228

e-ISSN:1936-7236

(2008년 5월 발간)

https://dl.acm.org/journal/taccess

20. ACM Transactions on Architecture and Code Optimization

(약어: ACM Trans. Archit. Code Optim.)

ISSN:1544-3566

e-ISSN:1544-3973

(2004년 3월 발간)

https://dl.acm.org/journal/taco

21. ACM Transactions on Algorithms (약어: ACM Trans. Algorithms)

ISSN:1549-6325

e-ISSN:1549-6333

(2005년 7월 발간)

https://dl.acm.org/journal/talg

22. ACM Transactions on Asian and Low-Resource Language Information Processing- (약어: ACM Trans. Asian Low-Resour. Lang. Inf. Process.)

ISSN:2375-4699

e-ISSN:2375-4702

(2002년 3월 발간)

https://dl.acm.org/journal/tallip

23. ACM Transactions on Applied Perception

(약어: ACM Trans. Appl. Percept.)

ISSN:1544-3558

e-ISSN:1544-3965

(2004년 7월 발간)

https://dl.acm.org/journal/tap

24. IEEE/ACM Transactions on Audio, Speech and Language Processing

(약어: IEEE/ACM Trans. Audio, Speech and Lang. Proc.)

ISSN:2329-9290

e-ISSN:2329-9304

(2014년 1월 발간)

https://dl.acm.org/journal/taslp

25. IEEE/ACM Transactions on Computational Biology and Bioinformatics

(약어: IEEE/ACM Trans. Comput. Biol. Bioinformatics)

ISSN:1545-5963

(2004년 1월 발간)

https://dl.acm.org/journal/tcbb

26. ACM Transactions on Cyber-Physical Systems (약어: ACM Trans. Cyber-Phys. Syst.)

ISSN:2378-962X

e-ISSN:2378-9638

(2017년 1월 발간)

https://dl.acm.org/journal/tcps

27. ACM/IMS Transactions on Data Science

(약어: ACM/IMS Trans. Data Sci.)

ISSN:2691-1922

(2020년 1월 발간)

https://dl.acm.org/journal/tds

28. ACM Transactions on Economics and Computation (약어: ACM Trans. Econ. Comput.)

ISSN:2167-8375

e-ISSN:2167-8383

(2013년 1월 발간)

https://dl.acm.org/journal/teac

29. ACM Transactions on Embedded Computing Systems (약어: ACM Trans. Embed. Comput. Syst.)

ISSN:1539-9087

e-ISSN:1558-3465

(2002년 11월 발간)

https://dl.acm.org/journal/tecs

30. ACM Transactions on Evolutionary Learning and Optimization

(약어: ACM Trans. Evol. Learn. Optim.)

ISSN:2688-299X

e-ISSN:2688-3007

(2021년 3월 발간)

https://dl.acm.org/journal/telo

31. ACM Transactions on Human-Robot Interaction

(약어: J. Hum.–Robot Interact.)

e–ISSN:2573–9522

(2012년 7월 발간)

https://dl.acm.org/journal/thri

32. ACM Transactions on Interactive Intelligent Systems

(약어: ACM Trans. Interact. Intell. Syst.)

ISSN:2160–6455

e–ISSN:2160–6463

(2011년 11월 발간)

https://dl.acm.org/journal/tiis

33. ACM Transactions on Internet of Things

(약어: ACM Trans. Internet Things)

ISSN:2691–1914

e–ISSN:2577–6207

(2020년 2월 발간)

https://dl.acm.org/journal/tiot

34. ACM Transactions on Intelligent Systems and Technology

(약어: ACM Trans. Intell. Syst. Technol.)

ISSN:2157–6904

e–ISSN:2157–6912

(2010년 11월 발간)

https://dl.acm.org/journal/tist

35. ACM Transactions on Knowledge Discovery from Data

(약어: ACM Trans. Knowl. Discov. Data)

ISSN:1556-4681

e-ISSN:1556-472X

(2007년 3월 발간)

https://dl.acm.org/journal/tkdd

36. ACM Transactions on Management Information Systems

(약어: ACM Trans. Manage. Inf. Syst.)

ISSN:2158-656X

e-ISSN:2158-6578

(December 2010년 12월 발간)

https://dl.acm.org/journal/tmis

37. ACM Transactions on Computing Education

(약어: ACM Trans. Comput. Educ.)

e-ISSN:1946-6226

(2001년 3월 발간)

https://dl.acm.org/journal/toce

38. ACM Transactions on Computer-Human Interaction

(약어: ACM Trans. Comput.-Hum. Interact.)

ISSN:1073-0516

e-ISSN:1557-7325

(1994년 3월 발간)

https://dl.acm.org/journal/tochi

39. ACM Transactions on Computational Logic

(약어: ACM Trans. Comput. Logic)

ISSN:1529-3785

e-ISSN:1557-945X

(2000년 7월 발간)

https://dl.acm.org/journal/tocl

40. ACM Transactions on Computer Systems

(약어: ACM Trans. Comput. Syst.)

ISSN:0734-2071

e-ISSN:1557-7333

(1983년 2월 발간)

https://dl.acm.org/journal/tocs

4 빅데이터 분석 준비

4.1. 빅데이터 분석

빅데이터 분석은 고객의 요구사항 및 행동, 시장의 트렌드, 패턴, 추세, 등을 파악하여 더 좋은 서비스 및 비즈니스 의사 결정을 제공하기 위해 크고 복잡한 데이터셋 또는 데이터 집합을 분석하는 프로세스이다. 빅데이터 분석은 데이터 양이 많아지고 복잡해 지면서 그에 따른 고객 요구사항도 다양해 짐에 따라 머신러닝(Machine learning), 예측 분석, 스트리밍 분석과 같이 다양한 방법이 필요하게 되었다.

한편, 데이븐포트(Davenport)는 '기업의 마지막 남은 경쟁력은 비즈니스 프로세스 효율의 제고와 최선의 의사 결정이며, 이 두 요소 모두 분석으로 실현할 수 있다'고 데이븐포트 의 리뷰 논문에서 '분석으로 경쟁하라 (Competing on analytics, Harvard Business Review)'에서 말하고 있다. 기업에서 필요한 정확한 분석을 하라면 어떠한 분석을 어떻게 수행하고 분석이 필요한 이유를 명확하게 결정하는 데이터 분석 과정이 중요하다.

이와같이 기업이 필요한 데이터 분석을 활용하여 최종적으로 성과로 이어지기 위해서는 분석 대상의 발굴 및 구체화, 데이터 확보, 다양한 원천 데이터 활용, 분석 체계 및 기술 기반 마련, 데이터 분석 결과에 기반한 의사결정 문화 등 많은 필요 사항이 존재한다. 기업은 이를 위해 체계적인 분석 프로세스를 마련해야 한다. 빅데이터 분석은 [그림. 41]과 같이 크게 7단계로 나누어 진다.

[그림. 41] 빅데이터 프로세스

[1단계] 수집 : 모든 데이터를 수집하는 단계로 목적에 맞는 데이터를 수집한다. 데이터 수집의 경우 이미 갖춰진 데이터를 수집하는 경우도 있고, 수집을 위해 프로그램을 개발하거나 수정해야 하는 경우도 존재한다.

[2단계] 정제 : 수집한 데이터를 분석하기 위한 데이터로 가공, 정제를 하는 단계로 정제의 품질에 따라 분석 결과가 많이 달라진다.

[3단계] 모델링 : 결과를 위한 알고리즘 및 방법 등 분석 모델링을 하는 단계로, 한가지 모델이 아닌 다양한 모델을 적용하여 결과를 도출하는 경우가 대부분이다.

[4단계] 예측 : 정제된 데이터 그리고 모델링을 통해 나올 결과를 예측하는 단계로, 1차 프로토타입 (Prototype) 분석 후 예측하는 경우도 있다. 예측을 하는 이유는 결과 데이터가 나왔을 때 해당 결과의 대략적인 예측 폭에서 결정을 하기 위해서 이다.

[5단계] 결정 : 예측 결과와 실제 결과를 비교하여 최종적으로 적용할 모델 및 분석 방법을 결정하는 단계이다. 결정을 하더라도 적용 후 모니터링하면서 나오는 결과에 따라 1~5단계를 검토하고 반복하기도 한다. 결정에 필요한 분석 결과는 반드시 전체 데이터를 분석해서 나온 결과로 하지는 않으며, 샘플 데이터를 통한 결과를 가지고 결정하기도 한다.

[6단계] 적용 : 결정된 분석 방법 및 모델링을 실제 상황에 적용한다. 1회성으로 분석한 경우에는 대량의 데이터를 실제로 돌려보는 단계이다. 다만 대부분 지속적으로 생성되는 데이터를 주기적으로 분석하여 결과를 도출하는 경우가 더욱 많다.

[7단계] 모니터링 : 분석 결정에 따른 적용 방법이 100% 맞을 것이라는 보장을 하지 못하기 때문에 지속적인 모니터링으로 값을 보정하거나 모델링

등을 변경해 가면서 더욱 정확한 결과를 찾게 된다.

빅데이터 프로세스를 적용하기 전에 기획 및 요구사항 검증 단계가 있으나, 이는 빅데이터 적용을 위한 전략 단계로 모든 프로젝트가 그러하듯 빅데이터 분석 프로젝트도 앞 단계가 잘못될수록 이를 해결하기 위한 비용이 급격하게 높아진다. 결국 분석 기술보다 빅데이터를 적용할 문제 발굴 및 기획, 프로세스를 적용하기 위한 전략이 중요하다.

4.2. 빅데이터 분석 도구

빅데이터 분석 도구라고 하면 대부분 R언어 또는 Python언어를 생각하기 마련이다. 물론 현재 R언어와 Python언어가 빅데이터를 분석하기에 가장 좋은 도구임은 틀림없다. 하지만 반드시 R언어와 Python언어로 분석한 결과만 빅데이터 분석결과라고 할 수는 없다. 빅데이터 분석 도구로 가장 기초적인 도구이며, 사용자는 모르겠지만 가장 많이 사용되는 도구는 엑셀이다. 그리고 과거 논문이나 통계 분석으로 사용되는 SPSS(Statistical Package for the Social Sciences), 통계 전문가들이 사용하는 SAS(Statistical Analysis System) 등도 빅데이터 분석 도구라고 할 수 있다. 다만 최근에는 무료로 이용할 수 있는 강력한 소프트웨어인 R과 Python이 각광을 받고 있는 것이다. 물론 앞에서 설명한 엑셀은 업무용에 가깝고, SPSS, SAS은 통계용 소프트웨어(Software)로 R언어와 유사하지만, Python언어는 프로그램 언어로 앞에서 비교한 분석 도구와 다르게 다양한 방법으로 확장 및 활용이 가능하다.

4.2.1. R 언어

R은 데이터 분석을 위한 다양한 통계 함수와 알고리즘, 시각화 기능을 지원하는 오픈 소프트웨어이다. R언어의 데이터 처리 부분은 스킴으로부터 영향을 받았고, 문법과 통계 처리 부분은 1970년대 AT&T에서 개발한 S언어에

그 뿌리를 두고 있다. 이후 S언어는 1980년대 사용자 인터페이스가 추가되어 S-Plus로 발전하였고, 1990년대 들어 S-Plus 무료 버전형태로 소개되어 발전된 것이 R 언어이다. R언어는 다양한 OS에서 사용 가능한 통계 언어이며, 통계 계산과 그래픽에 매우 강하다. R언어는 오픈 소프트웨어나 강력한 분석 기능 및 뛰어난 확장성을 가지고 있다.

예를 들어 R언어는 엑셀, CSV, 텍스트, DBMS 등 다양한 종류의 정형, 비정형 데이터를 이용할 수 있다. 그리고 대규모 데이터를 가지고 직관적으로 이해 할 수 있는 다양한 시각화 라이브러리를 가지고 있으며, 프로그램화 하여 유사 데이터에서 재활용이 가능하다. 마지막으로 최신 통계 분석 알고리즘 및 기능을 가진 라이브러리 패키지 및 샘플이 빠른 속도로 지속적인 업데이트가 되고 있다. 또한 R언어는 [그림. 42]와 같이 R Stuido라는 무료 도구를 사용하여 편리하게 통계 분석이 가능하다.

[그림. 42] R Project Site (https://www.r-project.org)

R은 https://www.r-project.org에서 무료로 다운받아 설치하여 사용할 수 있으며, 다양한 OS버전이 존재한다.

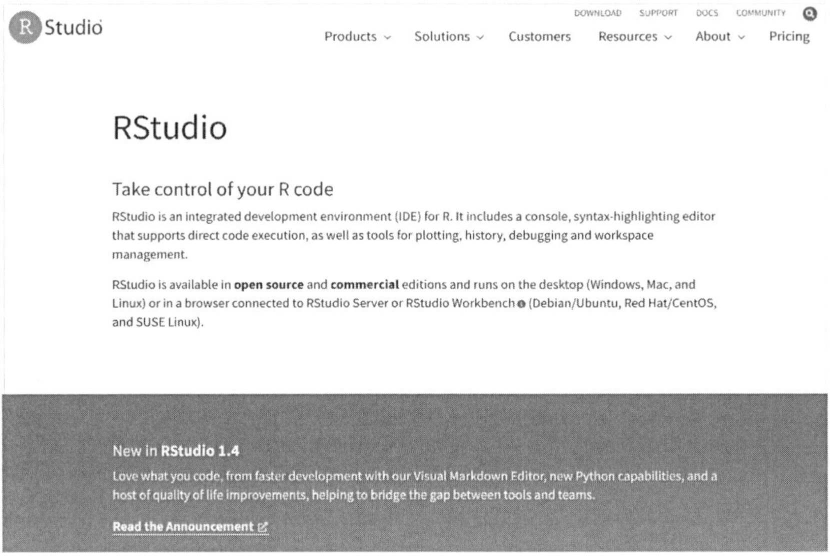

[그림. 43] R Studio (https://www.rstudio.com)

한편, R Stuido는 R언어를 편리하게 개발하기 위한 사용자 경험 (UX: User eXperience) 개발 도구로 무료 버전과 유료 버전이 있으나, 무료 버전으로 충분히 사용 가능하다. R Studio는 [그림. 43]과 같이 R Studio 홈페이지에서 R Studio를 무료로 다운 받을 수 있다.

4.2.2. Weka

Weka는 JAVA 언어로 개발된 오픈 소스 데이터 마이닝 및 통계 프로그램이나, 현재는 머신러닝까지 개발 가능한 프로그램 언어이다. Weka를 설치하려면 기본적으로 자바가 설치되어 있어야 하며, Weka는 다른 분석 프로그램과 다르게, 프로그램 코딩이 아닌 클릭 몇 번으로 다양한 분석이 가능하다. Weka 버전마다 설치해야 하는 Java 버전이 다르므로 설치 전에 Java 버전을 확인해야 한다. Weka 또한 java가 설치 가능한 다양한 OS에 설치 가능하다.

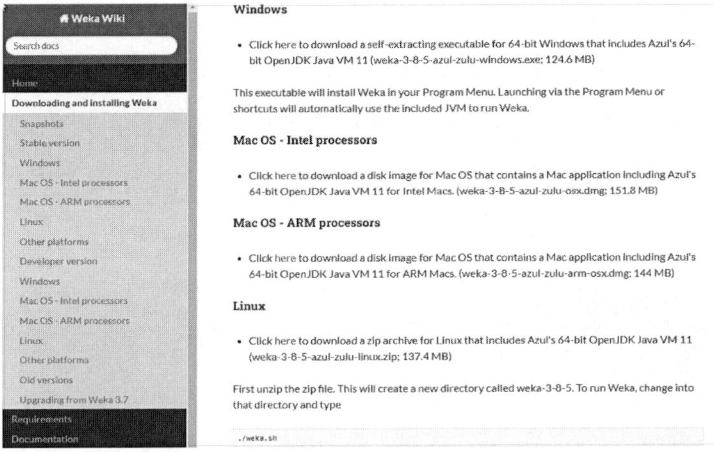

[그림. 44] Weka Wiki Page
(출처 : https://waikato.github.io/weka-wiki/)

Weka는 [그림. 44]와 같이 https://waikato.github.io/ weka-wiki/ 에서 다운 가능하며 다운로드 시 Sourceforge로 연결되어 다운로드 받게 되어있다.

4.2.3. RapidMiner

래피드마이너(RapidMiner)는 프로그램 언어보다는 SASS와 같은 솔루션 소프트웨어에 가깝다. 2006년에 개발 되었으며 예측 분석을 위한 모델 개발부터 관리까지 GUI(Graphic User Interface)기반으로 작업을 할 수 있는 통합 솔루션이다. 데이터 전처리, 텍스트 마이닝, 예측 분석 뿐만 아니라 머신러닝과 딥러닝에서도 활용할 수 있다. ReapidMiner Studio는 무료로 사용 가능하며 Visual Programming 환경을 제공하고 , 기존에 분석한 로직을 이용하여 재사용이 가능하며, 1500개 이상의 머신러닝과 데이터 분석 함수를 제공한다. 또한 R언어와 Python언어와 연결하여 개발하며, 대부분의 데이터 유형을 사용할 수 있다.

프로그래밍에 익숙하지 않은 사용자가 빠르게 다양한 분석을 무료로 하고자 했을 경우 RapidMiner는 강력한 도구로 사용할 수 있다. [그림. 45]와 같이 RapidMiner 홈페이지를 통해 관련 소프트웨어를 다운 받을 수 있고, 블로그를 통해 다양한 사용 방법을 제공 받을 수 있다.

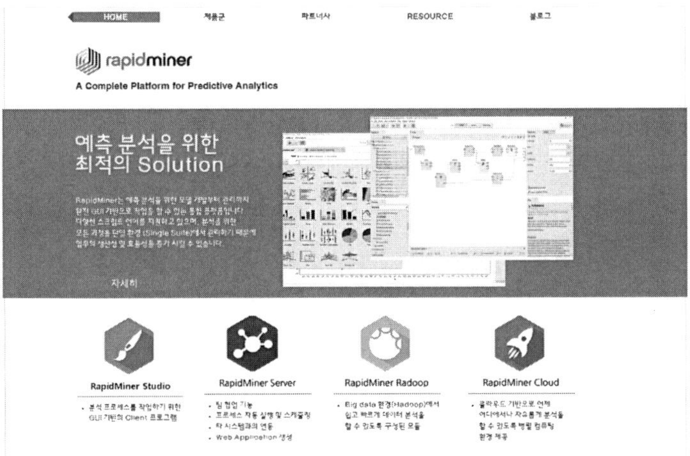

[그림. 45] Rapidminer 한국어 사이트 (https://www.rapidminer.co.kr)

4.2.4. 파이썬(Python) 언어

빅데이터 분석을 위해 사용하는 도구로 앞에서 언급한 R 언어, Weka, RapidMiner외 정통적인 프로그램 언어인 Java, C# 등 다양한 방법을 활용할 수 있다. 다만 현재 빅데이터 분석 및 인공지능 프로그램 개발에서 가장 많이 사용하고 있는 언어 또는 도구는 Python언어이다. 저자도 주로 Python언어를 이용하여 빅데이터 분석을 하고 있으며, 클라우드에서 모바일이나 화려한 UX로 데이터 결과를 제공해야 할 경우 UX단은 (Front) VUE.JS 나 REACT를 사용하고 서비스는 Java Spring Boot를 사용한다. 그리고 마지막으로 데이터를 제공하는 분석단(Back)은 Python으로 개발하여 결과를 API나 REST 전송하거나 DB에 저장하는 등 다양한 방법으로 제공하고 있다. 그만큼 실 업무에서도 Python언어는 다양하게 사용되고 있으며 Python언어는 부족한 부분은 서로 보완하여 사용된다.

한편, 파이썬(Python)은 귀도 반 로섬(Guido Van Rossum)이 1991년 개발한 언어로 인터프리터 방식의 프로그램 언어이다. 영어 문법과 비슷해서 초보자가 배우기 쉽고, 다양하고 수 많은 패키지가 있어 전문가들도 많이 사용하고 있다. 최근 데이터 분석에서는 아나콘다를 많이 사용하고 있으며, 아나콘다의 경우 Python, 주피터 등을 활용하여 데이터 분석을 보다 쉽게 할 수 있도록 해 준다. Python은 2008년 버전 3.X로 넘어갈 때 문법에 많은 변화가 있었다. 이에 2.X 버전과 3.X 버전은 다른 문법을 사용한다. 2022년 1월 Python은 3.10.1 버전이니, 3.X 버전으로 개발 및 학습을 해야 한다.

물론 Python언어의 치명적인 단점이 있는데 이는 바로 처리 속도이다. Python언어는 인터프리터 언어이고 인터프리터 언어는 컴파일언어 보다 처리 속도가 늦을 수 밖에 없다. 그럼에도 Python언어는 인공지능 및 빅데이터 분석에 사용하는 이유는 연산 작업은 Python언어가 컴파일된 라이브러리에서 실행하기 때문이다. 즉 Python언어는 빠르게 다양한 라이브러리를 사용하기 때문에 편리하고 순수한 성능을 보이게 된다.

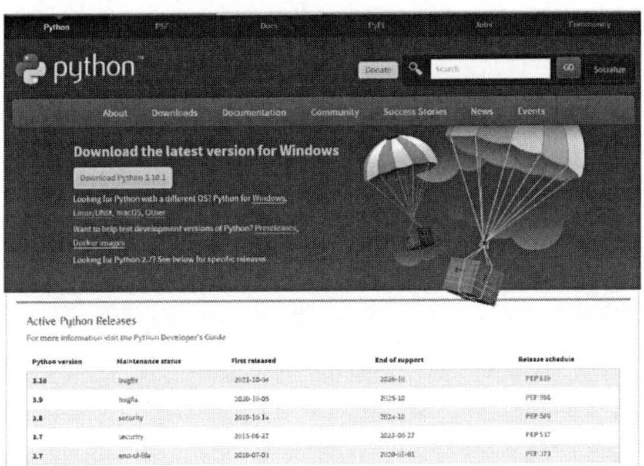

[그림. 46] Python 사이트 (https://www.python.org)

Python언어 관련한 모듈 다운로드나 개발 자료 등은 [그림 .46]과 같이 Python 정식 홈페이지에서 제공 받거나, 5.2에서 소개할 통합 IDE 도구 및 개발 사이트 등을 통해 다양하게 제공 받을 수 있다.

한편, Python언어로 빅데이터 분석을 위해서는 앞에서 언급한 Python언어 외에 아나콘다, 통합 IDE, 관련 라이브러리 패키지 등을 설치해야 한다. 해당 설치 방법은 5.2. 개발환경 준비를 참고하면 된다.

읽을거리

ACM 튜링상 (ACM Turing Award)과

ACM 저널

ACM(Association for Computing Machinery)에서 컴퓨터 과학 분야에서 최고의 업적을 남긴 사람에게 매년 시상하는 상이다. 앨런 매시슨 튜링(Alan Mathison Turing)의 이름을 따서, 1966년 제정되었다. ACM 연례회의에서 시상식을 하는데 여기서 수상자가 기념 강연을 하는 것이 통례이다.

한편, ACM 학회는 컴퓨터공학 분야의 최고의 학회이며 ACM Transactions의 학술지(Journal)등을 다수 보유하고 있으며 분과별로 탑티어 컨퍼런스 (학술대회)에서 최신의 연구 동향이 논문으로 발표되고 있다.

이중 눈여겨 볼 점은 2020년 ACM Transactions on Computing for Healthcare 창간이나 2020년 ACM Transactions on Data Science 창간이다.

한편, 컴퓨터 분야에서는 가치 있는 연구의 결과물이 특허가 아닌 논문으로 남기는 경우가 많이 있다. ACM 저널을 홈페이지를 방문 해보면 Microsoft, IBM, HP (Hewlett-Packard)의 의미 있는 연구들도 찾아 볼 수 있다.

한편, 구글(Google)의 자회사인 딥마인드(DeepMind) 데미스 하사비스 (Demis Hassabis) 박사팀은 이세돌 9단을 이긴 알파고를 논문으로 네이처(Nature) 본지 표지 논문으로 발표하며 학계의 주목을 받았다.

ACM 튜링상의 수상자와 업적은 다음과 같다.

수상 연도	수상자	업적
1966년	앨런 펄리스	고급 프로그래밍 기법, 컴파일러 설계
1967년	모리스 윌크스	라이브러리
1968년	리처드 해밍	자동 코딩 시스템, 오류 검출 부호 및 오류 정정 부호
1969년	마빈 민스키	인공지능
1970년	제임스 H. 윌킨슨	수치 해석, 선형 대수, "후방" 오류 분석
1971년	존 매카시	LISP
1972년	에츠허르 데이크스트라	프로그래밍 언어 연구, 다익스트라 알고리즘
1973년	찰스 바크만	데이터베이스
1974년	도널드 커누스	알고리즘 분석 및 프로그래밍 언어 개발, TeX
1975년	앨런 뉴웰 / 허버트 사이먼	인공지능, 인지과학, 리스트 처리
1976년	미하엘 라빈 / 데이나 스콧	비결정 기계
1977년	존 배커스	고급 프로그래밍 시스템, 프로그래밍 언어 명세의 형식적 절차
1978년	로버트 플로이드	효율적이고 신뢰할 수 있는 소프트웨어 개발을 위한 방법론
1979년	케네스 아이버슨	프로그래밍 언어와 수학 표기법, 대화형 시스템 구현, APL의 교육적 사용, 프로그래밍 언어 이론
1980년	토니 호어	프로그래밍 언어의 정의 및 디자인
1981년	에드거 F. 커드	데이터베이스 관리 시스템, 특히 관계형 데이터베이스
1982년	스티븐 쿡	계산 복잡도
1983년	켄 톰프슨 / 데니스 리치	범용 운영 체제 이론, 유닉스 운영 체제 개발, C언어

1984년	니클라우스 비르트	컴퓨터 언어 개발, Pascal
1985년	리처드 카프	알고리즘 이론, 특히 NP-완전성에 대한 연구
1986년	홉크로프트 / 로버트 타잔	알고리즘 및 자료구조의 디자인 및 분석
1987년	존 코크	컴파일러 이론, 대형 시스템 구조 연구, RISC 개발
1988년	이반 서덜랜드	컴퓨터 그래픽스
1989년	윌리엄 카한	수치 해석
1990년	페르난도 J. 코바토	CTSS, 멀틱스
1991년	로빈 밀너	LCF, ML, CCS, 힌들리-밀너 타입 추론
1992년	버틀러 램슨	분산 컴퓨팅 환경
1993년	유리스 하르트마니스 / 리처드 스턴스	계산 복잡도 이론
1994년	에드워드 파이겐바움 / 라즈 래디	대용량 인공 지능 시스템
1995년	매뉴얼 블럼	계산 복잡도 이론 연구 및 계산 복잡도 이론을 암호학과 프로그램 검사에 응용
1996년	아미르 프누엘리	프로그램 및 시스템 검증
1997년	더글러스 엥겔바트	대화형 컴퓨팅
1998년	짐 그레이	데이터베이스 및 트랜잭션 처리
1999년	프레드 브룩스	컴퓨터 구조, 운영 체제, 소프트웨어 공학
2000년	앤드루 야오	계산이론, 유사 난수 생성기, 암호학 등
2001년	올렌-요한 달 / 크리스텐 니가드	객체 지향 프로그래밍
2002년	로널드 라이베스트 / 아디 샤미르 / 레오나르드 아델만	공개키 암호 시스템
2003년	앨런 케이	객체 지향 프로그래밍, Smalltalk
2004년	빈트 서프 / 로버트 칸	TCP/IP를 비롯한 인터넷워크 설계

2005년	페테르 나우르	프로그래밍언어와 알골 60 정의, 컴파일러 설계
2006년	프란시스 E. 앨런	고성능 컴퓨팅
2007년	에드먼드 M. 클라크 / E. 앨런 에머슨 / 조세프 시파키스	모델 체킹
2008년	바바라 리스코프	데이터 추상화, 분산 컴퓨팅, 고장허용범위
2009년	찰스 P. 태커	퍼스널 컴퓨터, 컴퓨터 네트워크
2010년	레슬리 밸리언트	기계 학습
2011년	유디 펄	인공지능, 확률적 알고리즘과 원인 추론
2012년	샤피 골드바서 / 실비오 미칼리	영지식 증명, 암호체계
2013년	레슬리 램포트	블록체인
2014년	마이클 스톤브레이커	데이터베이스
2015년	휫필드 디피 / 마틴 헬만	디피–헬만 키 허용
2016년	팀 버너스리	www 의 창안
2017년	존 헤네시 / 데이비드 패터슨	RISC
2018년	제프리 힌튼 / 요슈아 벤지오 / 얀 르쿤	딥러닝
2019년	에드윈 캐트멀 / 팻 한라한	컴퓨터 그래픽스
2020년	제프리 울먼/ 앨프리드 에이호	컴파일러, 기계어 번역기
2021년	2022년 4월 선정예정	

ACM 저널 종류 계속

41. ACM Transactions on Computation Theory

(약어: ACM Trans. Comput. Theory)

ISSN:1942-3454

e-ISSN:1942-3462

(2009년 2월 발간)

https://dl.acm.org/journal/toct

42. ACM Transactions on Design Automation of Electronic Systems

(약어: ACM Trans. Des. Autom. Electron. Syst.)

ISSN:1084-4309

e-ISSN:1557-7309

(1996년 1월 발간)

https://dl.acm.org/journal/todaes

43. ACM Transactions on Database Systems

(약어: ACM Trans. Database Syst.)

ISSN:0362-5915

e-ISSN:1557-4644

(1976년 3월 발간)

https://dl.acm.org/journal/tods

44. Proceedings of the ACM on Programming Languages

(약어: Proc. ACM Program. Lang.)

e-ISSN:2475-1421

(2017년 9월 발간)

https://dl.acm.org/journal/pacmpl

45. ACM Transactions on Information Systems

(약어: ACM Trans. Inf. Syst.)

ISSN:1046–8188

e–ISSN:1558–2868

(1983년 1월 발간)

https://dl.acm.org/journal/tois

46. ACM Transactions on Internet Technology

(약어: ACM Trans. Internet Technol.)

ISSN:1533–5399

e–ISSN:1557–6051

(2001년 8월 발간)

https://dl.acm.org/journal/toit

47. ACM Transactions on Modeling and Computer Simulation

(약어: ACM Trans. Model. Comput. Simul.)

ISSN:1049–3301

e–ISSN:1558–1195

(1991년 1월 발간)

https://dl.acm.org/journal/tomacs

48. ACM Transactions on Multimedia Computing, Communications, and Applications (약어: ACM Trans. Multimedia Comput. Commun. Appl.)

ISSN:1551–6857

e–ISSN:1551–6865

(2005년 2월 발간)

https://dl.acm.org/journal/tomm

49. ACM Transactions on Modeling and Performance Evaluation of Computing Systems

(약어: ACM Trans. Model. Perform. Eval. Comput. Syst.)

ISSN:2376-3639

e-ISSN:2376-3647

(2016년 3월 발간)

https://dl.acm.org/journal/tompecs

50. ACM Transactions on Mathematical Software

(약어: ACM Trans. Math. Softw.)

ISSN:0098-3500

e-ISSN:1557-7295

(1975년 3월 발간)

https://dl.acm.org/journal/toms

51. IEEE/ACM Transactions on Networking

(약어: IEEE/ACM Trans. Netw.)

ISSN:1063-6692

(1993년 2월 발간)

https://dl.acm.org/journal/ton

52. ACM Transactions on Parallel Computing

(약어: ACM Trans. Parallel Comput.)

ISSN:2329-4949

e-ISSN:2329-4957

(2014년 9월)

https://dl.acm.org/journal/topc

53. ACM Transactions on Programming Languages and Systems

(약어: ACM Trans. Program. Lang. Syst.)

ISSN:0164-0925

e-ISSN:1558-4593

(1992년 3월 발간)

https://dl.acm.org/journal/toplas

54. ACM Transactions on Privacy and Security

(약어: ACM Trans. Priv. Secur.)

ISSN:2471-2566

e-ISSN:2471-2574

(1998년 11월 발간)

https://dl.acm.org/journal/tops

55. ACM Transactions on Recommender Systems

(약어: ACM Trans. Recomm. Syst.)

e-ISSN:2770-6699

https://dl.acm.org/journal/tors

56. ACM Transactions on Storage

(약어: ACM Trans. Storage)

ISSN:1553-3077

e-ISSN:1553-3093

(2005년 2월 발간)

https://dl.acm.org/journal/tos

57. ACM Transactions on Software Engineering and Methodology

(약어: ACM Trans. Softw. Eng. Methodol.)

ISSN:1049-331X

e-ISSN:1557-7392

(1992년 1월 발간)

https://dl.acm.org/journal/tosem

58. ACM Transactions on Sensor Networks

(약어: ACM Trans. Sen. Netw.)

ISSN:1550-4859

e-ISSN:1550-4867

(2005년 8월 발간)

https://dl.acm.org/journal/tosn

59. ACM Transactions on Quantum Computing

ISSN:2643-6809

e-ISSN:2643-6817

(2020년 12월 발간)

https://dl.acm.org/journal/tqc

60. ACM Transactions on Reconfigurable Technology and Systems

(약어: ACM Trans. Reconfigurable Technol. Syst.)

ISSN:1936-7406

e-ISSN:1936-7414

(2008년 3월 발간)

https://dl.acm.org/journal/trets

61. ACM Transactions on Spatial Algorithms and Systems

(약어: ACM Trans. Spatial Algorithms Syst.)

ISSN:2374-0353

e-ISSN:2374-0361

(2015년 8월 발간)

https://dl.acm.org/journal/tsas

62. ACM Transactions on Social Computing

(약어: Trans. Soc. Comput.)

ISSN:2469-7818

e-ISSN:2469-7826

(2018년 3월 발간)

https://dl.acm.org/journal/tsc

63. ACM Transactions on the Web

(약어: ACM Trans. Web)

ISSN:1559-1131

e-ISSN:1559-114X

(2007년 5월 발간)

https://dl.acm.org/journal/tweb

연습문제

1. Thomas H. Davenport (2006). Competing on analytics. Harvard business review, 84(1), 98을 찾아서 읽고 본인의 생각은 무엇인지 설명하세요.

2. R언어와 Weka, RapidMiner, 파이썬 언어의 장단점에 대하여 설명하세요.

3. ACM 논문지(Journal) 페이지에 방문하여 본인이 관심있는 주제의 논문을 찾아보고 간단히 설명하세요.

4. ACM 튜링상의 수상자와 업적과 이론 그리고 대표 논문에 대하여 찾아보세요.

5. 구글에서도 이세돌 9단을 이긴 알파고를 논문으로 발표 하였는데 익명의 사토시 나카모토도 비트코인과 블록체인을 논문으로 발표 하였다. 최신 기술을 논문으로 공개하는 이유가 무엇인지 생각해보세요.

PART 02

(중급내용)

해양 빅데이터 분석

5 해양 빅데이터 분석 환경 준비

5.1. 분석 빅데이터셋 준비

해양 빅데이터 분석을 위해서는 해양 데이터셋이 필요하다. 해양 빅데이터셋은 양질의 무료 빅데이터셋이 많은 대한민국 해양수산 빅데이터거래소(www.bigdata-sea.kr, 빅데이터 바다)에서 다운로드 하여 준비한다.

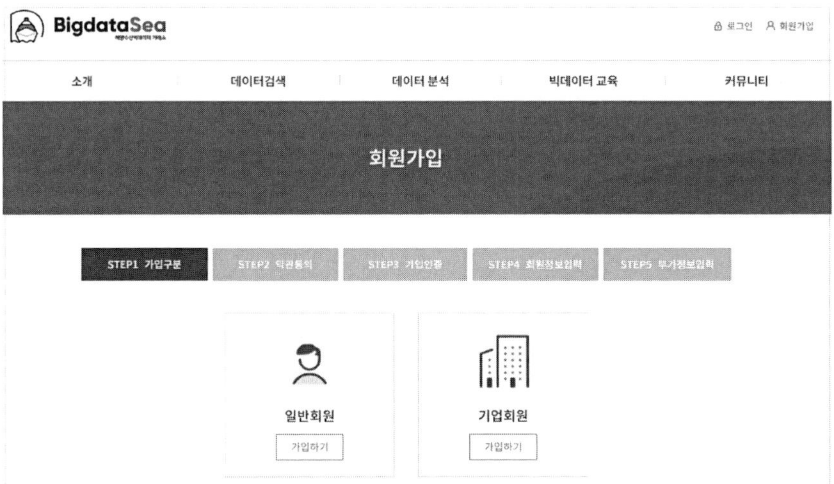

[그림. 47] 해양빅데이터거래소 회원 가입

해양빅데이터 거래소에서 데이터를 다운로드 받기 위해서는 사전에 회원가입이 이루어져야 한다. 회원 가입은 [그림. 47]과 같이 일반회원과 기업 회원이 있으면 회원 가입 방법은 일반적인 사이트와 동일하게 진행하면 된다. 회원가입이 완료된 이후에 데이터 검색 메뉴에서 전체 데이터를 클릭하여 데이터를 검색하거나 첫 홈 화면에서 필요한 데이터를 바로 검색하면 된다. '조선 해운 전주기 빅데이터 센터'에서 제공하는 무료 데이터를 사용하도록 하여 분석 실습을 진행한다.

먼저 [그림. 48]과 같이 검색에서 '한바다'로 검색하여 나오는 10건의 모든 무료 빅데이터셋을 다운 받는다. 다음은 '한나라'로 검색하여 나오는 13건의 무료 빅데이터셋을 모두 다운 받는다.

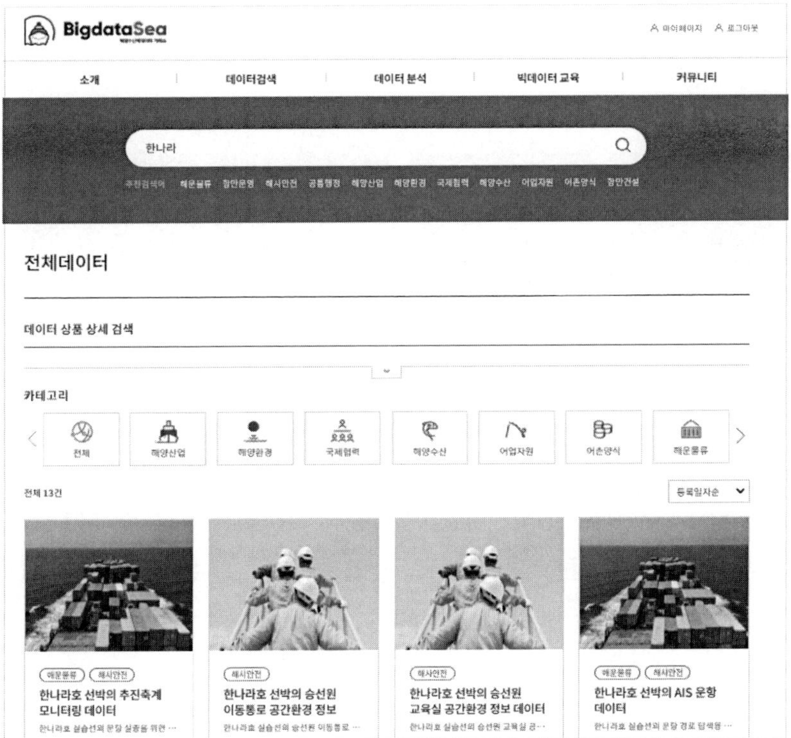

[그림. 48] 키워드 한나라, 한바다로 검색한 빅데이터셋

주로 사용할 데이터는 한바다, 한나라 데이터 외에 해운 물류 빅데이터 중 선박 스케쥴 정보, 내항 여객선 운항 데이터 등 무료 빅데이터셋을 사용하는데, 이는 카테고리 바로 위에 화살표로 클릭하여 상세 검색 창이 생성되면 [그림. 49]와 같이 '무료' 부분을 체크하고 해운 물류를 선택한 다음 검색을 클릭하면 무료 해양 물류 빅데이터셋을 빠르게 검색할 수 있다.

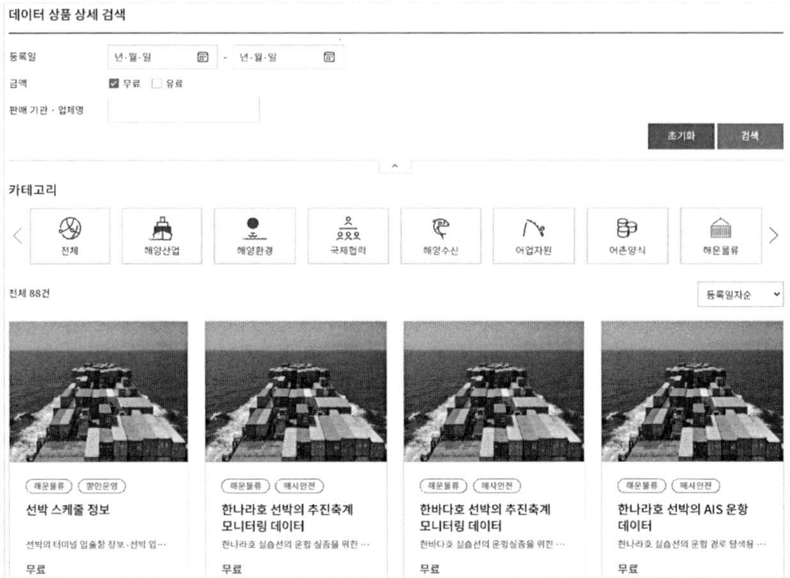

[그림. 49] 해운 물류는 총 88건의 무료데이터셋이 존재함

무료 빅데이터셋의 경우 해당 데이터 제목을 클릭하면 [그림. 50]과 같이 상세 정보 페이지로 보여지는데, 이때 장바구니 담기를 통해 모두 담은 다음에 한번에 결재 다운을 받으면 편리하게 다운을 받을 수 있다.

[그림. 50] 해양 데이터셋 다운로드를 위한 장바구니 담기

장바구니 화면에서 결재하기 버튼이 보이나 무료인 경우 실제 결재가 이루어지지 않으므로, 구매하기까지 진행하면 된다. 모든 구매가 완료되면 상단에 있는 '마이페이지'에서 '내 구매상품' 또는 구매 완료 후 나오는 '내 구매상품 가기' 버튼을 통해 구매한 상품 페이지로 이동하고, 해당 상품을 클릭하여 다시 상세 페이지로 이동하면 페이지 중간에 다운로드 버튼을 이용하여 데이터를 받으면 된다.

데이터를 다운로드 받을 때 [그림. 51]과 같이 다양한 데이터 포맷으로 다운 받을 수 있다. XML과 JSON은 실 프로그램을 개발하는 현장에서는 사용할 빈도가 높지만 테스트 분석용으로는 CSV를 다운 받으면 된다. 실 프로그램 개발 시에도 데이터 양이 몇 기가바이트 또는 테라 바이트 단위가 아닌 경우 CSV나 Excel 형태로 데이터를 받은 후 1차 가공 또는 DRBMS에 넣고 재가공 후 빅데이터 화를 진행한다. 다만 Excel은 데이터 크기에 한계가 있으며, CSV는 일반 T쉼표(,) 또는 탭(Tab)으로 구분된 일반 텍스트 파일이라고 보면 된다.

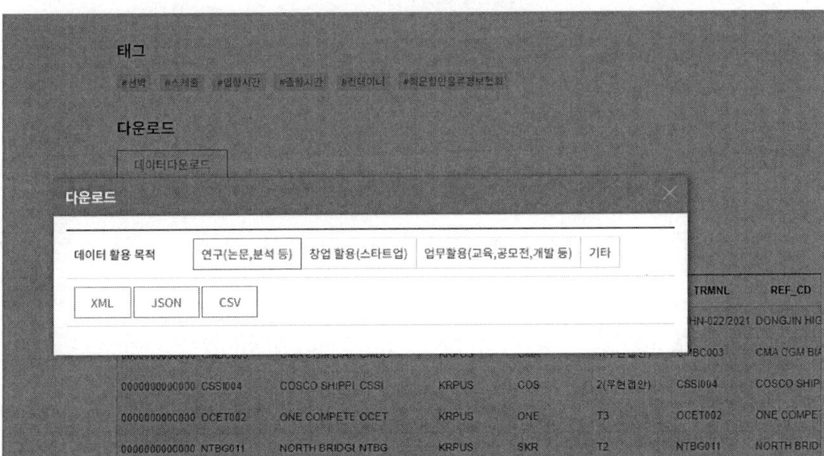

[그림. 51] 해양 데이터셋의 다양한 다운로드 형태

CSV로 파일을 다운로드 받고, 해당 PC에 Excel이 설치되어 있으면, CSV는 Excel로 열어서 데이터를 확인할 수 있다. 다만 Excel로 바로 CSV를 열 때 한글이 있을 경우 인코딩이 안되어 깨질 수가 있다. 그러므로 우선 원본 파일은 다른 이름으로 저장해 놓고, CSV 파일을 열면 되는데, 이때 새파일 열기나, 해당 CSV파일을 더블 클릭하여 바로 열지 말고 빈 Excel 파일을 생성하면 상위 메뉴 중 '데이터' 탭에서 '데이터 가져오기', '파일에서', '텍스트/CSV'에서를 클릭하여 다운로드 받은 CSV 파일을 선택한다.

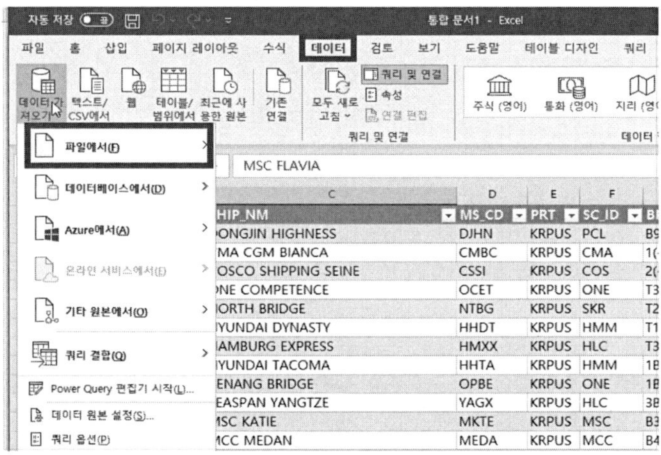

[그림. 52] CSV 파일을 Excel로 깨지지 않고 불러오는 방법

한편, '데이터 가져오기'를 통해 '텍스트/CSV'에서 [그림. 52] 기능으로 데이터를 가져온 경우 [그림. 53]과 같이 인코딩 방식, 구분 기본 등을 변경하여 가지고 올 수 있다. 위와 같이 가지고 와야 하는 이유는 데이터셋마다 형식이 다를 수 있기 때문에 주의를 해야 한다. 특히 한국어, 중국어, 일본어 등 인코딩 때문에 깨질 위험이 있을 경우 반드시 데이터 변환을 통해 데이터를 가지고 와서 확인해야 한다.

또한, Excel로 확인한 데이터는 Excel 확장자인 xlsx로 저장하는 것이 좋다.

다만 Excel은 최대 행 1,048,576이며 최대 열은 16,384열이기 때문에 모든 데이터를 가지고 오지 못할 수 있으며, 기가바이트가 넘는 CSV나 텍스트 데이터를 Excel로 변환하여 보고자 한다면 변화하면서 프로그램이 다운되거나, 매우 많은 시간이 걸리게 된다. Excel을 넘어갈 정도로 많은 데이터를 검토 및 정제를 위해서 데이터 검증 및 추출을 해야 한다면 Excel보다는 RDBMS를 추천한다.

SN	VOYG_NO	SHIP_NM	MS_CD	PRT	SC_ID	BRTH_NM	TRMNL	REF_CD	EXPECT_ARVL_1
9428	DJHN-022/2021	DONGJIN HIGHNESS	DJHN	KRPUS	PCL	B9	DJHN-022/2021	DONGJIN HIGHNESS	2021-09-28 오전
8349	CMBC003	CMA CGM BIANCA	CMBC	KRPUS	CMA	1(우현접안)	CMBC003	CMA CGM BIANCA	2021-08-28 오전
8350	CSSI004	COSCO SHIPPING SEINE	CSSI	KRPUS	COS	2(우현접안)	CSSI004	COSCO SHIPPING SEINE	2021-08-28 오전
8351	OCET002	ONE COMPETENCE	OCET	KRPUS	ONE	T3	OCET002	ONE COMPETENCE	2021-08-28 오전
8352	NTBG011	NORTH BRIDGE	NTBG	KRPUS	SKR	T2	NTBG011	NORTH BRIDGE	2021-08-28 오후
8353	HHDT011	HYUNDAI DYNASTY	HHDT	KRPUS	HMM	T1	HHDT011	HYUNDAI DYNASTY	2021-08-29 오전
8354	HMXX004	HAMBURG EXPRESS	HMXX	KRPUS	HLC	T3	HMXX004	HAMBURG EXPRESS	2021-08-29 오후
8355	HHTA0001	HYUNDAI TACOMA	HHTA	KRPUS	HMM	1B	HHTA0001	HYUNDAI TACOMA	2021-08-27 오전
8356	OPBE0002	PENANG BRIDGE	OPBE	KRPUS	ONE	1B	OPBE0002	PENANG BRIDGE	2021-08-28 오후
8357	YAGX0001	SEASPAN YANGTZE	YAGX	KRPUS	HLC	3B	YAGX0001	SEASPAN YANGTZE	2021-08-28 오후
8358	MKTE-001/2021	MSC KATIE	MKTE	KRPUS	MSC	B3	MKTE-001/2021	MSC KATIE	2021-08-31 오전
8359	MEDA-001/2021	MCC MEDAN	MEDA	KRPUS	MCC	B4	MEDA-001/2021	MCC MEDAN	2021-08-28 오전
8360	HCLB-003/2021	HANSA COLOMBO	HCLB	KRPUS	MCC	B5	HCLB-003/2021	HANSA COLOMBO	2021-08-28 오후
8361	ZYH3-001/2021	ZIM HOUSTON	ZYH3	KRPUS	ZIM	B6	ZYH3-001/2021	ZIM HOUSTON	2021-08-28 오전
8362	MHLF-001/2021	MAERSK HALIFAX	MHLF	KRPUS	MAE	B7	MHLF-001/2021	MAERSK HALIFAX	2021-08-27 오전
8363	MAAN-001/2021	MSC ANNA	MAAN	KRPUS	MSC	B8	MAAN-001/2021	MSC ANNA	2021-08-28 오후
8364	DJEN-002/2021	DONGJIN ENTERPRISE	DJEN	KRPUS	NSL	B9	DJEN-002/2021	DONGJIN ENTERPRISE	2021-08-28 오전
8365	ZZAW007	ZIM ANTWERP	ZZAW	KRPUS	ZIM	T2	ZZAW007	ZIM ANTWERP	2021-08-28 오후
8366	ZUZY006	ADONIS	ZUZY	KRPUS	ZIM	T1	ZUZY006	ADONIS	2021-08-28 오후
8367	MSFV001	MSC FLAVIA	MSFV	KRPUS	MSC	T3	MSFV001	MSC FLAVIA	2021-08-29 오전

[그림. 53] Excel의 데이터 변환 시 인코딩 및 구분자 변경

데이터를 Excel로 불러오거나 DRBMS로 넣는 이유는 사전에 해당 데이터 분석을 파악하기 위한것도 있다. 실제 업무에서는 단일 데이터로 분석하는 일이 많이 없기 때문에 적은 양의 샘플 데이터를 미리 추출하여 해당 데이터로 데이터 형태 및 내용을 검토하게 된다.

5.2. 개발 환경 준비

빅데이터 분석에서는 순수 Python을 사용하지 않고 아나콘다를 사용한다. 아나콘다는 빅데이터 분석 및 머신러닝에 필요한 Python 기능이 포함되어 있고, 맞춤 패키지 관리 시스템을 통해 더 많은 라이브러리를 가져와서 사용할 수 있다. 아나콘다는 기본적으로 Python 보다 많은 라이브러리를 포함하고 있고 추가적으로 확장이 가능한 형태이다. 만약 기존에 Python이 설치되어 있다면 충돌이 발생할 수 있으므로 기존 Python 및 Python IDE는 삭제하는 것이 좋다.

5.2.1. 아나콘다 (Anaconda) 다운로드 방법

아나콘다는 https://www.anaconda.com에서 다운 받을 수 있다. [그림. 54]와 같이 Products 메뉴에 보면, 다양한 버전과 솔루션이 있는데, Individual Edition 외에는 모두 유료 버전이므로 Individual Edition을 클릭하여 “Download” 버튼을 클릭하여 다운 받으면 된다.

Individual Edition도 아나콘다 (Anaconda)를 활용하여 빅데이터 분석에는 충분하며, 나머지 버전은 향후 서비스 개발 시 필요한 경우 구매하여 사용하면 된다. 32-bit 나 맥(Mac OS), 리눅스 (Linux)환경의 아나콘다가 필요한 경우 Get Additional Installers를 클릭하여 그에 맞는 버전을 받으면 된다.

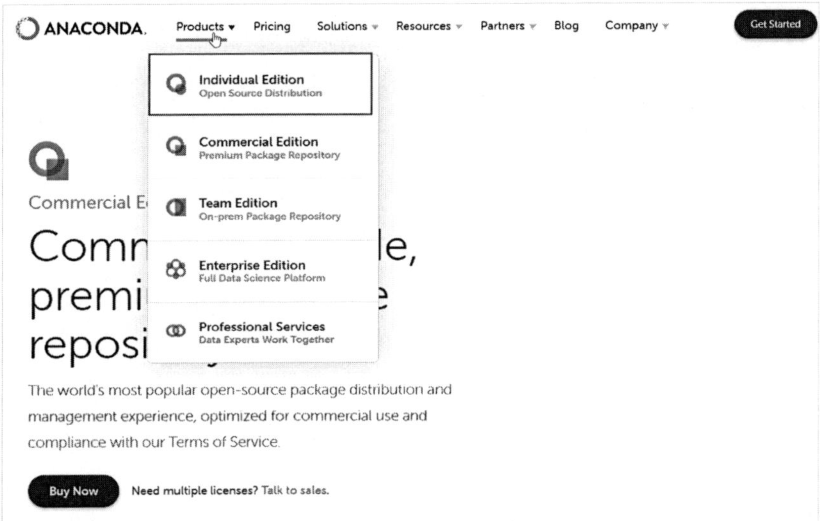

[그림. 54] 아나콘다 다운로드 사이트

5.2.2. 아나콘다 (Anaconda) 설치 방법

설치 파일은 받으면 실행하여 [NEXT] 및 [I Agree]를 클릭하여 설치하면 된다. [그림. 55]

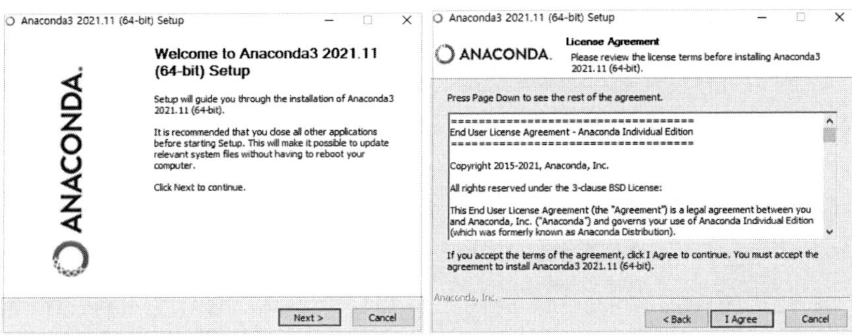

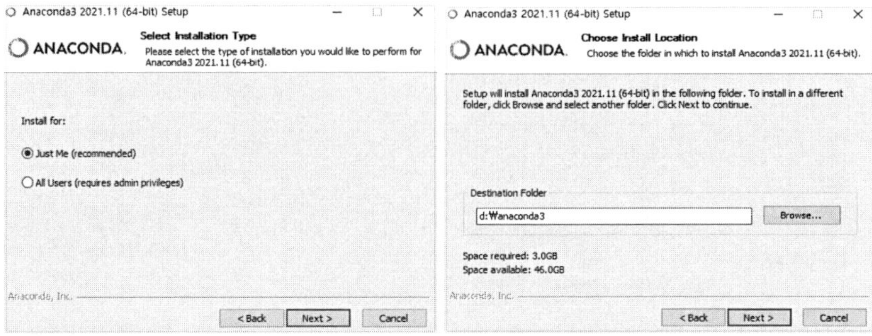

[그림. 55] 아나콘다 설치 과정

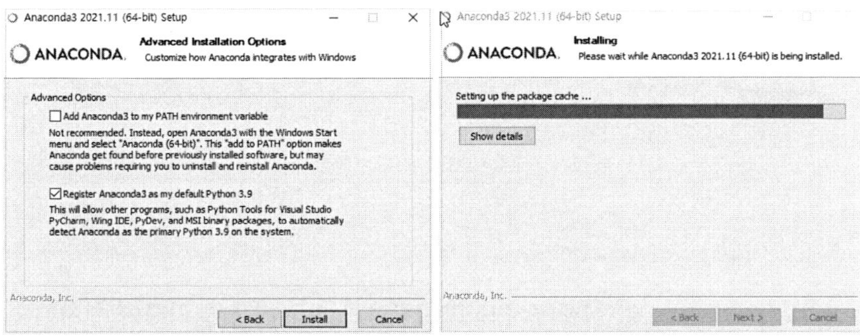

[그림. 56] 아나콘다 옵션 설정 선택 및 설치

중간에서 [그림. 56]과 같이 옵션 설정이 나오는데, 두 번째 옵션이 선택된 기본 상태로 설치하면 된다. 중간 옵션 설정외의 나머지는 모두 NEXT만 클릭하면 어렵지 않게 설치를 할 수 있다.

아나콘다가 설치 완료되면 윈도우 시작의 프로그램 목록에 [그림. 57] 과 같이 설치된 아나콘다 프로그램이 보이게 된다. 아나콘다를 설치하면 아나콘다 외의 Jupyter Notebook, Spyder 등 다양한 프로그램이 설치되는데, 모두 아나콘다 프로그램이다.

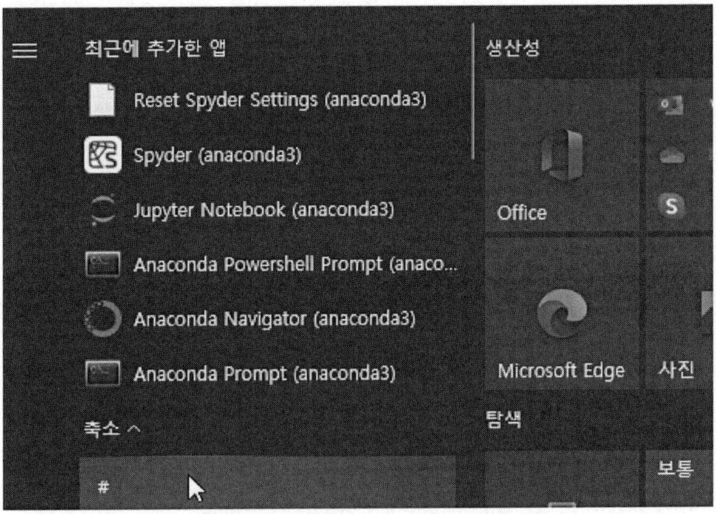

[그림. 57] 아나콘다 설치 프로그램 확인

아나콘다를 설치하고 "Anaconda Prompt"를 실행하여

> Python --verion

[그림. 58]과 같이 입력하여 Python 버전을 확인하면 된다.

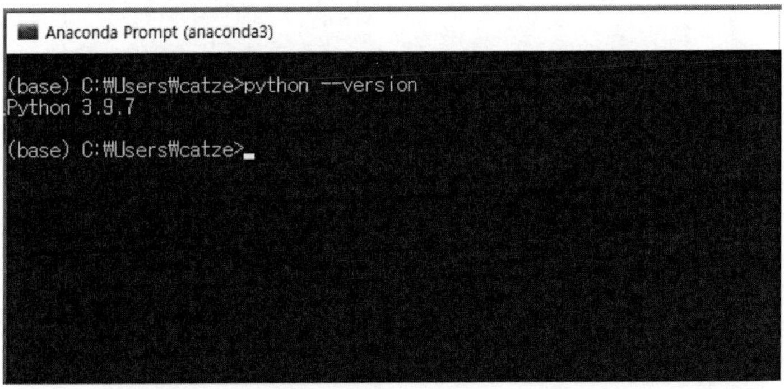

[그림. 58] 아아콘다 파이썬 버전 확인

5.2.3. Python 패키지와 모듈

패키지(라이브러리)는 다양한 기능을 하는 Python 프로그램을 가져다가 활용할 수 있도록 패키지화 시켜 놓은 집합을 말하며, 패키지는 라이브러리와 같은 의미로 사용된다. 대부분의 다른 언어에서는 라이브러리라는 용어를 사용하고 있으나, Python에서는 패키지(Package)도 자주 사용된다.

그리고 Python에서는 라이브러리나 패키지는 모두 같은 의미로 사용되나 일부에서는 여러 패키지를 묶어 놓은 것을 라이브러리라고 부르기도 한다. Python에는 기본적으로 수행되는 기능 및 내장 함수를 묶어서 Python 표준 라이브러리 (PSL : Python Standard Library)라고 한다. 이 PLS외에는 모두 외장 라이브러리 또는 패키지이다. 빅데이터 분석에서 반드시 필요한 Pandas도 외장 패키지 중에 하나이다.

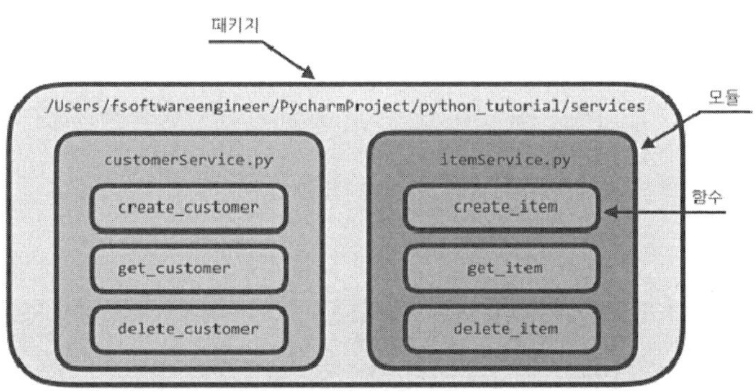

[그림. 59] Python에서의 모듈과 패키지, 함수의 구분
(출처 : https://imasoftwareengineer.tistory.com)

모듈(Module)은 특정 기능을 Python하나의 파일 .py 단위로 만들어 놓은 것으로 클래스, 함수, 데이터 등이 포함된 파일을 의미한다. 만약 사용자가 별도로 모듈을 만들어 사용할 경우 임포트를 해 주어야 한다. 위와 같은 모듈을 묶어서 사용자가 직접 패키지를 만들기도 한다. [그림. 59]

5.2.4. 파이썬 주요 라이브러리

파이썬은 수 많은 라이브러리를 추가로 설치하여 해당 기능을 이용하여 다양한 분석 및 기능을 활용할 수 있으며, 빅데이터 분석을 위해 사용되는 주요 라이브러리는 [그림. 60]과 같다.

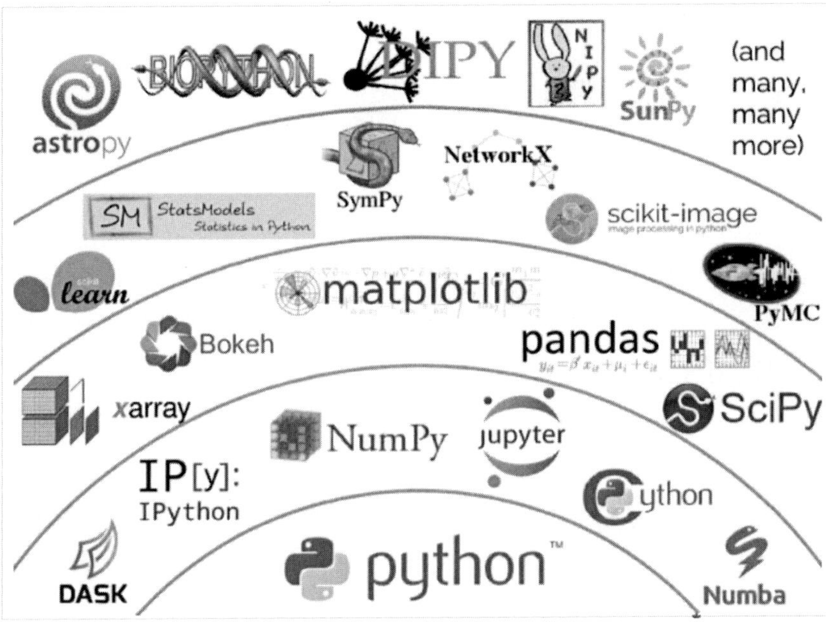

[그림. 60] 파이썬 주요 라이브러리 (출처 : https://devopedia.org)

모든 라이브러리 설치 및 사용 (import) 방법은 아래와 같으며, 설치는 OS 실행 (Windows : DOS, Linux/Unix : shell) 화면에서 실행하면 설치된다.

```
설치 방법 : 〉 pip install 라이브러리명
사용 방법 : python〉 import 라이브러리명 as 가칭
```

사용 방법은 Import 외에도 많이 있으며, 가칭은 주로 사용하는 명칭이 있다.

예를 들어 Pandas 경우 pd로 많이 사용하며, 다양한 Import 방법 및 사용 방법과 관련해서는 실습 6장과 7장에서 자세히 다루고 있다. 라이브러리(패키지)에 대해서 자세하게 설명하는 이유는 기본적으로 라이브러리에 대한 이해도가 있어야 Python 프로그래밍을 할 때 빠르게 사용할 함수를 생각해 낼 수 있기 때문이다. 실제로 파이썬 프로그램은 어떤 라이브러리(패키지)의 모듈을 사용하느냐에 따라 코딩이 달라진다.

1) 판다스 (Pandas)

빅데이터 또는 머신러닝, 딥러닝을 하는 사람들에게 Pandas는 반드시 필요한 라이브러리이다. 판다스는 2007년부터 웨스 매키니(Wes McKnney)가 AQR Capital 연구원으로 있을 때 만들었다. 웨스 매키니는 회사에서 사용하는 Excel의 기능에 만족하지 못해 판다스를 개발했다고 한다. 판다스는 Python 데이터 핸들링 부분에서 가장 많이 사용되는 패키지로 행과 열이 있는 데이터 처리에 사용된다. RDBMS의 테이블에 익숙한 사용자에게 데이터를 테이블 형태로 인식하게 하여 빠르게 처리하도록 도와준다. 판다스 중에 가장 중요한 모듈은 데이터프레임(Data Frame)으로 행과 열로 테이블 같은 2차원 형태로 만드는 역할을 한다.

Pandas는 주로 데이터 분석에 사용되며, CSV, JSON, SQL 및 Excel 등 다양한 형식의 파일을 가지고 와서 병합, 변경, 정제 등 다양하게 처리 가능하다. Pandas는 넘파이 (Numpy)보다 편리하게 데이터 컨트롤이 가능하다.

2) 넘파이 (Numpy)

넘파이(Numpy)는 행렬이나 다차원 배열을 쉽게 처리할 수 있도록 하는 라이브러리다. Pandas도 그렇지만 많은 머신러닝, 빅데이터 처리 패키지들이

Numpy를 기본으로 만들어졌다. 넘파이는 Numerical Python의 약자로 배열, 선형대수 등 연산 모듈과 자료형이 고정된 다차원 배열 클래스와 벡터화 연산을 지원한다. Python에서 연산 처리를 위해 기본적인 라이브러리이다.

3) 사이파이 (SciPy)

사이파이(SciPy)는 Numeric 패키지를 기반으로 만들어졌으며, 과학 기술 계산에 필요한 많은 모듈을 가지고 있다. 수치적 미적분, 다양한 수학 함수, 미분 방정식, 최적화 등 다양한 모듈을 포함하고 있다.

4) 심파이 (SymPy)

심파이(Sympy)는 일반적인 산술에서 다항식, 미적분, 방정식, 이산 수학, 행렬, 기하학, 다양한 통계 함수, 매트릭스, 순열, 조합 등 다양한 수학적 기능을 가지고 있다. SymPy는 양자 물리학 계산까지 가능하다고 되어 있고 2005년 온드르지 체티크와 아론 뮤러에 의해 시작되었다. 결론적으로 SymPy를 사용하면 엄청나게 복잡한 수학 계산을 몇 줄의 코딩으로 처리 가능하다. 파이썬(보아뱀)이 수학 계산 상자를 감싸고 있는 심파일 로고만 봐도 심파이가 어떤 라이브러리인지 알 수 있다.

5) 맷플롯립 (matplotlib)

맷플롯립(Matplotilb)은 파이썬 시각화 라이브러리이다. 시각화란 계산된 결과 그래픽 형태로 이미지화 하여 보여주는 것을 의미한다. 맷플롯립는 Numpy 라이브러리를 활용하여 계산된 결과를 플로팅하여 그래프 와 같은 이미지로 보여주는 라이브러리다. 보통은 Numpy와 같이 많이 사용한다. 참고로 Pandas는 plot이라는 시각화 모듈을 내장하고 있다.

6) 시본 (Seaborn)

Seaborn은 Matplotlib을 기반으로 다양한 그래픽 테마와 통용 차트를 추가한 시각화 라이브러리이다. matplotilb을 기반으로 하고 있기 때문에 matplotilb 라이브러리를 의존하며 통계 기능은 Statsmodels 라이브러리에 의존한다. 특정 형태의 그래프를 그리고자 하는데 matplotlib에 없다면 Seaborn을 확인해 보는 것을 추천한다.

7) 플로틀리 (plotly)

플로틀리(Plotly)는 데이터 분석 및 시각화 도구를 개발하는 캐나다 회사로 다양한 언어에서 시각화 도구를 개발해 왔다. 플로틀리는 과학 그래프 뿐 아니라 업무, 분석 통계 툴 등 다양한 기능이 있다. 플로틀리 장점은 세련된 그래프를 만들어 낼 수 있으며 다스의 데이터프레임을 바로 그래프화가 가능하다. matplotlib, seaborn을 대신하여 최근 각광 받고 있는 시각화 라이브러리다.

8) 사이킷런 (Scikt-learn)

사이킷런(Scikt-learn 또는 Sklearn이라고도 함)은 머신 러닝 라이브러리로 대부분의 머신 러닝에 필요한 모듈을 가지고 있다. 사이킷런은 다양한 머신러닝 알고리즘을 모두 제공 하고 있어 머신러닝을 처리하는데 매우 유용하다. 사이킷런은 구글 프로젝트로 K-means , DBSACN을 포함한 다양한 머신러닝 알고리즘을 제공한다.

9) 케라스 (Keras)

케라스(Keras)는 2015년에 ONEIROS(Open-ended Neuro Electronic Intelligent Robot Operating System) 프로젝트로 개발되었다. 케라스(Keras)는 신경망 라이브러리로 딥 신경망과 빠른 연산이 가능하며, Deeplearning4J, MXNet, Tensorflow, Microsoft Cognitive Toolkit, Theano 위에서 수행할 수 있다. Python언어에서는 텐서플로(Tensorflow)를 쉽게 사용할 수 있도록 해주는 고수준의 라이브러리이며, 초기에는 별도의 라이브러리였지만 2017년에 텐서플로 (Tensorflow)와 통합되었다.

10) 텐서플로 (Tensorflow)

텐서플로(TensorFlow)는 신경망 모형 등의 딥러닝 모형을 위한 파이썬 라이브러리이다. 2015년 구글에서 개발했으며, 심볼릭 수학 연산과 그래프 연산 모형, 인공신경망 같은 기계학습 응용프로그램 및 딥러닝(Deep Learning), GPU(Graphics Processing Unit)를 사용한 연산 등에서도 사용된다. 대량 연산을 필요로 하는 딥러닝 학습에 필요한 라이브러리이다. 텐서플로는 자체 정보를 제공하는 페이지에(https://www.tensorflow.org) 학습, API, 리소스, 커뮤니티 등 많은 정보가 있으니 참고하면 좋다.

11) 파이토치 (PyTorch)

파이토치(PyTorch)는 Torch를 기반으로 2016년에 만들어졌다. 머신 러닝 자연어 처리에 사용되며, GPU사용이 가능하여 속도가 상당히 빠르다. PyTorch는 최근 들어 사용자가 늘어나고 있다. Facebook의 인공지능 연구팀이 개발했다. Pytorch는 강력한 GPU 가속화를 통한 Tensor 계산 (ex Numpy)과 테이프 기반 자동 삭제 시스템을 기반으로 구축된 심층 신경망 라이브러리를 이용할 수 있다.

12) 테아노 (Theano)

테아노(Theano)는 심볼릭 텐서 그래프를 사용한 최초의 라이브러리로 유연한 것이 특징이다. 몬트리올 알고리즘 연구소(MILA)에서 개발한 머신 러닝 알고리즘으로 2018년 5월 지속적인 개발 연구를 중단했다. Lasagne는 Theano의 복잡성 때문에 개발된 인터페이스로 Keras와 비슷하다. 다른 라이브러리 비해 구문이 어렵지만, 대형 신경망 계산을 처리하는데 성능이 뛰어나다.

13) 스태츠모델 (Statsmodels)

스태츠모델(Statsmodels)은 모의 검정, 이산 종속 변수, 회귀 분석(Regression Analysis), 검정 및 추정(Test and Estimation), 시계 열 분석(Time–Series Analysis), 영상 이미지 등 다양한 통계 분석 기능을 제공하는 파이썬 라이브러리이다.

특히 patsy를 사용할 경우 R언어와 동일한 방식으로 회귀분석과 시계열 분석을 파이썬에서 사용할 수 있다.

14) 지오판다스 (GeoPandas)

지오판다스(GeoPandas)는 좌표, 주소, 우편번호, 나라, 도시 정보 등 위치와 관련된 지리 정보 시스템(GIS: Geospatial information System)를 가지고 있다. 지오판다스는 판다스와 유사한 형태로 지리 정보 데이터 처리를 위한 연산과 시각화 등을 포함하고 있다. 지오판다스는 GeoSeries와 GeoDataFrame 두가지 자료형이 있는

데, 다루는 방법에는 큰 차이가 없으며, 지리정보데이터를 실습 할 수 있는 샘플 데이터 셋을 제공한다.

15) 소이 NLP (Soynlp)

KoNLPy

소이NLP는 한국어 분석을 위한 Pure Python Code이다. 한글 텍스트 분석 분야의 KoNLPy에서 제공하는 형태소 기반의 문서를 토큰화할 수 있는 기능을 제공한다. 다만 새롭게 만들어진 미등록 단어들은 인식이 잘되지 않는 단점을 가지고 있다. 이를 해결하기 위해서는 사용자 사전에 단어를 등록하는 절차를 거쳐야 하며, Soynlp에서는 이러한 과정을 돕기 위해 사용자 사전과 형태소 분석 없이 chesion 기반으로 토큰화를 할 수 있는 기능을 제공한다. KoNLPy 한국어 처리 라이브러리(패키지)는 대한민국 헌법 말뭉치인 Kolaw와 국회 법안 말뭉치인 Kobill을 제공하며, 각 말뭉치가 포함하는 파일의 이름은 fields 메서드로 알 수 있고 Open 메서드로 해당 파일의 텍스트를 읽어 들인다.

5.3. 아나콘다 (Anaconda) 개발 도구

아나콘다의 Python 개발 도구는 [그림. 61]과 같이 다양하게 있으며, 본인에게 맞는 개발 도구를 사용하면 된다.

먼저 아나콘다에서 제공하는 주피터 노트북(Jupyter Notebook)은 웹에서 Python 코드를 작성할 수 있는 도구로 구글의 Colab 개인화 버전 정도로 생각하면 된다. Markdown이라는 문서 편집이 가능하다.

Sypder 경우도 Anaconda에 포함되어 있는 도구로 과학 기술 계산용으로 특화되어 있다.

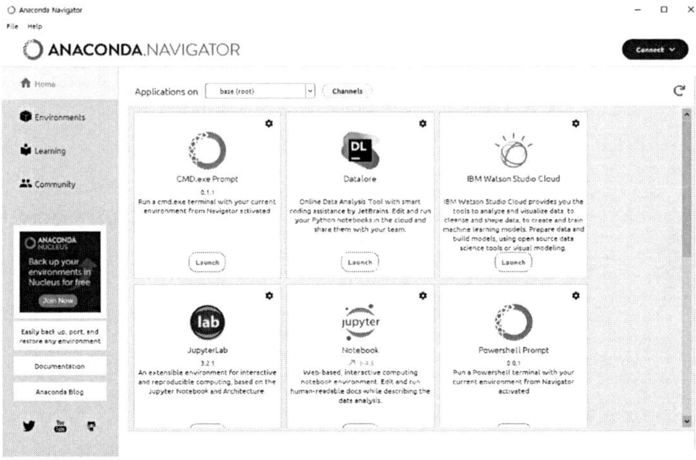

[그림. 61] Anaconda Navigator ,다양한 Anaconda 개발툴 실행

버추얼 스튜디오 코드 (Visual Studio code)는 Python 전용 개발 도구는 아니며, Visual Studio Code에 Python 기능을 Plug-In으로 추가하면 Python 코딩도 가능하다. Python의 다양한 기능을 Plug-In 으로 추가할 수 있고 다른 프로그램 코딩도 가능하다. 2015년 마이크로소프트가 개발했으며, [그림. 62]와 같이 .NET 개발 도구인 Visual Studio와 유사한 UI를 가지고 있다.

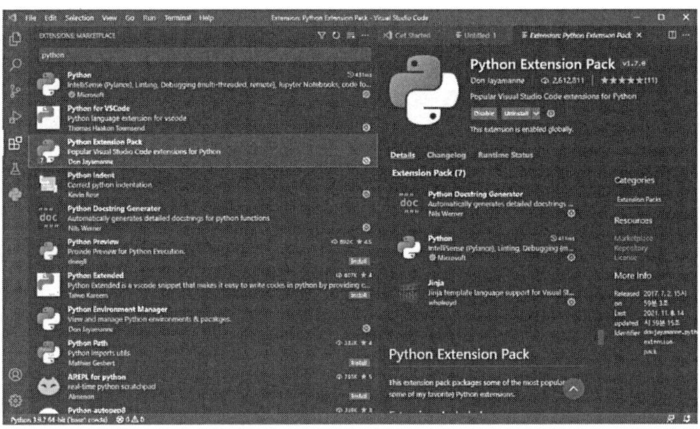

[그림. 62] Visual Studio Code, MS에서 만든 개발툴

PyCham은 Local에서 설치하여 사용하는 IDE 도구에는 많은 사용자들이 사용하고 있으며 확장하여 사용할 수 있다. 그리고 PyCham은 과학 및 웹 Python 개발용으로 HTML, JS, SQL까지 지원하는 Professional 버전과, 순수 파이썬 (Python) 개발을 목적으로 하는 Community 버전이 있다. 여기에는 무료 및 유료 버전이 있으며, 기능이 다르지는 않으나, 교육용 및 Open 소스 프로젝트에는 무료이고 기업은 유료 정책을 사용하고 있다. PyCham을 교육용으로 무료 사용을 원할 경우 회원 가입을 해야 한다.

한편, PyCham은 [그림. 63]과 같이 심플한 개발자 도구로 대표적인 자바 IDE 개발 도구인 이클립스와 유사한 UX를 가지고 있다. 필자의 경우도 공동 프로젝트나 대용량 데이터 Loading이 없는 경우에는 PyCham을 가장 많이 활용하며, 아무래도 Java Language 개발자에게는 PyCham이 익숙한 UX이다. Python 코딩 자체만을 봤을 때는 가장 편리하고 빠르다.

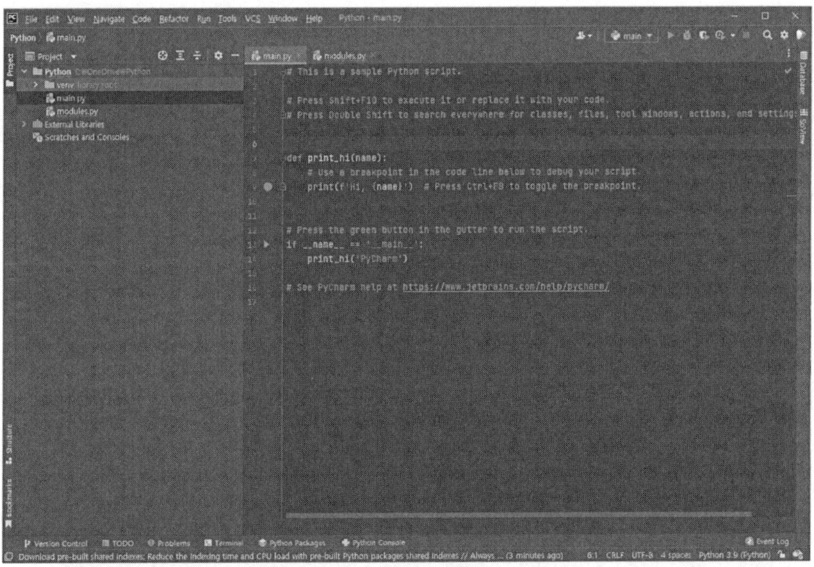

[그림.63] PyCham 실행 화면

아나콘다 (Anaconda), Visual Studio Code, PyCham 외에 많은 도구가 있으며, 굳이 Python 전문 도구가 아닌 일반 프로그램 Editor로도 충분히 개발 가능하다.

5.3.1. 주피터 노트북 (Jupyter Notebook)

데이터를 분석하기 위해서는 어떤 것을 분석할지 계획을 하고 어떻게 분석 했는지 정리/기록해야 하며, 이를 파이썬 프로그램 언어로 관리되어야 하는데, 이러한 작업을 가능하도록 해주는 것이 주피터 노트북(Jupyter Notebook)이다. 즉 문서화, 시각화, 분석을 용이하기 해주는 개발 툴이다.

주피터 노트북은 파이썬 프로그램을 웹브라우저에서 코딩하고 바로 실행 할 수 있으며, 이를 폴더형식으로 쉽게 관리도 가능하다. 구글의 Colab과 유사하며 Colab의 개인용 버전이라고 생각하면 된다. 다만 개인 PC가 아닌 서버에 설치하여 주피터 노트북을 이용할 수 있다.

주피터 노트북을 실행하기 위해서는 Anaconda Prompt에서 'jupyter notebook'이라고 실행하거나, 주피터 노트북 아이콘을 클릭하면 된다.

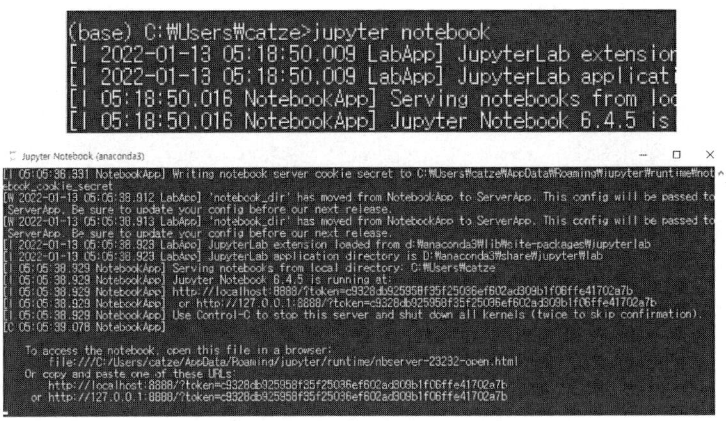

[그림. 64] Jupyter notebook 실행 화면

주피터 노트북을 실행을 하면 자동으로 웹브라우저가 열리며 실행이 되는데, 만약 실행되지 않으면 [그림. 64]의 마지막 줄에 있는 URL을 복사하여 브라우저에서 접속하거나 http://localhost:8888를 입력하여 접속하면 된다.

주피터 노트북은 Anaconda Navigator에서 Jupyter Notebook을 Launch 해도 실행 가능하다. 주피터 노트북 사용자 PC인 로컬에 웹서버가 실행되며, 실행 화면은 [그림. 65]와 같이 웹브라우저를 통해 접속하여 프로그램을 개발코드를 입력하고 실행하여 결과를 검증한다. 해당 UX는 구글의 Colab과 유사하다.

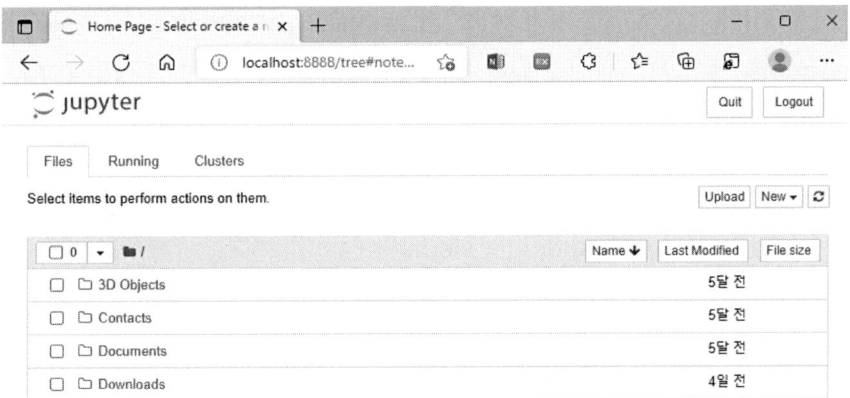

[그림. 65] Jupyter notebook 브라우저 화면

주피터 노트북 파일을 만들기 위해서는 [그림. 66]과 같이 브라우저 우측 상단의 New 버튼을 클릭해서 Python3를 선택한다.

[그림. 66] Jupyter 노트북 파일 만들기 (Python3를 클릭함)

In 안에 print('Hello world!') 입력 후 Shift+Enter를 누른 다음, [그림. 67]과 같이 Markdown 모드로 변경 한 후 [그림. 68]과 같이 입력 후 Shift+Enter를 클릭한다. 만약 상단에 Not Connected나 경고 메시지가 뜬 경우에는 주피터 노트북 서버가 종료된 상태이니, 모두 종료하고 다시 실행하면 된다.

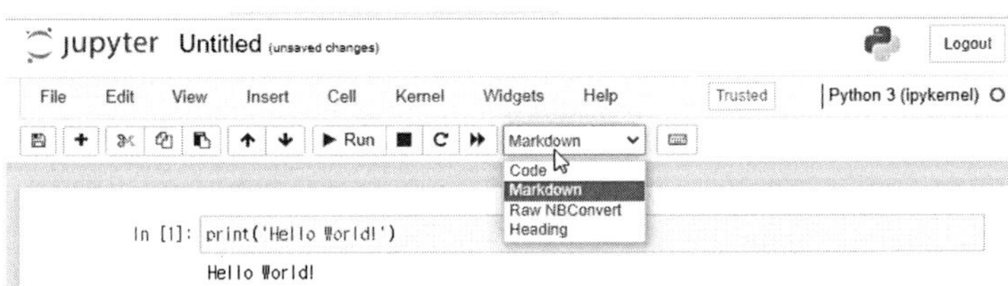

[그림. 67] Jupyter 노트북 Markdown 모드로 변경함

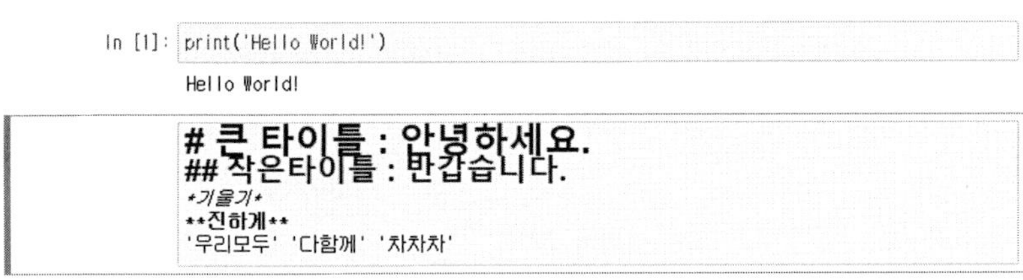

#, ## 등 입력에 따라 형태를 맞출 수 있음

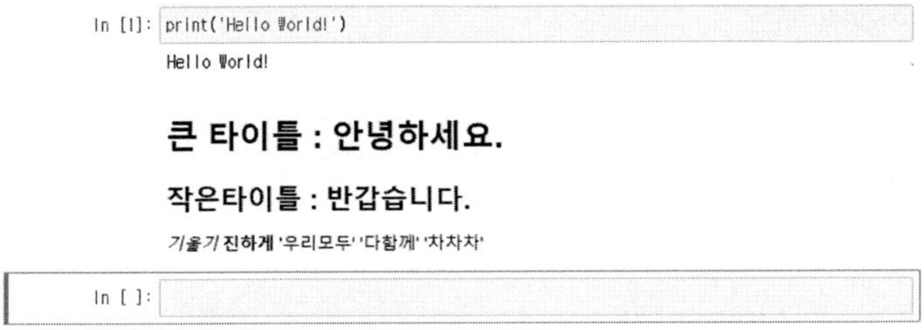

Shift + Enter를 클릭하면 위와 같이 실행 된다.

숫자에 따라 글씨 크기기 달라진다.

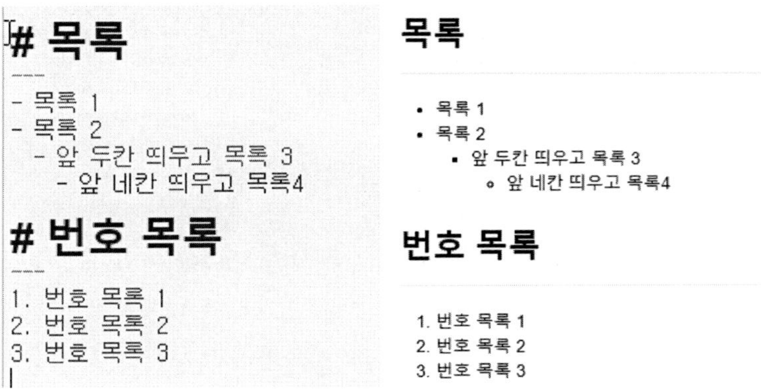

목록과 - , 순번 입력에 따라 목차 등을 만들 수 있다.

[그림. 68] 주피터 노트북의 Editor 및 Note 사용 방법

주피터 노트북은 다양한 단축키를 가지고 있으며, Help Menu에서 Keyboard Shortcuts 또는 Esc+h를 클릭하면 [그림. 69]와 같이 단축키를 볼 수 있으며, 단축키 수정도 가능하다.

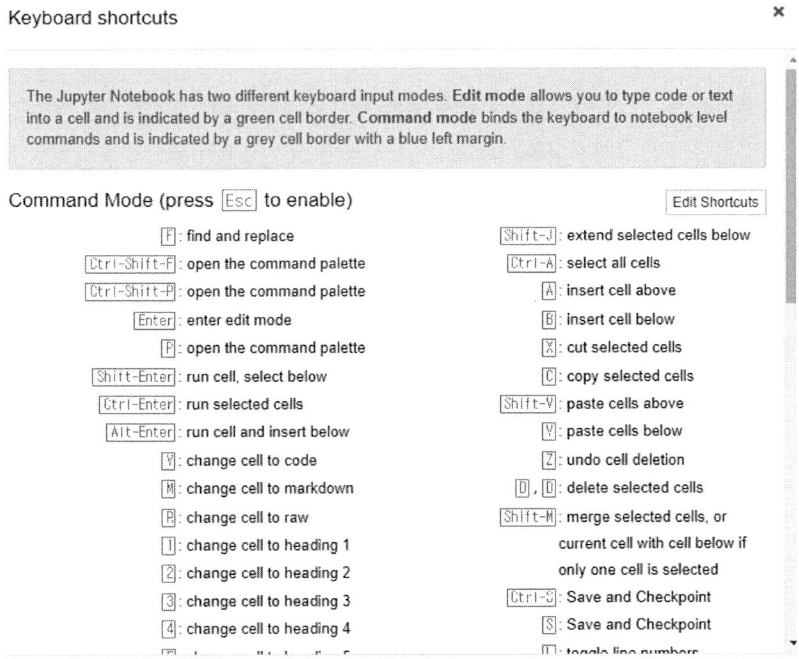

[그림. 69] 주피터 노트북 단축키

참고로 주피터 노트북의 노트북은 컴퓨터 노트북을 의미하는 것이 아니라, 공책을 의미하며 그 의미 맞게 글, 그래프, 그림 등 다양하게 필기하듯 프로그램 다른 내용을 혼합하여 작성할 수 있는 것이 특징이다. 주피터 노트북을 이용하면 코드, 수식, 텍스트, 그래프, 이미지 등을 한 화면에 표시할 수 있다.

5.3.2. 주피터 랩 (Jupyter Lab)

주피터 랩(Jupyter Lab)은 주피터 노트북을 개선한 형태이다. 주피터 랩은 기 주피터 노트북에 [그림. 70]과 같이 다중 탭 지원, 화려한 UX, 다양한 확장 기능 , 탐색기 제공, 화면 분할 제공으로 다른 코드 비교 기능, ipynb 이외의 파일 읽기, Local Server 없이 실행 가능 등 다양한 기능이 추가되었다.

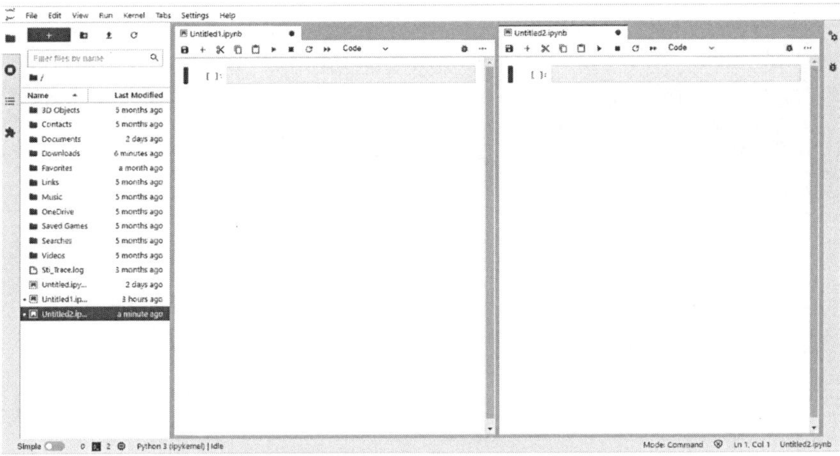

[그림. 70] 주피터 랩(Jupyter Lab) 실행 화면

셀 단위 코드 실행 : 주피터 랩에서는 전체 코드를 한 번에 실행하는 것이 아니라, 셀이라 부르는 작은 코드 조작들을 단위로 코드를 실행할 수 있다.

대화형 개발 환경 : 코드 작성 - 중간 실행 - 중간 점검 - 코드 작성 -중간 실행-중간 점검-최종 완성순으로 개발 할 수 있다.

문서화의 용이성 : 노트북 문서(.ipynb) 포맷으로 텍스트, 코드 실행 결과, 이미지, 수식, 그래프 등을 하나의 문서로 한 번에 저장할 수 있다. 해당 포맷은 구글 Colab, GitHub 등에서 바로 사용 가능하다.

5.3.3. 스파이더 (Spyder)

스파이더(Spyder)는 아나콘다 배포본에 포함되어 있다. 스파이더는 IDE 툴 중에 하나이며, PyCham과 유사하다. 에디터와 콘솔을 지원하며, 프로젝트, 디버깅, 변수 보기 등 다양한 편의 기능을 제공한다.

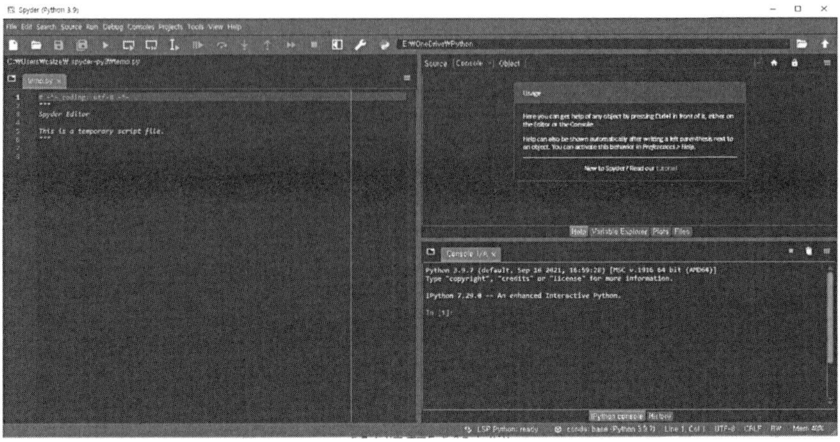

[그림. 71] Spyder 실행 화면

[그림. 71]의 Spyder 실행 화면에서 왼쪽은 Script Editor이고, 오른쪽 상단은 Variable Explorer, File Exployer, Help tab이며, 오른쪽 하단은 Python console, History log, Python console이 있다. 마우스로 특정 창을 Drag 해서 원하는 위치로 이동 시킬 수 있다.

5.3.4. 아나콘다 실행 환경 점검

아나콘드가 설치가 되었으면 간단한 예제를 돌려 정상적으로 설치가 되었는지 확인하도록 한다. 먼저 윈도우 실행에서 cmd라고 입력한 후에 실행을 시키거나 명령 프롬프트를 실행 시키면 된다. 실행 위치는 관계가 없으나, 만약 python—version으로 하여 python 버전이 나오지 않으면 윈도우 환경 설정에서 python을 실행 가능한 경로 환경 설정을 해줘야 한다.

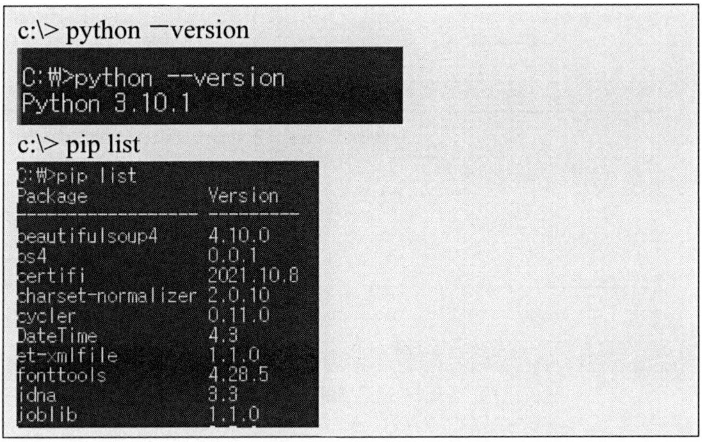

python 실행 경로 설정은 구글 등에서 'python windows 환경변수'라고 검색하면 다양한 정보를 찾을 수 있다. 윈도우 메뉴에서 "Jupyter Notebook"을 실행 한다.

[그림. 72] 주피터 노트북에서 Python 실행화면으로 전환

[그림. 72]와 같이, New 버튼을 클릭하고 python 3을 클릭하여 python coding Editor 상태로 변경한다. [그림. 73]과 같이 주피터 노트북 Editor 부분에 아래 코딩을 입력한 이후 Ctrl 키를 누른 상태에서 Enter Key를 누려 실행한다.

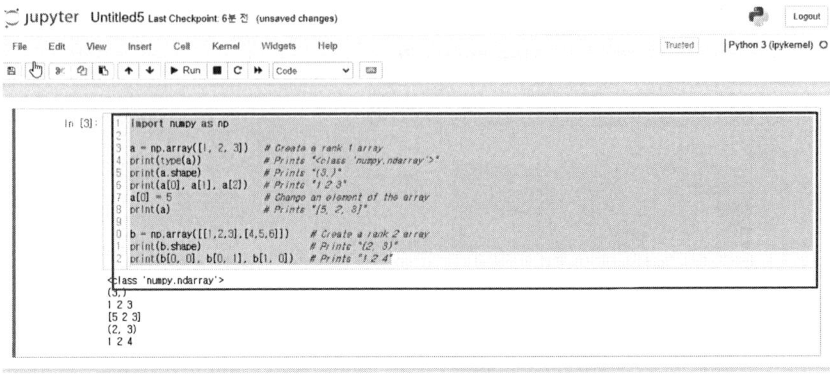

[그림. 73] 주피터 노트북에 입력 후 실행한다.

```
import numpy as np

a = np.array([1, 2, 3])

print(type(a))
print(a.shape)
print(a[0], a[1], a[2])
a[0] = 5
print(a)

b = np.array([[1,2,3],[4,5,6]])
print(b.shape)
print(b[0, 0], b[0, 1], b[1, 0])
```

```
<class 'numpy.ndarray'>
(3,)
1 2 3
[5 2 3]
(2, 3)
1 2 4
```

정상적으로 실행되면 기본 설정이 완료된 것이다.

연습문제

1. 파이썬의 주요 라이브러리에 대하여 설명하세요.

2. PyCham에 대하여 설명하세요.

3. 주피터 노트북(Jupyter notebook)에 대하여 간단히 설명하세요.

4. 주피터 랩 (Jupyter Lab)에 대하여 설명하세요.

5. 스파이더 (Spyder)에 대하여 간단히 설명하세요.

6 파이썬 기본

6.1. 파이썬 기본

본 단원은 파이썬이 아닌 파이썬을 활용하여 빅데이터 처리 및 분석 방법, 더 나아가 해양 빅데이터 처리와 분석 방법에 대한 내용으로 파이썬 기본에 대해서는 짧게 중요한 부분만 요약하여 구성하였다.

[표. 4]는 파이썬에서 사용하는 기본 산술, 논리, 비교 연산자이다.

[표. 4] Python 산술 및 논리, 비교 연산

연산자	설명	예시
+	덧셈	print(1+2)
−	빼셈	print(5−4)
*	곱하기	print(2*3)
**	제곱	print(2**2)
/	나누기	print(4/2)
//	나누기 후 정수만 추출	print(5/2)
%	나누기 후 나머지	print(45&3)
and	둘 다 참일 경우 참	(a and b)
or	둘 중 하나만 참이어 참	(a or b)
not	논리 상태 반전	not(a and b)
==	숫자 값 동일 비교	(a == b)
!=	같이 않.	(a != b)
〉	왼쪽이 오른쪽보다 크다	(a 〉 b)
〈	왼쪽이 오른쪽보다 작다	(a 〈 b)
〉=	왼쪽 값이 오른쪽 값보다 크거나 같다	(a 〉= b)
〈=	왼쪽 값이 오른쪽 값보다 작거나 같다	(a 〈= b)

[표. 5] Python 복합 대입 연산자

연산자	설명	예시
+=	숫자 덧셈 후 대입 문자열 연결 후 대입	num += 10 str += "Kor"
−=	숫자 뺄셈 후 대입	num −= 10
*=	숫자 곱셈 후 대입 문자열 반복 후 대입	num *= 10 string *= str
**=	숫자 제곱 후 대입	num **= 10
/=	숫자 나눗셈 후 대입	num /= 2
%=	숫자 나머지를 대입	num %= 2

파이썬 변수는 대소문자를 구분하여야 하며 특수문자는 사용할 수 없다. 파이썬 자료형은 다른 언어와 다르게 자료형을 변수에 선언하지 않아도 데이터에 맞춰 자료형이 결정된다. Number는 숫자나 실수형 데이터이며 String은 문자형 데이터로 단일(') 또는 이중(") 따옴표로 데이터를 묶으면 String 문자형으로 인식한다. 즉 숫자도 단일 또는 이중 따옴표로 묶으면 문자형으로 인식된다. Python에서 변수 자신을 가지고 연산을 수행하는 복합 대입 연산자는 [표. 5]와 같다.

6.2. 파이썬 자료형

List는 복합 데이터 유형으로 각 항목은 쉼표(,)로 구분하고 [] 괄호로 묶으면 된다. 문자, 숫자 모두 리스트에 넣을 수 있다. List에서 데이터를 가지고 올때는 index를 0부터 시작하며 마지막은 전체 항목 수 −1이다. [:]를 사용하면 가지고 오고자 하는 정보의 처음 인덱스 위치부터 마지막 인넥스 위치까지 데이터를 가지고 올 수 있다. + 연산자를 사용하면 List 두 개를 하나로 합치게 되고, * 숫자 연산자를 사용하면 해당 숫자만큼 반복으로 생성된다.

```
>list = ['abcd', 'def', 123, 45.6, 'park', 78.9]
>list_a = [123,'abcd']
>print(list + list_a)
['abcd', 'def', 123, 45.6, 'park', 78.9,123,'abcd'
>list[0]
'abcd'
>list[3:]
45.6,'park',78.9
>list[:2]
'abcd','def',123
```

Tuple은 List와 동일하게 쉼표(,)로 구분하고, () 괄호로 묶어 표현한다. List와 차이점은 Tuple는 읽기 전용이다.

```
> tuple = ('abcd', 'def', 123, 45.6, 'park', 78.9)
> tuple_a = (123,'abcd')
> tuple[0]
'abcd'
>tuple[1:3]
'def',123',45.6
> tuple*2
'abcd', 'def', 123, 45.6, 'park', 78.9, 'abcd', 'def', 123, 45.6,
'park', 78.9
> tuple[5]
78.9
```

Dictionary는 Key-value로 묶어 키로 원하는 값을 가져올 수 있다. 쉼표(,)로 구분하며, 중괄호{}로 묶을 수 있다. 키는 문자나 숫자 등으로 선언할 수 있다. 그리고 값은 문자, 숫자, 리스트, 튜플 등 모든 형의 데이터를 넣을 수 있다. Dictionary는 Key 외에 Index로 데이터를 추출할 수도 있다. 딕셔너리에서 주의할 점은 딕셔러니에서 데이터를 가지고 올 경우에는 중괄호{}가 아닌 대괄호로 데이터를 가지고 오며 Key외에 Index로도 데이터 추출이 가능하다.

```
>dict_a={"name":"홍길동","type":"영웅"}
>dict_a["name"]
"홍길동"
>ditc_b={
    "name":"홍길동",
    "type":"영웅",
    "director":["허준","허균"],
    "cast":["사또","도둑","아버지","형님"]
}
>print("name",ditc_a["name"])
홍길동
>ditc_a["name"]="성춘향"
>print("name",ditc_a["name"])
성춘향
>print("director",ditc_a["director"][0])
허준
```

6.3. 파이썬 함수와 모듈

함수는 반복적으로 같은 내용 또는 Logic을 사용할 때 사용되는 기능을 하나의 그룹으로 묶어서 특정 입력 값을 넣을 때 또는 해당 함수를 사용할 때, 기능의 수행 결과를 반환하는 것을 함수라 한다. 함수는 자체적으로 생성할 수 있고 이미 만들어진 내장 함수를 사용할 수 있다.

```
def 함수 이름() :
    기능, 문장 등
>def add(a,b):
    c = a+b
    return c
>print(add(1,2))
3
```

파이썬 프로그램을 코딩할 때 주의할 점이 있다. 다른 언어 경우 함수, if,

for문 등에 () 등으로 묶어서 사용하지만 파이썬에는 묶는 괄호 등이 없다. 그 이유는 파이썬은 들여쓰기 등으로 해당 문장을 인식하기 때문이다.

```
>def add(a,b):
   c = a+b
return c # Error 발생
```

파이썬에는 내장함수를 가지고 있는데, 주로 산술 연산이나 문자열 가공에 많이 사용되는 내장 함수이다. 내장 함수는 변수로 사용 불가능하며, 인지하고 있는 것이 파이썬 프로그램을 코딩하는데 많은 도움이 된다.

[표. 6] Python 내장 함수

함수	기능	예시
abs	절대값 표현	〉abs(−3) 3
all	반복 가능한 리스트,튜플,문자열, 딕셔너리, 집합 등 자료형을 입력 받아, 해당 자료형에 값이 모두 참이면 True, 거짓이면 Flase를 리턴함. 입력된 값이 없으면 True 리턴	〉all([1,2,3]) True 〉all([1.2.3,0]) Flase #0은 거짓 〉all([]) True #입력값이 없으면 True
any	반복 가능한 자료형(x)를 입력 인수로 받아, x의 요소 중 하나라도 참이면 True	〉any([1,2,3,0]) True #모두 거짓일 때 False
chr	chr(i) Unicode 값을 입력 받아 해당 코드의 문자를 출력함	〉chr(97) 'a'
dir	dir은 객체가 자체적으로 가지고 있는 변수나 함수를 보여줌	〉dir([1,2,3]) ['append','count' ,extend','index', 'insert','pop',...]
divmod	divmod(a,b)는 2개의 숫자를 입력 받아, 그리고 a를 b로 나눈 몫과 나머지를 튜플 형태 반환	〉divmod(8,3) (2,2) 〉divmod(7,3) (2,1)

eval	eval(expression)은 문자열 안에 내용을 실행하여 결과값 반환 eval은 입력받은 문자열을 파이썬 함수나 클래스를 동적으로 실행할 때 많이 사용	〉eval(‘1+2’) 3 〉eval(“‘hi’+’val’”) ‘hival’ 〉eval(‘divmod(8,3)’) (2,2)
hex	정수 값을 입력 받아 16진수로 변환함	〉hex(3) ‘0x3’
id	객체를 입력받아 객체의 고유 주소를 반환함	〉a=3 id(3) 94877068999232
int	문자열이나, 숫자를 정수형으로 변경함. 16진수로 표현된 값은 10진수로 변환됨	〉nt(‘20’) 20 〉int(‘1A’,16) 26
len	입력 값의 개수, 요소 전체 수 반환함	〉len(“test”) 4 〉len([1,2,3]) 3
list	반복 가능한 자료형을 입력 받아 리스트로 만들어줌	〉list(“python”) [‘p’,‘y’,‘t’,‘h’,‘o’, ‘n’]
max	반복 가능한 자료형 중 최대값을 반환함	〉max([1,2,3]) 3 〉max(“python”) ‘y’
min	반복 가능한 자료형 중 최소값을 환함	〉min([1,2,3]) 1
oct	정수 숫자를 8진수 문자열로 변경함	〉oct(64) ‘0o100’
ord	문자의 유니코드 값을 반환함	〉ord(‘a’) 97
pow	앞 인자를 뒤 인자로 제곱한 결과를 반환함	〉pow(2,3) 8
round	숫자 입력 받아 반올림하여 반환함	〉round(2.3) 2
sorted	입력 값 정렬 한 후 결과를 반환함. list의 sort는 list 자체를 정렬하며 결과를 반환하지 않음	〉sorted([3,4,1]) [1,3,4] 〉sorted(“test”) [‘e’,‘t’,‘s’]

str	문자열 형태로 객체를 변환하여 반환	〉str(3) '3' 〉str('te'.upper()) 'TE'
sum	리스트나 튜플 요소의 모든 합을 반환함	〉sum([1,2,3]) 6
tuple	반복 가능한 자료형을 튜플 형태로 변경함	〉tuple("abc") ('a', 'b', 'c') 〉tuple([1,2,3]) (1,2,3)
type	입력 받은 인자 값의 자료형을 반환함	〉type("abc") 〈〈class 'str'〉〉
zip	동일한 개수로 이루어진 자료형을 묶어줌	list(zip([1,2,3],[4,5,6])) [(1,4),(2,5),(3,6)]

중요 파이썬 내장 함수는 [표. 6]과 같으며, filter, enumerate, input, isinstance, Open 등 주요 내장 함수 내용은 아래와 같다.

filter : 반복형 자료형 중에 True만 반환

filter 함수는 첫 번째 인수로 함수 이름을, 두 번째 인수로 그 함수에 차례로 들어갈 반복 가능한 자료형을 받는다. 두 번째 인수인 반복 가능한 자료형 요소가 첫 번째 인수인 함수에 입력되었을 때 반환 값이 True인 것만 묶어서 반환한다.

```
def test(1):
    a =[]
    for i in 1 :
        if i > 0 :
            a.append(i)
    return result

>print(test([1,-2,3,-4,5,0]))
[1,3,5]
```

```
>list(filter(lambda x: x>0, [1,-2,3,-4,5,0]))
# lambda 함수 사용
[1,3,5]
```

enumerate : index와 해당 값을 반환

enumerate 함수는 순서가 있는 자료형(리스트, 튜플, 문자열)을 입력 받아 index 값을 포함한 enumerate 객체 반환한다.

```
for i, n enumerate([‘body’,‘foo’,‘bar’]):
   print(i,n)
0 body
1 foo
2 bar
```

input : 사용자 입력을 받은 함수

input(prompt)은 사용자 입력을 받는 함수로, 매개변수로 문자열을 넣으면 해당 문자를 화면에 표시한다.

```
>a=input()
test
>print(a)
‘test’
>b=input(“Enter: ”)
Enter :
```

isinstance : class에 모듈 및 함수가 있으면 True 반환

isinstance(object, class)는 첫 번째 인수로 instance (Object), 두 번째 인수로 Class 이름을 받아 입력 받은 Instance가 그 Class의 Instance인지 판단하여 참이면 True, 거짓이면 Flase를 반환한다.

```
>class Person : pass
a= Person()
isinstance(a, Person)
True
>b=3
>isinstance(b,Person)
Flase
```

map : 각 요소를 앞 인자가 수행한 결과를 반환

map(f,iterable)은 함수(f)와 반복 가능한(iterable)자료형을 입력으로 받으며, map은 입력 받은 자료형의 각 요소를 함수 f가 수행한 결과를 묶어서 돌려주는 함수이다.

```
# map 함수를 사용하지 않은 결과이다.
def two_times(numberList):
  result = []
  for number in numberList:
    result.append(number*2)
  return result

result = two_times([1,2,3,4])
print(result)
결과값 : [2, 4, 6, 8]
#map 함수를 사용하여 변경한다.
def two_times(x):
  return x*2
>list(map(two_times,[1,2,3,4]))
결과값 : [2, 4, 6, 8]
# lambda를 사용하여 변경한다.
>list(map(lambda a: a*2, [1,2,3,4]))
결과값 : [2, 4, 6, 8]
```

open: 파일 Open 함수

Open(filename,[mode])은 "파일 이름"과 "읽기 방법"을 입력 받아 파일 객체를 반환하며, 읽기 방법(mode)를 생략하면 기본 값인 읽기 전용 모드(r)로 파일 객체 만들어 반환한다.

```
# Open mode 내용
# w : 쓰기 모드로 파일 Open
# r : 읽기 모드로 파일 Open
# a : 추가 모드로 파일 Open
# b : 바이너리 모드로 파일 Open, w,r,a와 함께 사용
>f=open('file_name',"rb")
>f=open('read_file.txt',"r")
>f=open('read_file.txt')
>f=open('append_file.txt',"a") # f에 파일 내용을 합침
```

range : 입력 받은 숫자에 해당하는 범위 값 반복

renge([start,]stop [,step])는 for문과 함께 자주 사용하는 함수이며, 입력 받은 숫자에 해당하는 범위 값을 반복 가능한 객체로 만들어 반환함

```
# stop 인수 (인수 값 한 개)
>list(range(3))
[0,1,2]
# start 시작 값과 stop 마지막 값 (인수 값 두 개)
>list(range(5,10))
[5, 6, 7, 8, 9]
# start 시작 값, stop 마지막, step 간격 값이다.
>list(range(1,10,2))
[1, 3, 5, 7, 9]
>list(range(0, -10, -1))
[0, -1, -2, -3, -4, -5, -6, -7, -7, -9]
```

모듈(Module)은 함수나 변수 또는 클래스를 모아 놓은 파일이다. 모듈은 다른 파이썬 프로그램에서 불러와 사용 할 수 있게 만든 파이썬 파일로 다른 사

람이 이미 만들어 놓은 모듈을 사용할 수도 있고, 직접 만들어서 사용할 수도 있다. 실 프로그램 코딩 시에는 모듈을 많이 사용한다. 모듈을 사용할 경우 프로그램 작성과 관리가 편하며, 이미 작성된 코드의 재활성도 높아진다. 또한, 이것은 공동 작업에 유리하다.

모듈을 사용하기 위해서는 import로 해당 모듈을 불러와야 하고, 특정 모듈의 함수만 불러 올 수도 있다.

```
import 모듈 이름
import 모듈 이름 as 모듈 별명
form 모듈 이름 import 모듈 함수, 모듈 함수, 모듈함
```

모듈을 직접 만들 경우 모듈명으로 파일을 저장하고 해당 파일에 다양한 기능을 함수로 작성하면 된다. 이렇게 직접 만든 모듈을 사용자 모듈이라고 하며, 이미 만들어진 모듈은 크게 표준 모듈과 외부 모듈로 나눈다. 표준 모듈은 파이썬에 기본적으로 내장되어 있는 모듈이고, 외장 모듈은 다른 사람이 만들어서 공개한 모듈을 외장 모듈이라고 한다.

외부 모듈을 설치하려면 pip install 명령어로 외장 모듈을 설치 할 수 있다.

```
>pip install pandas # Pandas는 외장 모듈임
```

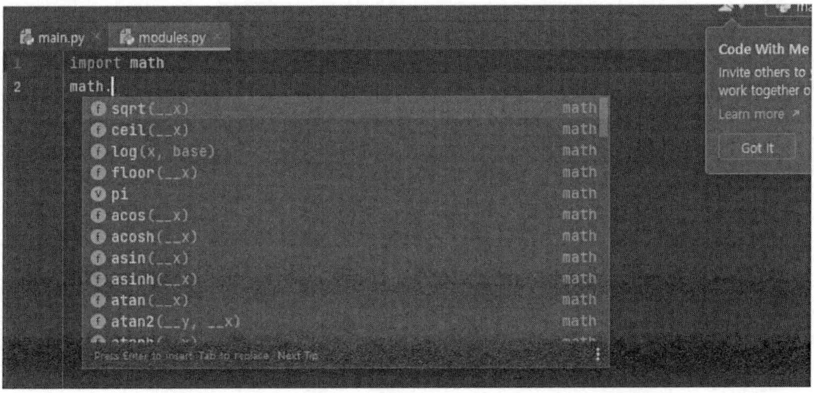

[그림. 74] pyCham에서 내장 모듈 Math의 함수 목록

한편, [그림. 74]에서와 같이 내장 모듈은 매우 많이 있으나, 그중에 빅데이터 분석에 필요한 몇 개만 소개하며, 특히 해당 모듈 안에 함수 마다 기능이나 활용 방법이 다르다. 따라서 향후에 구글이나 다른 서적을 통해 잘 사용하는 내장 함수 및 외장 함수에 대해서는 추가로 참고하는 것을 추천 한다. 내장 모듈 중 빅데이터 분석에서 많이 사용하는 math 모듈의 내장 함수는 [표. 7]과 같다.

[표. 7] math : 수학 함수

함수	내용	예시
fabs(x)	실수 X의 절대값 반환	fabs(−2) → 2.0
ceil(x)	x를 가까운 정수까지 올림 한 뒤 반환	ceil(2.1) → 3 ceil(−2.1) → −2
floor(x)	x를 가까운 정수까지 버림 한 뒤 반환	floor(2.1) → 2 floor(−2.1) → 3
exp(x)	e^x의 값을 반환	exp(1)→ 2.71828
log(x)	자연로그 x의 값 반환	log(2.71828) → 1.0
log(x,a)	밑을a로하는 log x값 반환	log(100,10) → 2.0

sqrt(x)	x의 제곱근 반환	sqrt(4.) → 2
sin(x)	x의 sin값 반환	sin(3.14159/2)→1 sin(3.14159)→0
asin(x)	x의 역 sin(asin)값 반환	asin(1.0)→1.57 asin(0.5)→0.5235
cos(x)	x의 cos 값 반환	cos(3.14159/2)→0 cos(3.14159)→1
acos(x)	x의 역 cos(aocs)값반환	acos(1.0)→0 acos(0.5)→1.0472
tan(x)	x의 tan값 반환	tan(3.14159/4)→1 tan(0.0)→0
degrees(x)	각 x를 radians에서 각도로(degrees)로 변경	degrees(1.57)→90
radians(x)	각도 x를 radians로 변경	radians(90)→1.57

한편, 파이썬(Python)의 자세한 표준 라이브러리(패키지) 정보는 파이썬에서 제공하는 참고 문서를 참고하길 바란다.

> 파이썬 문서
> https://docs.python.org/ko/3/library/

연습문제

1. 파이썬 자료형의 특징에 대하여 설명하세요.

2. 파이썬 함수와 모듈에 대하여 설명하세요.

3. 파이썬의 내장함수에 대하여 간단히 설명하세요.

4. 모듈(Module)이 무엇인지 간단히 설명하세요.

5. 파이썬(Python)의 표준 라이브러리 문서를 참고하여 본 단원에서 다루지 않은 함수들을 찾아보세요.

7 파이썬 데이터 기본

7.1. 데이터 및 빅데이터 이해

초기 빅데이터는 문자나 수치 데이터에서 대량의 로그 파일, 이미지, 음성, 동영상 등으로 빅데이터 크기는 많이 늘어났다. 데이터 분석을 하기 위해서는 먼저 분석하고자 하는 데이터의 유형, 저장 방식, 데이터 생성 방식 등 데이터에 대해 파악하는 것이 매우 중요하다. [그림. 75]와 같이 데이터 증가는 몇 년 동안 급격하게 증가 하였으며 이러한 증가 추세는 시간이 갈수록 늘어날 것이다. 데이터는 형식에 따라 크게 3가지로 정형 데이터(Structured Data), 반정형 데이터(Semi-Structured Data), 비정형 데이터(Unstructured Data)로 분류할 수 있다.

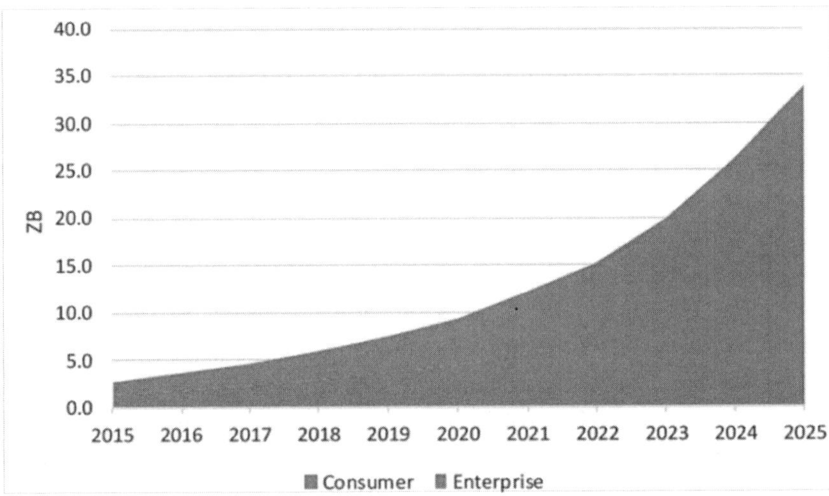

[그림. 75] 아태(중국 제외) 및 일본 지역 데이터스피어: 발신자 세분화
(출처= Data Age 2025, sponsored by Seagate, 2018년)

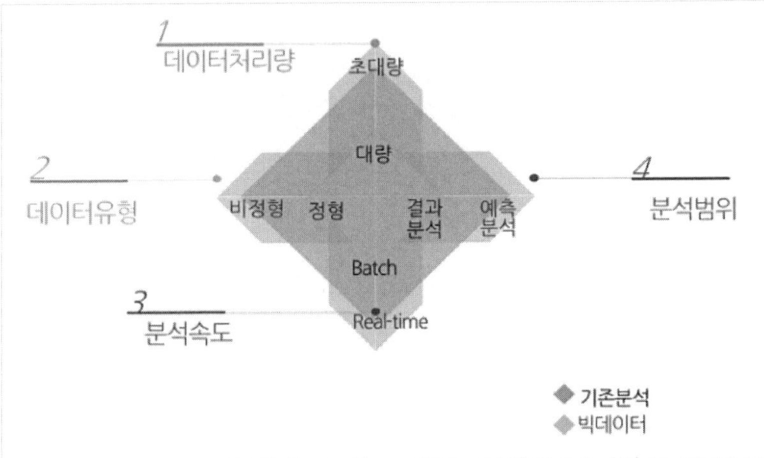

[그림. 76]데이터 유형, 분석속도, 분석 범위, 데이터 처리량, 분석 범위
(LG CNS : 빅데이터에 대한 오해와 금융권의 빅데이터 활용)

[그림. 76]은 데이터 유형, 데이터 처리량, 분석 범위, 분석 속도 등이 기존의 분석과 빅데이터 분석 간의 영향으로 어느 분석에 영향이 있는지 확인할 수 있다.

정형 데이터(Structured Data)는 규격화된 형식으로 구조화 되어 있는 데이터이며, 문자와 숫자 등으로 이루어져 있다. 행과 열로 표현되는 데이터로 2차원 배열 테이블 형태로 표시되는 데이터로써 Excel이나 RDBMS이 정형 데이터의 대표적인 형식이다. 과거 프로그램에서의 일반적인 데이터 형식이다.

반정형 데이터(Semi– Structured Data)는 정해진 형식 구조에 따라 저장된 데이터로 해당 자료 형식에 대한 설명과 의미가 같이 포함되어 있다. 반 정형 데이터는 해당 데이터의 내용 및 구조를 해석하는 파싱 또는 해석하는 과정이 필요하며 보통 파일 형태 또는 통신으로 전송되는 형태로 만들어진다. 일반적으로 저장용 보다는 이종간의 데이터 전송으로 많이 사용된다. HTML,

JSON, XML 등이 대표적이며, IoT와 같은 설비와 통신할 경우에도 해당 설비 데이터 의미를 파악할 수 있는 구조로 통신을 하게 된다. [그림. 77]을 보면 JSOM과 XML 데이터 형식을 확인 할 수 있다.

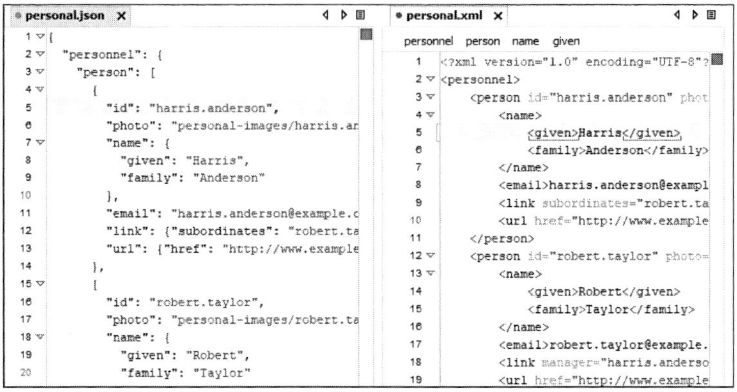

[그림. 77] JSON과 XML 데이터 형식 참고 (출처 : XML Editor, JSON Tools)

비정형 데이터(Unstructured Data)는 정해진 의미나 구조 없이 저장된 데이터로 빅데이터의 양으로는 가장 많은 양을 차지한다. 비정형 데이터에는 아날로그 데이터, 영상, 소리(음성) 데이터, 이미지, SNS, 웹크롤링으로 대량 수집한 데이터 등이 있다. 한편, [그림. 78]은 제조 공정의 영상을 분석하여 결과를 도출하는 시스템이다.

[그림. 78] 제조 공정의 영상을 분석하여 결과를 도출하는 시스템 (출처 : 코그넥스)

7.2. 데이터 파일 다루기

데이터 분석을 위해 가장 먼저 해야 하는 일은 데이터를 불러와서 판다스 데이터프레임 또는 딕셔러리 등 자료형에 넣는 일이다. 먼저 빅데이터 분석에서 가장 많이 사용하는 판다스를 이용하여 데이터를 불려오는 작업은 아래와 같다.

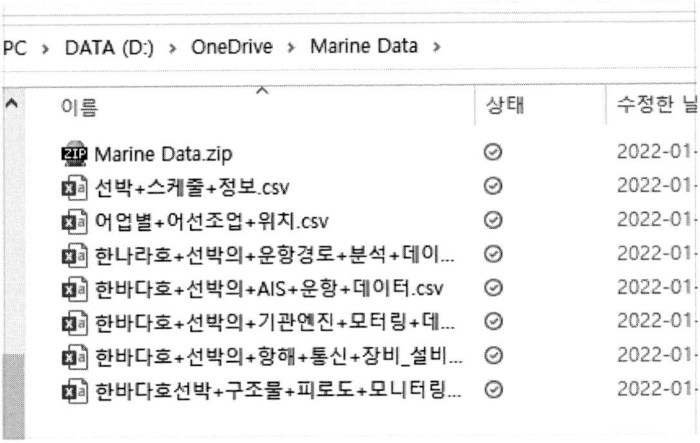

[그림. 79] 해양빅데이터거래소에서 데이터를 CSV로 받음

해양빅데이터거래소에서 데이터를 CSV로 받아, [그림. 79]와 같이 데이터를 준비한다. (5.1. 해양 빅데이터 준비 부분 참고)

본 교재에서는 한바다 선박의 기관 엔진 모니터링 데이터를 사용하도록 하고자 한다. 해당 데이터를 검색해서 CSV로 다운 받아 준비한다. [그림. 80]은 해양 빅데이터 거래소에서 한바다호 선박의 기관 엔진 모니터링 데이터를 검색하여 상세 내용을 확인하는 화면이다.

[그림. 80] 한바다호 선박의 기관엔진 모니터링 데이터

한바다호+선박의+기관엔진+모터링+데이터.csv

파일 원본: 65001: 유니코드(UTF-8) | 구분 기호: 쉼표 | 데이터 형식 검색: 첫 200개 행 기준

VSL_NO	TRNNG_SHP_NAME	MSRM_DTM	MSRM_LCT_NM	X_ANGLE_CCLRTN	Y_ANGLE_CCLRTN	Z_ANGLE_CCLRTN	AL_CC
440956000	HANBADA	19-10월-2021 07:41:52	NO.3 GEN	-1.12	-0.07	-0.15	
440956000	HANBADA	19-10월-2021 07:41:53	NO.3 GEN	-1.12	-0.07	-0.15	
440956000	HANBADA	19-10월-2021 07:41:54	NO.3 GEN	-1.12	-0.07	-0.15	
440956000	HANBADA	19-10월-2021 07:41:55	NO.3 GEN	-1.12	-0.07	-0.15	
440956000	HANBADA	19-10월-2021 07:41:56	NO.3 GEN	-1.12	-0.07	-0.15	
440956000	HANBADA	19-10월-2021 07:41:57	NO.3 GEN	-1.12	-0.07	-0.15	
440956000	HANBADA	19-10월-2021 07:41:58	NO.3 GEN	-1.12	-0.08	-0.15	
440956000	HANBADA	19-10월-2021 07:41:59	NO.3 GEN	-1.12	-0.07	-0.15	
440956000	HANBADA	19-10월-2021 07:42:00	NO.3 GEN	-1.12	-0.07	-0.15	
440956000	HANBADA	19-10월-2021 07:42:01	NO.3 GEN	-1.12	-0.07	-0.15	
440956000	HANBADA	19-10월-2021 07:42:02	NO.3 GEN	-1.12	-0.07	-0.15	
440956000	HANBADA	19-10월-2021 07:42:03	NO.3 GEN	-1.12	-0.07	-0.15	
440956000	HANBADA	19-10월-2021 07:42:04	NO.3 GEN	-1.12	-0.07	-0.15	
440956000	HANBADA	19-10월-2021 07:42:05	NO.3 GEN	-1.12	-0.07	-0.15	
440956000	HANBADA	19-10월-2021 07:42:06	NO.3 GEN	-1.12	-0.07	-0.15	
440956000	HANBADA	19-10월-2021 07:42:07	NO.3 GEN	-1.12	-0.07	-0.15	
440956000	HANBADA	19-10월-2021 07:42:08	NO.3 GEN	-1.12	-0.07	-0.15	
440956000	HANBADA	19-10월-2021 07:42:09	NO.3 GEN	-1.12	-0.07	-0.15	
440956000	HANBADA	19-10월-2021 07:42:10	NO.3 GEN	-1.12	-0.07	-0.15	
440956000	HANBADA	19-10월-2021 07:42:11	NO.3 GEN	-1.12	-0.07	-0.15	

로드 | 데이터 변환 | 취소

[그림. 81] 한바다호 선박의 기관엔진 모니터링 데이터 변환

[그림. 81]과 같이 Excel에서 CSV 파일을 변환해서 데이터를 확인하도록 한다.

VSL_NO : 선박 번호로 한바다 44095600이다. 숫자이지만 문자형 데이터로도 활용 가능하다.

TRNNG_SHP_NAME : 선박 이름으로 'HANBADA'이다.

MSRM_DTM : 날짜 형태로 날짜 시간이 기록되어 있다.

MSRM_LCT_NM : 엔진명으로 해당 데이터는 한바다의 NO.3 GEN 데이터가 있다.

X_ANGLE_CCLRTN, Z_ANGLE_CCLRTN, TMP, HMDT, AL_CCLRTN는 수치 데이터이다.

'한바다호+선박의+기관엔진+모터링+데이터.csv' 파일을 'testdata.csv'로 파일명을 변경한다. 해당 파일을 파이썬 파일이 있는 곳으로 복사를 한다. [그림. 82]과 같이 Anaconda 중 pyCham을 실행하여 아래와 같이 작성한다.

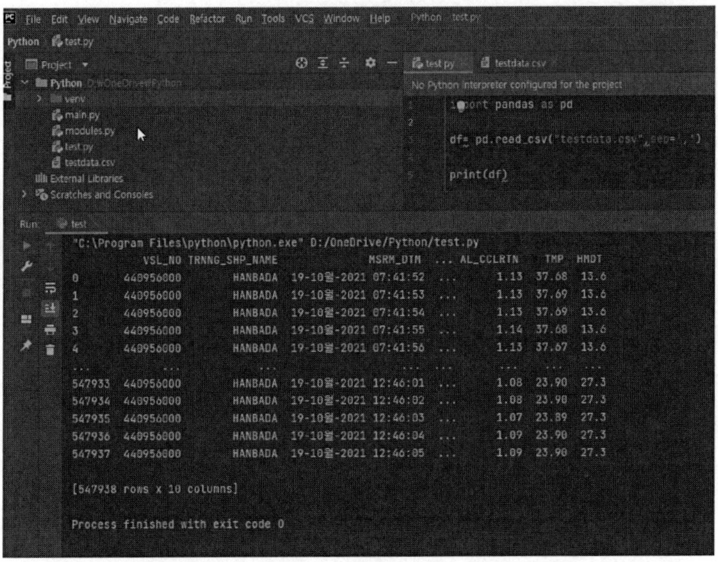

[그림. 82] pyCham 데이터를 pandas로 가지고 옴

```
import pandas as pd

df= pd.read_csv("testdata.csv",sep=",")
```

print(df.head()) # 가장 앞 5행 출력한다.

```
"C:\Program Files\python\python.exe" D:/OneDrive/Python/test.py
      VSL_NO TRNNG_SHP_NAME              MSRM_DTM  ... AL_CCLRTN    TMP  HMDT
0  440956000        HANBADA  19-10월-2021 07:41:52  ...      1.13  37.68  13.6
1  440956000        HANBADA  19-10월-2021 07:41:53  ...      1.13  37.69  13.6
2  440956000        HANBADA  19-10월-2021 07:41:54  ...      1.13  37.69  13.6
3  440956000        HANBADA  19-10월-2021 07:41:55  ...      1.14  37.68  13.6
4  440956000        HANBADA  19-10월-2021 07:41:56  ...      1.13  37.67  13.6
```

print(df.columns) # 열(Column)의 이름을 확인한다.

```
[5 rows x 10 columns]
<class 'pandas.core.frame.DataFrame'>
(547938, 10)
Index(['VSL_NO', 'TRNNG_SHP_NAME', 'MSRM_DTM', 'MSRM_LCT_NM', 'X_ANGLE_CCLRTN',
       'Y_ANGLE_CCLRTN', 'Z_ANGLE_CCLRTN', 'AL_CCLRTN', 'TMP', 'HMDT'],
      dtype='object')
<class 'pandas.core.frame.DataFrame'>
RangeIndex: 547938 entries, 0 to 547937
Data columns (total 10 columns):
```

print(df.info()) # 데이터프레임에 대한 상세 정보이다.

```
Data columns (total 10 columns):
 #   Column          Non-Null Count   Dtype
---  ------          --------------   -----
 0   VSL_NO          547938 non-null  int64
 1   TRNNG_SHP_NAME  547938 non-null  object
 2   MSRM_DTM        547938 non-null  object
 3   MSRM_LCT_NM     547938 non-null  object
 4   X_ANGLE_CCLRTN  547938 non-null  float64
 5   Y_ANGLE_CCLRTN  547938 non-null  float64
 6   Z_ANGLE_CCLRTN  547938 non-null  float64
 7   AL_CCLRTN       547938 non-null  float64
 8   TMP             547938 non-null  float64
 9   HMDT            547938 non-null  float64
dtypes: float64(6), int64(1), object(3)
memory usage: 41.8+ MB
None

Process finished with exit code 0
```

Pandas는 다양한 형태로 데이터를 불러오거나 쓸 수 있으며, 데이터 유형에 따라 함수가 다르다.

[표. 8] 판다스 데이터 불러오는 함수

유형	내용	Load	Write
text	CSV	read_csv	to_csv
text	JSON	read_json	to_json
text	HTML	read_html	to_html
text	Local clipboard	read_clipboard	to_clipboard
binary	MS Excel	read_excel	to_excel
binary	HDF5 Format	read_haf	to_haf
binary	Feather Format	read_feather	to_feather
binary	Parquet Format	read_parquet	to_parquet
binary	Msgpack	read_msgpack	to_msgpack
binary	Stata	read_stata	to_stata
binary	SAS	read_sas	
binary	Python Pickle Format	read_pickle	to_pickle
SQL	SQL	read_sql	to_sql
SQL	Google Big Query	read_gbq	to_gbq

한편, 판다스는 [표. 8]과 같이 다양한 방법으로 다양한 형식의 파일을 불러 올 수 있으며 자세한 내용은 아래와 같다. CSV(Comma Separated Values)는 각 라인의 컬럼을 쉼표(,)로 분리된 텍스트 파일을 의미한다. Excel과 RDBMS 등에서 모두 Import를 지원한다. 최근에서는 쉼표(,)Comma 가 아닌 Tab이나 공백 등으로 구분된 파일도 CSV라고 인식하기도 한다. 로그 데

이터나 설비 데이터 생성 시 가장 많이 사용하는 유형이다. 가장 많이 사용하고 있고 변환도 편리하며 반 정형 데이터보다 용량도 작기 때문에 데이터 분석에서 많이 사용된다. 그러나 쉼표나 구분자가 데이터에 포함될 경우 데이터 정합성이 떨어질 수 있기 때문에 이점은 주의해야 한다. 이러한 단점 때문에 수치 데이터 결과에서 많이 사용된다.

Tab으로 구분되는 파일 형식은 주로 CSV로 불리우고 있지만 TSV(Tab Separated Values)라고 표현하며 CSV와 거의 동일하게 Load, Write하게 된다.

만약 데이터에 한글 데이터를 포함할 경우 데이터가 깨져서 보이는 경우가 있는데 이때는 udf-8로 인코딩해야 한다. 한글은 주로 udf-8로 인코딩하면 인식하나 혹 euc-kr, cp949로 인코딩해야 하는 경우도 있다. 인코딩 방법은 아래와 같다.

```
df= pd.read_csv("test.csv",encoding='udf-8')
```

xcel 파일은 CSV로 변환하여 이용하는 것을 추천하나, Excel 자체로 Load도 가능하다. 다만 Excel 파일은 용량이 CSV 보다 크다.

JSON(Javascript Object Notation)은 자바스크립트 형태로 만들어진 데이터 표현 방식이다. JSON은 데이터 자체 저장보다는 데이터 통신(전달)시 많이 사용되며 'read_json' , 'to_json'으로 Load, Write가 가능하다.

데이터프레임을 다시 파일로 저장할 때는 to_ 함수에 파일명을 입력하면 다시 저장이 가능하다.

```
df.to_csv('test.csv',sep=',')
```

파이썬에는 피클(Pickle) 데이터가 있다. 피클은 텍스트 형태의 데이터가 아닌 파이썬 객체로 파일을 저장한다. 피클은 원본 파일에서 정제하여 추출한 데이터를 파이썬 자료형(데이터프레임, 딕셔너리, 리스트)으로 저장한다. 원본을 우선 정제하고 저장하기 때문에 데이터 양이 줄어들고 객체 자료형으로 저장하여 속도도 빠르다.

```
import pickle
m = ['a','b','c'] # 리스트 데이터 생성한다.

# pickle 형태로 저장한다.
with open("text.pickle","wb") as fw:
    pickle.dump(m, fw)

## pickle 불러오기이다.
with open("text.pickle","rb") as fr:
    rt = pickle.load(fr)
print(rt)
# ['a', 'b', 'c']
```

한편, 피클에서 일반 자료형(리스트, 딕셔러리, 튜플)은 pickle.dump, pickle.load로 Load, Write를 하며, 데이터프레임은 read_pickle, to_pickle로 불러오거나 저장할 수 있다.

7.3. 공공 데이터 이용 방법(Open API)

공공 데이터는 공공 데이터 포털(https://www.data.go.kr)을 통해 데이터 조회 후 다운로드 받거나 API로 데이터를 가져올 수 있다. 자세한 내용은 3.2. 공공 데이터셋 부분을 참고 할 수 있다.

[그림. 83]과 같이 다운로드를 클릭하여 받으면 된다. 데이터 유형은 CSV가 일반적이며, JSON, XML, ZIP 파일 등으로 다운 받을 수 있는 데이터도

존재한다.

[그림. 83] 공공데이터포털에서 우편번호 검색한 결과

Open API(Open Application Programming Interface)는 누구나 사용할 수 있는 응용 프로그램 인터페이스를 의미한다. 데이터를 따로 저장을 해서 사용하는 것이 아니라 필요한 결과만을 받아서 사용하는 형태로 업데이트가 빈번하게 일어나는 데이터는 주로 API를 활용하여 데이터를 이용하는 것이 효과적이다. Open API는 사전에 Open API를 제공하는 기관에 API 사용 신청 후에 진행해야 한다. 공공 Open API로 실시간 교통 상황, 날씨, 버스, 지하철 등 정보를 받을 수 있다.

공공 데이터 포털도 회원 가입 후 로그인하고 [그림. 84]와 같이 데이터 활용 신청을 통해 해당 데이터를 API로 연결할 수 있다.

[그림. 84] 공공 데이터 API 신청 화면

Open API 신청은 마이페이지에서 진행 상황을 확인할 수 있다. Open API는 자동 승인과 심의 승인 2 종류가 있으며, 자동 승인 인 경우 신청과 동시에 바로 사용이 가능하다. 심사 승인인 경우 신청 후 빠르면 1~2시간 안에 승인되며, 늦은 경우 업무일 기준으로 2~3일 후 결과가 통보된다. 승인이 완료되어야 사용 가능하며, 신청 결과 및 인증키는 회원 가입 시 등록한 이메일 또는 마이페이지 오픈 API에서 확인 할 수 있다. API를 사용하려면 인증키를 받아야 하며 해당 인증 키를 전송 요청 시 같이 넣어야 한다.

한편, [그림. 85]는 공공 데이터 사이트에서 마이페이지를 통해 오픈 API를 신청한 목록의 화면이다.

[그림. 85] 공공 데이터 마이페이지의 오픈API 화면

공공 데이터 포털에서 Open API 신청 후 마이페이지에서 승인된 항목을 클릭하여, 상세 내용을 보면 [그림. 86]과 같이 인증키가 발급된 것을 볼 수 있다. 오픈 API에서 제공하고 있는 정보는 참고 문서, End Point, Encoding/Decoding 인증키 등이 있으며, 참고 문서를 확인하면 요청 메시지의 항목과 설명, 응답 메시지에 대한 명세 정보가 있으니, 개발 전에 확인하여야 한다.

[그림. 86] 개발 계정 API 정보 및 연결 정보

활용 신청 상세 기능 정보를 보면, 미리보기를 통해 요청할 내용과 그에 따른 응답 메시지를 볼 수 있다.

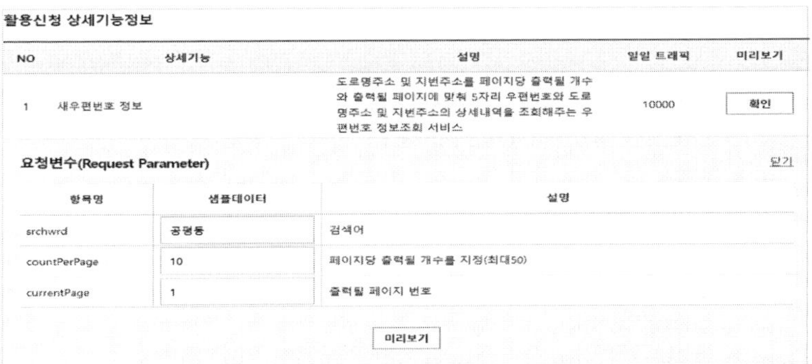

[그림. 87] 활용 신청 미리 보기에서 요청 변수 입력 화면

활용 신청한 항목을 클릭한 후 데이터명에 있는 상세 설명을 클릭하면 상세 기능, 활용 상세, 추천 데이터 뿐 아니라, 요청 변수, 출력 결과 등 다양한 내용을 확인 할 수 있다. 활용 신청 상세 기능 정보에 있는 미리 보기를 클릭하면 [그림. 87]과 같이 요청 변수를 입력 할 수 있는 항목이 나오고, 해당

샘플 데이터 입력 항목에 테스트 정보를 입력하면 [그림. 88]과 같이 결과를 미리 확인해 볼 수 있다.

This XML file does not appear to have any style information


```
▼<NewAddressListResponse>
  ▼<cmmMsgHeader>
     <requestMsgId/>
     <responseMsgId/>
     <responseTime>20220117:160322948</responseTime>
     <successYN>N</successYN>
     <returnCode>30</returnCode>
     <errMsg>SERVICE KEY IS NOT REGISTERED ERROR.</errMsg>
   </cmmMsgHeader>
 </NewAddressListResponse>
```


[그림. 88] 활용 신청 미리 보기를 통해 받은 결과 정보

파이썬으로 Open API를 요청은 아래와 같다. Open API는 REST 형식으로 통신을 한다.

```
from xml.dom.minidom import Element
from xml.etree.ElementTree import ElementTree
import requests
import xml.etree.ElementTree as ET

enapikey="서비스 키 입력"
# deapikey="Decoding 서비스 키"
service_key_decoding = requests.utils.unquote(enapikey)

#우편 정보 서비스 URL (End Point)
apicolurl="http://openapi.epost.go.kr/postal/retrieveNewAdressAreaCdService/retrieveNewAdressAreaCdService/getNewAddressListAreaCd?ServiceKey={key}&searchSe={searchSe}&countPerPage={count}&currentPage={page}&srchwrd={src}"
```

```
while True :
  countPerpage=10
  currentPage=1
  print('==도로명 주소&지번주소&우편번호==')
  print('1.지번으로검색\n2.도로명으로검색\n
  03.우편번호\n')
   searchty = input('검색 방법 선택 : ')

   if searchty == '1':
      searchty = 'dong'
      srchwrd = input('지번 입력 : ')
   elif searchty == '2':
      searchty = 'road'
      srchwrd = input('도로명 입력 : ')
   else:
      searchty = 'post'
      srchwrd = input('우편번호 입력 : ')

   if srchwrd=="exit":
      break
   url = apicolurl.format
              (key=service_key_decoding,
              searchSe=searchty,
count=countPerpage,
              page=currentPage,
              src=srchwrd)
   req=requests.get(url)
   dt = ET.fromstring(req.text)
   addresslist=dt.findall("
              newAddressListAreaCd")

print('=========== 결과 출력 ==============')

   for r in addresslist:
      print(f'우편번호 : {r.findtext("zipNo")}')
```

```
print(f'도로명 주소 : {r.findtext("
        lnmAdres")}')
print(f'지번 주소 : {r.findtext("rnAdres")}')
print('==============================')
```

다양한 라이브러리 및 함수를 사용하였는데, 자세한 설명은 뒤에서 진행할 예정이다. 공공 API에서 우편 번호를 가지고 오는 방법은 위 예시 외에도 많으며, 인코딩을 하지 않고 디코딩된 키로 바로 사용 가능 하다.

참고: HTTP GET 전송

GET방식 전송은 URI 통해 & 구분자로 전송 인자 값을 넣어서 전송하기 때문에, URI(경로)를 보면 전송 요청한 데이터를 볼 수 있다. GET방식은 길이 제한이 있을 수 있어, 요청 데이터 양이 많은 경우 그리고 보안이 필요한 경우에는 적당한 방법이 아니다.

참고: HTTP POST 전송

POST방식 전송은 URI/URL에 보이지 않고 요청 key와 Value(값)을 연결하여 전송하는 방식이다. 일반적으로 POST 방식을 더 선호하나 외부로 Open되어도 관계 없는 공공 데이터 경우 GET방식으로 데이터 요청을 하기도 한다.

참고: REST (Representational State Transfer)

REST는 데이터의 이름(컬럼)으로 구분하여 해당 자원 상태 및 정보를 받는 모든 것을 의미하며, 월드 와드 웹과 같은 분산 하이퍼미디어 시스템을 위한 소프트웨어 개발 아키텍처의 한 형식이다. REST는 기본적으로 Web의 기존 기술과 HTTP 프로토콜을 그대로 활용하기 때문에 Web의 장점을 최대한 활용할 수 있으며 범용적으로 사용이 가능하다. REST는 기본적으로 웹의 기존 기술 및 형태, Protocol(HTTP)을 그대로 활용하여 데이터를 주고 받을 수 있다.

REST는 HTTP URI(Uniform Resurce Identifier)를 통해 데이터 명칭(컬럼) 형태로 명시하고, HTTP Method(POST, GET, PUT, DELETE)를 통해 해당 데이터에 대한 CRUD Operation을 적용한다. 결국 REST는 데이터(자원) 기반 구조(ROA, Resource Oriented Architecture) 설계로 구성되며, 데이터(자원)을 기반으로 HTTP Method를 이용하여 데이터를 주고 받을 수 있는 아키텍처를 의미한다.

쉽게 설명하면, REST는 XML형태로 <>안에 서로 구분할 수 있는 의미의 정보를 넣고, <> 사이에 데이터를 넣는 방식이며, 이를 HTTP Method인 Post, Get, Put, Delete를 사용하여 통신하는 방식을 의미한다. 정확한 표준은 없으며 통신을 주고 받는 사이에 의미를 정하면 된다. 다만 자주 사용하는 의미의 용어가 있으니 해당 건을 참고하여 자원명칭을 정하는 것이 좋다.

7.4. 웹 크롤링 (Web Crawling)

웹 크롤링(Web Crawling)은 Web 상에 존재하는 정보를 수집하는 프로그램 또는 작업을 의미한다. HTML Page를 가지고 와서, HTML/CSS를 원하는 정보에 맞도록 파싱하여 데이터를 추출하는 것으로, 일반적으로 필요한 정보 관련하여 API를 제공하며, 만약 API가 없을 경우 웹크롤링을 통해 데이터를 수집할 수 있다.

웹 크롤링 관련한 Open Source도 많이 있으며, Python 외 해당 프로그램 통해 크롤링을 하고 관련 정보를 추출 하는 방법도 많이 사용하고 있다. 실제로 Python 코딩으로 웹크롤링을 하는 것 보다 성능이 좋은 Open Source를 사용하여 크롤링 한 다음 Python으로 필요한 데이터만 추출하는 방법이 더 좋은 방법이며, 이보다 좋은 방법은 API를 사용하는 것이다. 물론 API를 제공했을 경우에 가능하다.

대표적인 웹크로링 프로그램으로는 Apache Nutch, Scrapy 등이 있다. Python의 웹 크롤링에서 사용되는 라이브러리는 웹소켓 라이브러리인 requests, urllib 등이 있으며, 파싱하는 라이브러리로는 Beautifulsoup이 있다.

다음은 urlopen 함수로 원하는 웹사이트의 page를 가지고 온 후, BeautifulSoup으로 객체 변환을 한 내용이다. html.parser로 파싱한 다음 바로 출력한 경우 해당 Page 전체를 출력해 준다. 참고로 BeautifulSoup는 pip install BeautifulSoup로 설치를 해 줘야 한다.

```
from urllib.request import urlopen
from bs4 import BeautifulSoup

html=urlopen("https://www.bigdata-sea.kr/")
bs=BeautifulSoup(html,"html.parser")
print(bs)
```

만약 특정 정보를 추출 하고자 한다면, find 또는 find_all 함수로 추출이 가능하다. 특정 페이지를 파싱하고자 할 경우에는 해당 Page에 대한 분석을 사전에 하는 것이 좋다.

```
from urllib.request import urlopen
from bs4 import BeautifulSoup

html=urlopen("https://www.python.org/about")
bs=BeautifulSoup(html,"html.parser")

print(bs.head.title) # Head 정보를 가지고 온다.

# Meta 정보를 가지도 온다.
for meta in bs.head.find_all('meta'):
    print(meta.get('content'))

# meta 정보 중 name 속성 값이 description 인 정보를 가지고온
다.
bs.head.find("meta",{"name":"description"})
# 위 description 중 Contnet 정보를 가지고 온다.
bs.head.find("meta",{"name":"description"}).get('content')

# a LINK 연결 Tag 중 href 속성 값을 가지고 온다.
for alink in bs.find_all('a'):
    print(alink.text.strip(), alink.get('href'))

# 가장 처음의 P Tag를 찾는다.
print(bs.find('p'))
```

추출하고자 하는 URL(웹사이트) Page를 F12버튼을 클릭하여 웹페이지 요소를 파악한다. [그림. 89]와 같이 F12를 클릭하면 웹페이지 속성을 볼 수 있다.

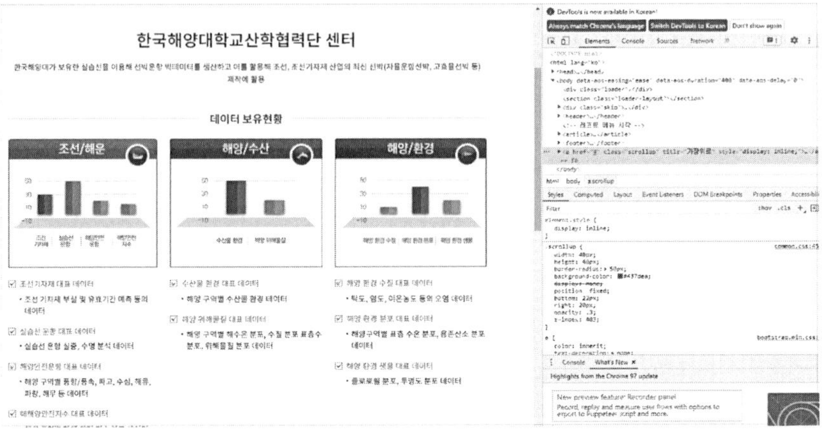

(가) 구글 크롬 브라우저

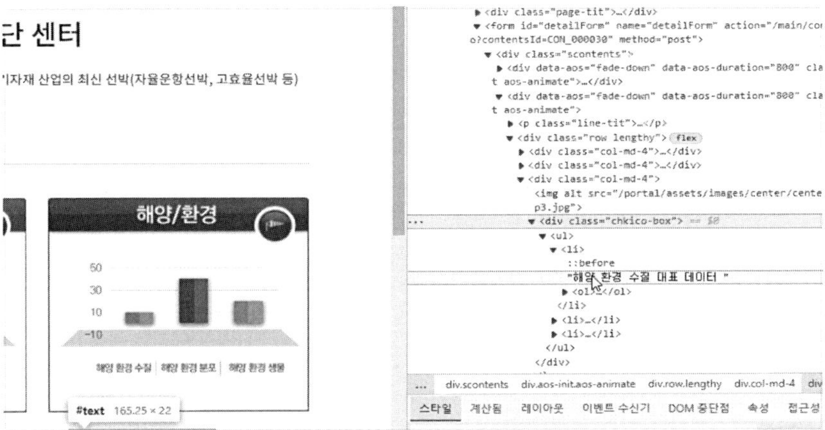

(나) 마이크로소프트 엣지 브라우저

[그림. 89] 크롬과 엣지 브라우저에서 웹페이지 구성 확인

웹페이지를 보면 웹 페이지의 속성 등 정보를 가지고 있는 Head, 디자인인 CSS, 기능 및 동작의 Javascript 부분, 마지막으로 페이지 데이터인 HTML 부분을 나누어 진다.

보편적으로 많이 사용하는 구글 크롬과, 마이크로소프트 (MS: Microsoft)

Edge 브라우저 중 웹 페이지 속성 분석을 하기 위해서는 Edge 브라우저가 효과적이다.

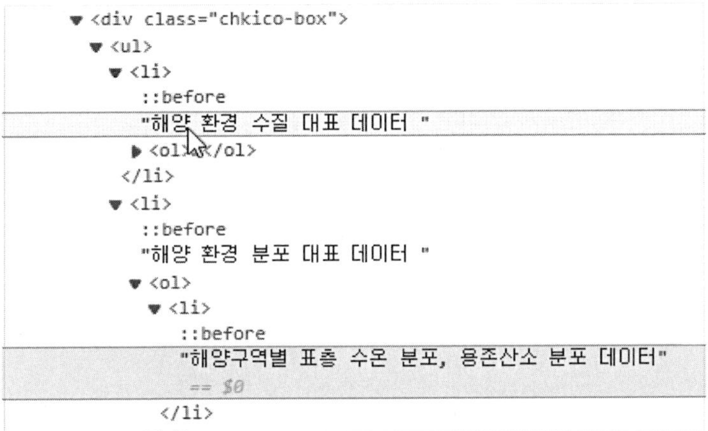

[그림. 90] 해양빅데이터거래서 페이지 분석

'해양 수산빅데이터 거래소' 홈페이지에서 소개 메뉴에 센터 참여 기관 소개 중에 '한국해양대학교 산학협력단 센터'를 클릭하여, 내용을 확인하면 [그림. 90]과 같이 오른쪽의 해양/환경 부분의 '해양 환경 수질 대표 데이터'를 선택하여 HTML Tag를 확인한다.

```
# div Tag에 class 값이 chkico-box
from urllib.request import urlopen
from bs4 import BeautifulSoup

html=urlopen("https://www.bigdata-sea.kr/main/contentsView
.do?contentsId=CON_000030")
bs=BeautifulSoup(html,"html.parser")
# div 중 class 값이 chkico-box인 항목을 추출한다.
madata = bs.find('div',{'class':'chkico-box'})
#print(madata)
# 이중에 li값을 뽑는다.
infodata = madata.find_all('li')
#print(infodata)

# 해당 값 중에 태그를 제외한 Text 데이터만 추출한다.
for info in madata.find_all('li'):
    print(info.text.strip())
```

앞선 정보는 해양수산빅데이터거래소 사이트 정보 중, 소개 > 센터참여기관소개 > 한국해양대학교산학협력단센터 페이지 정보 중, 조선/해운 부분에 있는 정보를 추출하는 내용이다.

```
from urllib.request import urlopen
from bs4 import BeautifulSoup

html=urlopen("https://www.bigdata-sea.kr/main/contentsView
.do?contentsId=CON_000030")
bs=BeautifulSoup(html,"html.parser")

for madata in bs.find_all('div',{'class':'chkico-box'}) :
    for divinfo in madata.find_all('li') :
        for info in divinfo.find_all('li'):
            print(info.text.strip())
```

위와 같이 하면 텍스트 정보를 가지고 와서 해당 데이터 수집이 가능하다. 웹 크롤링하는 사이트마다 해당 Page에 사용하는 Tag 및 모양이 다르기 때문에 특정 정보를 추출하려면 해당 사이트의 페이지 분석이 필요하다.

추가로 해당 Page가 정보에 따라 변하는 Page 경우 해당 Page Tag가 변경되지 않은지도 같이 확인해야 정확한 정보를 추출할 수 있다. 데이터 크롤링은 다양한 경우 및 상황에 다른 코롤링 및 데이터 정제에 대한 연습이 필요하다. 'python 웹 크롤링 예제' 검색하면 다양한 크롤링 예제가 있으니, 해당 크롤링 방법을 연구하는 것도 좋은 방법이다. 한편, Python에 대한 API 활용 및 웹크롤링 수집 예제나 내용은 Google 검색을 하면 상당히 많이 접할 수 있다. 단순한 예제보다는 평소 관심 있는 분야 또는 궁금했던 내용을 검색하여 어떻게 크롤링 하는지를 보는 것도 흥미로운 일이다. 아래와 같이 검색하면 다양한 예제를 찾아 볼 수 있다.

python 버스 API (특정 도시를 넣고 검색도 좋은 방법이다.)
python 코로나 정보 수집
python 웹 크롤링 예제
python API 예제

연습문제

1. 정형 데이터(Structured Data)에 대하여 설명하세요.

2. 반정형 데이터(Semi- Structured Data)에 대하여 설명하세요.

3. 비정형 데이터(Unstructured Data)에 대하여 설명하세요.

4. HTTP GET 전송과 HTTP POST 전송에 대하여 간단히 설명하세요.

5. REST (Representational State Transfer)에 대하여 설명하세요.

6. 웹 크롤링 (Web Crawling)에 대하여 설명하세요.

8 파이썬 데이터 다루기

8.1. 데이터 구조와 프레임

일반적으로 가장 친숙한 데이터 구조는 Excel에서의 행과 열로 표현되는 테이블 구조의 데이터일 것이다. 보통 열에는 해당 데이터의 의미가 각 행에는 데이터가 들어가는 형태이다. 이를 더 큰 규모로 빠르고 다양하게 활용하고자 하는 방법이 RDBMS(Oracle, MS-SQL, Maria DB 등) 형태의 SQL 테이블일 것이다.

파이썬에서는 이러한 열과 행 형태의 2차원 데이터 구조를 판다스의 데이터프레임(Dataframe)의 형태로 제공한다. 물론 이차원 배열 형태로 해당 구조를 사용할 수 있지만, 의미하는 명칭(컬럼)과 키 포인트(Key Point)형태로 표현하고자 한다면 판다스의 데이터프레임이 가장 효과적이다. 판다스는 행과 열로 이루어져 있는 2차원의 데이터프레임 뿐 아니라, 1차원 자료 구조 시리즈(Series), 2차원 자료 구조 데이터프레임(Dataframe), 3차원 구조 패널(Panel), 이렇게 3가지 형태를 제공하고 있다. 판다스는 데이터 분석을 위해서는 반드시 필요하기도 하지만, 다양하게 이용할 수 있어, 판다스에서 대해서 자세히 알고자 한다면 판다스 공식 페이지에서 문서를 확인하는 것을 추천한다.

한편, [그림. 91]은 판다스 사이트이다. 공식 페이지가 어렵다면 구글 등에서 '판다스 예제', '판다스 활용'이라고 검색하면 참고할 수 있는 많은 자료가 있으니 이를 활용하는 것도 좋은 방법이다.

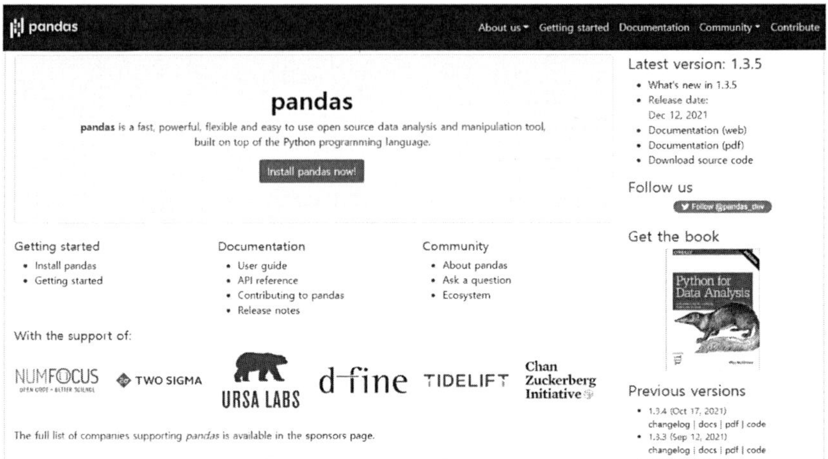

[그림. 91] 판다스 사이트 (https://pandas.pydata.org)

8.1.1. 1차원 구조 시리즈 (Series)

시리즈를 가장 쉽게 이해할 수 있는 방법은 Excel에서 1열 하나만 있는 상태라고 보면 된다. 다만 행의 이름(index)와 열의 이름(name)을 지정할 수 있다. 별도로 지정하지 않으면 행의 이름(index)는 0부터 시작하고, 열의 이름(Name)은 빈값(NULL)로 저장된다. 시리즈는 모든 파이썬 기본 자료 구조(정수, 실수, 문자, 딕셔너리, 리스트, 튜플 등)를 담을 수 있으며, index와 쌍으로 이루어진 데이터로 구성되어 있다. index는 문자열 형태로 저장되면 index를 명시하지 않으면 숫자 0, 1, 2... 형태로 생성된다.

[표. 9] index를 정의하지 않은 경우와 index를 정의한 경우

index	Name
0	computer
1	notebook
2	desktop
3	smartpad
4	pda

index	Name
room1	computer
room2	notebook
room3	desktop
room4	smartpad
room5	pda

[표. 9]는 Series에서 index를 정의하지 않은 경우와 index를 정의한 경우를 보여 주고 있다.

위 내용을 동일하게 시리즈로 표현하면 아래와 같다.

```
import pandas as pd
# index를 정의하지 않은 경우이다.
sd1 = pd.Series([‘computer’,‘notebook’,‘desktop’
          ,‘smartpad’,‘pda’])
print(sd1)
```

```
0      computer
1      notebook
2       desktop
3      smartpad
4           pda
dtype: object
```

```
#index를 정의한 경우, 리스트 형태이다.
sd2 = pd.Series([‘computer’,‘notebook’,‘desktop’
          ,‘smartpad’,‘pda’],index=[‘room1’,
          ‘room2’,‘room3’,‘room4’,‘room5’])

print(sd2)
```

```
room1      computer
room2      notebook
room3       desktop
room4      smartpad
room5           pda
dtype: object
```

```
# 딕셔러리로 만든 경우이다.
dict_sd={'computer':'room1','notebook':'room2','desktop':'room3'
}
sd3 = pd.Series(dict_sd)
```

```
room1      computer
room2      notebook
room3       desktop
dtype: object
```

```
print(type(sd2))
```

```
<class 'pandas.core.series.Series'>
```

```
# 튜플로 만든 경우이다.
tup_sd = ('computer','notebook','desktop')
sd4 = pd.Series(tup_sd,index=
            ['room1','room2','room3'])
```

```
room1      computer
room2      notebook
room3       desktop
dtype: object
```

8.1.2. 2차원 구조 데이터프레임 (Dataframe)

판다스의 데이터프레임은 판다스 자료형 중에 가장 많이 사용하는 자료형이다. 엑셀 또는 RDBMS의 테이블을 생각하면 가장 쉽고, 우리가 가장 친숙한 형태의 데이터 구조이다. 데이터프레임은 딕셔너리, 리스트 등 다양한 자료 형으로 만들 수 있다. 데이터프레임을 실제로 사용할 때는 CVS 형태의 자료를 name(컬럼)을 정의하고 데이터를 열의 순번으로 데이터프레임에 넣어서 분석하는 경우에 많이 사용한다.

```
import pandas as pd
# List 이용하여 Dataframe 만들기
df1=pd.DataFrame([[1,2,3],[4,5,6],[7,8,9]])
print(df1)
```

```
    0  1  2
0  1  2  3
1  4  5  6
2  7  8  9
```

위 내용을 보면 index와 name을 정의하지 않고 데이터만 넣었을 경우이다. 첫 번째 행에 첫 번째 리스트가, 두 번째 행에는 두 번째, 세 번째 행에는 세 번째 리스트가 들어가 있다.

```
df2=pd.DataFrame([['computer','664,000'],['notebook','847,000'],
['desktop','555,000'],['smartpad','210,000'],['pda','120,000']],index
=['상품1','상품2','상품3','상품4','상품5'],columns=['type','price'])

print(df2)
```

```
            type     price
상품1   computer   664,000
상품2   notebook   847,000
상품3    desktop   555,000
상품4   smartpad   210,000
상품5        pda   120,000
```

열과 행의 명칭으로 데이터를 정리하여 넣을 수 있다.

```
#Dictionary 이용하여 Dataframe 만드는 방법은 다음과 같다.
dic_data= {
    'type' : ['computer','notebook','desktop',
           'smartpad','pda'],
    'print': ['664,000','847,000','555,000',
           '210,000','120,000']
}

dic_idx= ['상품1','상품2','상품3','상품4','상품5']

df3=pd.DataFrame(dic_data,index=dic_idx)
print(df3)
```

```
            type      price
상품1  computer   664,000
상품2  notebook   847,000
상품3   desktop   555,000
상품4  smartpad   210,000
상품5       pda   120,000
room5          pda
dtype: object
```

```
print(type(df3))
```

```
<class 'pandas.core.frame.DataFrame'>
```

8.2. 빅데이터 출력 및 전처리

빅데이터를 분석할 때 어떤 알고리즘으로 어떻게 분석할지 결정하는 것도 중요하지만, 데이터를 분석 가능한 형태로 만드는 것이 가장 중요하다. 분석 가능한 깨끗하고 완벽한 데이터를 만들어서 분석을 하거나, 머신러닝(Machine Learning) 등을 하더라도 원하는 결과가 나오기 때문이다. 이처럼 데이터 분석 전에 데이터를 깨끗하고 분석하기 좋게 만드는 작업을 데이터 전처리(Data preprocessing)또는 데이터 조작(Data Handling/Data Manipulation) 이라 한다.

한편, [그림. 92]에서와 같이 Forbes의 2016년 설문 조사에 따르면 데이터 분석 시 80% 업무 시간을 데이터 수집 및 전처리에 사용 한다고 할 정도로 데이터 전처리는 매우 중요하다.

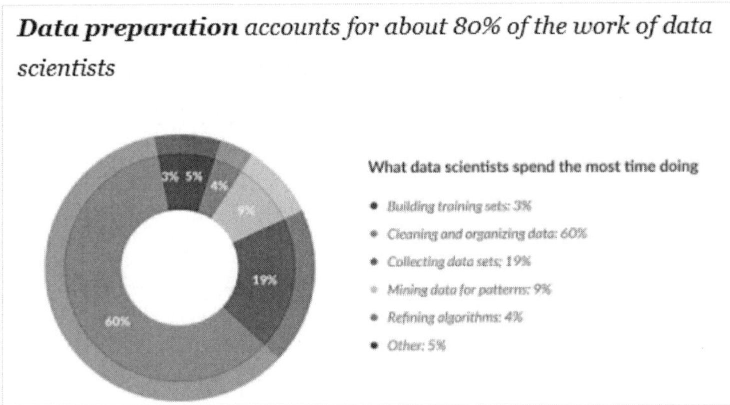

[그림. 92] 데이터 전처리가 데이터 분석 업무의 80% 임
(출처 : Exploratory Data Analysis Forbes)

NO	VSL_NO	TRNNG_SHP_NAME	LA	LO	SHIP_SPD	RL_PRGS_DRCN	SH_AGL	MSRM_DTM
1	440956000	HANBADA	34.11490833	126.858805	16	234.5	232.6	07-6월-2021 20:26:36
2	440956000	HANBADA	34.11492833	126.858718	16	234.5	232.6	07-6월-2021 20:26:37
3	440956000	HANBADA	34.11494833	126.858633	16	234.5	232.6	07-6월-2021 20:26:38
4	440956000	HANBADA	34.11496667	126.858547	16	234.5	232.6	07-6월-2021 20:26:39
5	440956000	HANBADA	34.11498667	126.85846	16	234.5	232.6	07-6월-2021 20:26:40
6	440956000	HANBADA	34.11500333	126.858375	16	234.5	232.6	07-6월-2021 20:26:41
7	440956000	HANBADA	34.11502167	126.858288	15.9	234.5	232.6	07-6월-2021 20:26:42
8	440956000	HANBADA	34.11503833	126.858202	15.9	234.5	232.6	07-6월-2021 20:26:43
9	440956000	HANBADA	34.115055	126.858115	15.9	234.5	232.6	07-6월-2021 20:26:44
10	440956000	HANBADA	34.11507	126.85803	15.9	234.5	232.6	07-6월-2021 20:26:45
11	440956000	HANBADA	34.11508667	126.857943	15.9	234.5	232.6	07-6월-2021 20:26:46
12	440956000	HANBADA	34.11510167	126.857857	15.9	234.5	232.6	07-6월-2021 20:26:47
13	440956000	HANBADA	34.11511667	126.85777	15.9	234.5	232.6	07-6월-2021 20:26:48
14	440956000	HANBADA	34.11513333	126.857683	15.9	234.5	232.6	07-6월-2021 20:26:49

[그림. 93] 한바다호 선박의 AIS 운항 데이터

[그림. 93]에서와 같이 '한바다호 선박의 AIS 운항 데이터'를 확인하면 VSL_NO, LA, LO, SHIP_SPD, TRNNG_ SHP _NAME 등은 Column(열)이며(Name), NO의 1부터 숫자는 index(행)를 의미한다. 각 값(Cell)은 해당 행과 열의 데이터이다. 각 Cell의 값에는 숫자 데이터, 문자, 날짜 등 다양한 형태가 있다. 데이터 분석 시 행이 많은 경우에는 분석할 데이터 양이 많다는 것이다. 열이 많다는 것은 분석 시 고려해야 하는 인자 값이 많다는 것이다. 행이 많을 경우에는 불완전 데이터 또는 불량 데이터를 제외하거나 데이터를 표준화등을 정리하면 되고, 작을 경우에는 데이터 건수가 적어서 발생되는

정확도에 문제가 있을 수 있다. 열이 많을 경우에는 분석 시 고려해야 하는 인자 값이 많아졌다는 의미이다. 따라서 너무 많을 경우에는 주성분 분석(PCA : Principal Component Analysis) 등과 같은 방법으로 필요한 변수를 선별적으로 선별할 수 있다. 작을 경우에는 오히려 분석 시 원하는 분석에 필요한 데이터가 없거나 만들어 낼 수 없는 경우도 있다.

'한바다호 선박의 AIS 운항 데이터'를 이용하여 데이터 전처리 실습을 위해 Python에서 해당 CSV를 불러 올 수 있는 경로로 해당 파일을 복사한 다음 영문 파일 명으로 변경한다. 한글 파일명의 경우 인코딩으로 인해 오류가 발생할 수 있어, 가능하면 특수문자나 한글을 제외하고 파일명을 생성하는 것이 좋다. 위 파일은 파일명을 'AIS.csv'로 변경한다.

```
import pandas as pd

df = pd.read_csv('AIS.csv',index_col=0)

print(df) # 전체 데이터를 List화 한다.
print(df.head()) # 상위 5개 데이터를 확인한다.
print(df.tail()) # 하위 5개 데이터를 확인한다.
df.info() # 데이터 기본 정보를 확인한다.
```

```
          TRNNG_SHP_NAME         LA          LO  SHIP_SPD  RL_PRGS_DRCN  SH_AGL                MSRM_DTM
VSL_NO
440956000        HANBADA  34.114908  126.858805      16.0         234.5   232.6  07-6월-2021 20:26:36
440956000        HANBADA  34.114928  126.858718      16.0         234.5   232.6  07-6월-2021 20:26:37
440956000        HANBADA  34.114948  126.858633      16.0         234.5   232.6  07-6월-2021 20:26:38
440956000        HANBADA  34.114967  126.858547      16.0         234.5   232.6  07-6월-2021 20:26:39
440956000        HANBADA  34.114987  126.858460      16.0         234.5   232.6  07-6월-2021 20:26:40
...                  ...        ...         ...       ...           ...     ...                     ...
440956000        HANBADA  34.135193  126.030728      14.4         234.5   232.6  07-6월-2021 23:17:07
440956000        HANBADA  34.135202  126.030807      14.4         234.5   232.6  07-6월-2021 23:17:08
440956000        HANBADA  34.135205  126.030887      14.4         234.5   232.6  07-6월-2021 23:17:09
440956000        HANBADA  34.135208  126.030967      14.4         234.5   232.6  07-6월-2021 23:17:10
440956000        HANBADA  34.135210  126.031047      14.4         234.5   232.6  07-6월-2021 23:17:11

# 데이터가 많은 경우 ... 로 표현함


# Head() , Tail()로 데이터 확인

# info로 데이터를 확인한 정보
```

```
[53242 rows x 7 columns]
          TRNNG_SHP_NAME         LA          LO  SHIP_SPD  RL_PRGS_DRCN  SH_AGL              MSRM_DTM
VSL_NO
440956000        HANBADA  34.114908  126.858805      16.0         234.5   232.6  07-6월-2021 20:26:36
440956000        HANBADA  34.114928  126.858718      16.0         234.5   232.6  07-6월-2021 20:26:37
440956000        HANBADA  34.114948  126.858633      16.0         234.5   232.6  07-6월-2021 20:26:38
440956000        HANBADA  34.114967  126.858547      16.0         234.5   232.6  07-6월-2021 20:26:39
440956000        HANBADA  34.114987  126.858460      16.0         234.5   232.6  07-6월-2021 20:26:40
          TRNNG_SHP_NAME         LA          LO  SHIP_SPD  RL_PRGS_DRCN  SH_AGL              MSRM_DTM
VSL_NO
440956000        HANBADA  34.135193  126.030728      14.4         234.5   232.6  07-6월-2021 23:17:07
440956000        HANBADA  34.135202  126.030807      14.4         234.5   232.6  07-6월-2021 23:17:08
440956000        HANBADA  34.135205  126.030887      14.4         234.5   232.6  07-6월-2021 23:17:09
440956000        HANBADA  34.135208  126.030967      14.4         234.5   232.6  07-6월-2021 23:17:10
<class 'pandas.core.frame.DataFrame'>
Int64Index: 53242 entries, 440956000 to 440956000
Data columns (total 7 columns):
 #   Column          Non-Null Count  Dtype
---  ------          --------------  -----
 0   TRNNG_SHP_NAME  53242 non-null  object
 1   LA              53242 non-null  float64
 2   LO              53242 non-null  float64
 3   SHIP_SPD        53242 non-null  float64
 4   RL_PRGS_DRCN    53242 non-null  float64
 5   SH_AGL          53242 non-null  float64
 6   MSRM_DTM        53242 non-null  object
dtypes: float64(5), object(2)
memory usage: 3.2+ MB
```

print(df.isnull().sum()) # 결측치이다.

```
TRNNG_SHP_NAME    0
LA                0
LO                0
SHIP_SPD          0
RL_PRGS_DRCN      0
SH_AGL            0
MSRM_DTM          0
dtype: int64
```

판다스에서 데이터를 가져오려면 열 단위와 행 단위로 데이터를 추출할 수 있다. 판다스의 데이터프레임에서 열 단위로 데이터를 추출하고자 한다면 대괄호와 열 이름을 사용하면 된다.

```
import pandas as pd

df = pd.read_csv('AIS.csv',index_col=0)

# 한바다 데이터 중 LO 데이터만 추출한다.
hanbada_lo = df['LO']

print(type(hanbada_lo))
print(hanbada_lo.head())
print(hanbada_lo.tail())
```

```
<class 'pandas.core.series.Series'>
VSL_NO
440956000    126.858805
440956000    126.858718
440956000    126.858633
440956000    126.858547
440956000    126.858460
Name: LO, dtype: float64
VSL_NO
440956000    126.030728
440956000    126.030807
440956000    126.030887
440956000    126.030967
440956000    126.031047
Name: LO, dtype: float64
```

데이터 프레임에서 열 하나를 추출하면 Series로 추출 된다.

```
hanbada_set = df[['LA','LO','RL_PRGS_DRCN']]
# LA, LO, RL_PRGS_DRCN 3개 데이터만 추출한다.
print(type(hanbada_set))
print(hanbada_set.head())
print(hanbada_set.tail())
```

```
<class 'pandas.core.frame.DataFrame'>
                  LA          LO  RL_PRGS_DRCN
VSL_NO
440956000  34.114908  126.858805         234.5
440956000  34.114928  126.858718         234.5
440956000  34.114948  126.858633         234.5
440956000  34.114967  126.858547         234.5
440956000  34.114987  126.858460         234.5
```

```
                  LA          LO  RL_PRGS_DRCN
VSL_NO
440956000  34.135193  126.030728         234.5
440956000  34.135202  126.030807         234.5
440956000  34.135205  126.030887         234.5
440956000  34.135208  126.030967         234.5
440956000  34.135210  126.031047         234.5
```

#1개 이상의 데이터를 추출하면 데이터프레임으로 추출된다.

행 단위로 추출하기 위해서는 loc, iloc를 이용하여 추출할 수 있으며, [표. 10]을 보면 loc와 iloc 인덱스와 행 번호 기준으로 추출하는 방법 설명하고 있다.

[표. 10] 데이터프레임의 행번호와 인덱스

속성	설명
loc	인덱스 기준으로 행 데이터 추출 예) ['A':'C'] → 'A','B','C' (행 이름 기준)
iloc	행 번호를 기준으로 행 데이터 추출 예) [0:2]→0,1(행 번호 기준, 첫 행 0부터 시작)

인덱스는 행의 이름이라고 할 수 있다. 앞에서 만들었던 상품 데이터 프레임을 가지고 표현하면 아래와 같다.

[표. 11] 데이터프레임의 행번호와 인덱스

행 번호	인덱스	type	Price
0	상품1	computer	664,000
1	상품2	notebook	847,000
2	상품3	desktop	555,000
3	상품4	smartpad	210,000
4	상품5	pda	120,000

[표. 11]의 데이터를 보면 인덱스는 행에 붙어 있는 이름을 의미하며, 행 번호는 행의 순서의 번호이다. 엑셀의 경우로 표현하면 1, 2 ,3 ...행의 의미가 인덱스가 되고, 엑셀의 1번째 행을 행 번호로 표현하면 0이 된다. 즉 df.loc[‘상품1’] 과 df.iloc[0]은 같은 데이터를 추출 한다.

```
import pandas as pd

df = pd.read_csv('AIS.csv')
print(df.shape)
print(df.loc[0])
```

```
(53242, 8)
VSL_NO                    440956000
TRNNG_SHP_NAME              HANBADA
LA                        34.114908
LO                       126.858805
SHIP_SPD                       16.0
RL_PRGS_DRCN                  234.5
SH_AGL                        232.6
MSRM_DTM          07-6월-2021 20:26:36
Name: 0, dtype: object
```

```
# 총 53242개 행이 있고, 8개 컬럼으로 구성된 데이터라는 것으로 shape을 통해 확인 가능하다.
# 다음 인덱스 0의 행 데이터를 가지고 출력한다.

print(df.iloc[0])
```

```
VSL_NO                    440956000
TRNNG_SHP_NAME              HANBADA
LA                        34.114908
LO                       126.858805
SHIP_SPD                       16.0
RL_PRGS_DRCN                  234.5
SH_AGL                        232.6
MSRM_DTM          07-6월-2021 20:26:36
Name: 0, dtype: object
```

```
# Name이 0이고 Data type이 Object 데이터 추출한다.

print(df.loc[[0,9,99,999,]])
```

```
    VSL_NO TRNNG_SHP_NAME        LA          LO  SHIP_SPD  RL_PRGS_DRCN  SH_AGL               MSRM_DTM
0   440956000        HANBADA  34.114908  126.858805      16.0         234.5   232.6  07-6월-2021 20:26:36
9   440956000        HANBADA  34.115070  126.858030      15.9         234.5   232.6  07-6월-2021 20:26:45
99  440956000        HANBADA  34.115015  126.850243      15.6         234.5   232.6  07-6월-2021 20:28:15
999 440956000        HANBADA  34.111077  126.924830      16.0         234.5   232.6  07-6월-2021 20:13:44
```

특정 행의 데이터를 추출할 수 있다.

인덱스 형태로 데이터를 추출 할 수 있다
print(df.loc[0:3]) # 0, 1, 2, 3까지 추출된다

```
     VSL_NO TRNNG_SHP_NAME        LA          LO  SHIP_SPD  RL_PRGS_DRCN  SH_AGL               MSRM_DTM
0  440956000        HANBADA  34.114908  126.858805      16.0         234.5   232.6  07-6월-2021 20:26:36
1  440956000        HANBADA  34.114928  126.858718      16.0         234.5   232.6  07-6월-2021 20:26:37
2  440956000        HANBADA  34.114948  126.858633      16.0         234.5   232.6  07-6월-2021 20:26:38
3  440956000        HANBADA  34.114967  126.858547      16.0         234.5   232.6  07-6월-2021 20:26:39
```

print(df.iloc[0:3]) # 0,1,2 까지 추출한다.

```
     VSL_NO TRNNG_SHP_NAME        LA          LO  SHIP_SPD  RL_PRGS_DRCN  SH_AGL               MSRM_DTM
0  440956000        HANBADA  34.114908  126.858805      16.0         234.5   232.6  07-6월-2021 20:26:36
1  440956000        HANBADA  34.114928  126.858718      16.0         234.5   232.6  07-6월-2021 20:26:37
2  440956000        HANBADA  34.114948  126.858633      16.0         234.5   232.6  07-6월-2021 20:26:38
```

print(df.loc[0:3,['LA','LO']])

```
          LA          LO
0  34.114908  126.858805
1  34.114928  126.858718
2  34.114948  126.858633
3  34.114967  126.858547
```

# 0~3까지 중에 LA, LO만 출력한다.
# at을 사용할 경우 특정 데이터만 추출 할 수 있다.
print(df.at[0,'LA'])

다음과 같이 : (슬라이스)를 사용하여 다양하게 추출 가능하다.
print(df.iloc[1:3,:]) # 0~2까지 모든 컬럼 데이터
print(df.iloc[1:3,3:]) # 0~2까지 2번째 이후 데이터
print(df.iloc[:,1:3]) #모든 데이터의 0,1 데이터
print(df.iloc[1,1]) # 특정 셀 데이터를 가지고 올 때

# LA 값 중에 34.7 이상 항목을 뽑는다.
print(df[df.LA > 34.7])

```
28008  440956000        HANBADA  34.700003  127.892030      12.7         234.5   232.6  08-6월-2021 08:44:43
28009  440956000        HANBADA  34.700037  127.891970      12.7         234.5   232.6  08-6월-2021 08:44:44
28010  440956000        HANBADA  34.700068  127.891910      12.7         234.5   232.6  08-6월-2021 08:44:45
28011  440956000        HANBADA  34.700102  127.891852      12.7         234.5   232.6  08-6월-2021 08:44:46
28012  440956000        HANBADA  34.700133  127.891792      12.7         234.5   232.6  08-6월-2021 08:44:47
...          ...            ...        ...         ...       ...           ...     ...                    ...
38152  440956000        HANBADA  34.743637  127.753920       0.1         234.5   232.6  08-6월-2021 10:56:03
38153  440956000        HANBADA  34.743638  127.753915       0.1         234.5   232.6  08-6월-2021 10:56:04
38154  440956000        HANBADA  34.743640  127.753910       0.1         234.5   232.6  08-6월-2021 10:56:05
38155  440956000        HANBADA  34.743640  127.753905       0.1         234.5   232.6  08-6월-2021 10:56:06
38156  440956000        HANBADA  34.743642  127.753902       0.1         234.5   232.6  08-6월-2021 10:56:07

[7894 rows x 8 columns]
```

```
# 7894 항목이 34.7보다 크다.

# LA가 34.7로 크고, LO는 127.89 보다 큰 항목만 뽑는다.
print(df[(df['LA'] > 34.7) & (df['LO'] > 127.89)])
```

```
28025  440956000        HANBADA  34.700565  127.891023      12.7           234.5   232.6  08-6월-2021 08:45:00
28026  440956000        HANBADA  34.700598  127.890965      12.7           234.5   232.6  08-6월-2021 08:45:01
28027  440956000        HANBADA  34.700632  127.890905      12.7           234.5   232.6  08-6월-2021 08:45:02
28028  440956000        HANBADA  34.700665  127.890847      12.7           234.5   232.6  08-6월-2021 08:45:03
28029  440956000        HANBADA  34.700698  127.890788      12.7           234.5   232.6  08-6월-2021 08:45:04
28030  440956000        HANBADA  34.700733  127.890728      12.7           234.5   232.6  08-6월-2021 08:45:05
28031  440956000        HANBADA  34.700767  127.890670      12.7           234.5   232.6  08-6월-2021 08:45:06
28032  440956000        HANBADA  34.700800  127.890612      12.7           234.5   232.6  08-6월-2021 08:45:07
28033  440956000        HANBADA  34.700833  127.890552      12.7           234.5   232.6  08-6월-2021 08:45:08
28034  440956000        HANBADA  34.700867  127.890493      12.7           234.5   232.6  08-6월-2021 08:45:09
28035  440956000        HANBADA  34.700900  127.890435      12.7           234.5   232.6  08-6월-2021 08:45:10
28036  440956000        HANBADA  34.700933  127.890375      12.7           234.5   232.6  08-6월-2021 08:45:11
28037  440956000        HANBADA  34.700967  127.890317      12.7           234.5   232.6  08-6월-2021 08:45:12
28038  440956000        HANBADA  34.701000  127.890257      12.7           234.5   232.6  08-6월-2021 08:45:13
28039  440956000        HANBADA  34.701033  127.890198      12.7           234.5   232.6  08-6월-2021 08:45:14
28040  440956000        HANBADA  34.701067  127.890138      12.7           234.5   232.6  08-6월-2021 08:45:15
28041  440956000        HANBADA  34.701100  127.890080      12.7           234.5   232.6  08-6월-2021 08:45:16
28042  440956000        HANBADA  34.701133  127.890022      12.7           234.5   232.6  08-6월-2021 08:45:17
```

```
print(df[(df['LA'] > 34.7) & (df['LO'] > 127.89)].shape)
```

```
(35, 8)
```

```
# 총 35개를 추출한다.

print(df['LO'].isin([34.700665]))
# 34.700665 값만 True이고 나머지는 False로 표기한다.

df['TOTAL'] = df['LO'] + df['LA']
print(df.head()) # 상위 5개 데이터를 확인한다.
```

	VSL_NO	TRNNG_SHP_NAME	LA	LO	SHIP_SPD	RL_PRGS_DRCN	SH_AGL	MSRM_DTM	TOTAL
0	440956000	HANBADA	34.114908	126.858805	16.0	234.5	232.6	07-6월-2021 20:26:36	160.973713
1	440956000	HANBADA	34.114928	126.858718	16.0	234.5	232.6	07-6월-2021 20:26:37	160.973646
2	440956000	HANBADA	34.114948	126.858633	16.0	234.5	232.6	07-6월-2021 20:26:38	160.973581
3	440956000	HANBADA	34.114967	126.858547	16.0	234.5	232.6	07-6월-2021 20:26:39	160.973514
4	440956000	HANBADA	34.114987	126.858460	16.0	234.5	232.6	07-6월-2021 20:26:40	160.973447

```
# TOTAL 컬럼이 추가된다.
```

한편, 조건식으로는 and(&), or(|), not(~), 비교(==), 대소(<,>,>=,<=)가 가능하며, 특정 조건을 선택할 경우 'isin' 함수를 사용한다. 'isin' 특정 컬럼에 어떤 값 만 추출할 때 유용하게 사용되며, 있으면 True, 없으면 False를 반환한다. 특정 열(컬럼)만 추출하고자 할 경우에는 ['컬럼명'] 형태로 추출 가능하며, 다중 컬럼을 가지고 올 경우에는 ['컬러명1','컬러명2'....] 와 같이 가지고 올 수 있다.

[표. 12] 데이터프레임 주요 함수

함수	설명
df.count()	각 열의 데이터 수 확인
df.index	인덱스 정보 보기
df.columns	컬럼의 정보 (컬럼 이름, 타입)
df.dtypes	컬럼(열)의 각 타입 정보
df.shape	행(row), 열(Columns) 수 (몇 행, 몇 열)
df.describe()	각 컬럼의 수, 평균, min,max 등 대략적인 분포를 보여줌
df.describe().reset_index()	Describe의 분포 결과를 index화 시킴
df['컬럼'].value_counts()	컬럼(열) 별로 count하가 위해 사용됨. ascending=True → 오름차수 정렬 ascending=Flase → 내림차수 정렬
df['컬럼'].value_counts().inex	컬럼 count를 index로 넣음 (Series)
df.values	데이터를 시리즈 형태로 행별로 보임
df.soft_values()	오름 차순 정렬 (by=["',"] 순서로 정렬 순서를 정할 수 있음) df['컬럼'].soft_values() df.soft_value(by=['컬럼1','컬럼2']) ascending=True → 오름차수 정렬 ascending=Flase → 내림차수 정렬 inplace=True → 정렬된 결과로 바꿈 inplace=false → 정렬된 결과로 바꾸지 않음 (그냥 화면에 만 적용됨)
df.sum()	행, 열 합

[표. 12]는 데이터프레임의 다양한 함수를 확인할 수 있으며, 이를 이용하는 방법을 확인 할 수 있다.

```
import pandas as pd

df = pd.read_csv('AIS.csv')
df['TOTAL'] = df['LO'] + df['LA']
```

print(df.count()) # 각 컬럼(열) 데이터 수를 확인한다.

```
VSL_NO            53242
TRNNG_SHP_NAME    53242
LA                53242
LO                53242
SHIP_SPD          53242
RL_PRGS_DRCN      53242
SH_AGL            53242
MSRM_DTM          53242
TOTAL             53242
dtype: int64
```

print(df.index) # index에 대한 정보를 확인한다.

```
RangeIndex(start=0, stop=53242, step=1)
```

print(df.columns) # 컬럼(열) 정보

```
Index(['VSL_NO', 'TRNNG_SHP_NAME', 'LA', 'LO', 'SHIP_SPD', 'RL_PRGS_DRCN',
       'SH_AGL', 'MSRM_DTM', 'TOTAL'],
      dtype='object')
```

print(df.dtypes) # 각 열에 대한 type을 확인한다.

```
VSL_NO              int64
TRNNG_SHP_NAME     object
LA                float64
LO                float64
SHIP_SPD          float64
RL_PRGS_DRCN      float64
SH_AGL            float64
MSRM_DTM           object
TOTAL             float64
dtype: object
```

print(df.shape) # (행, 열) 개수이다.

```
(53242, 9)
```

print(df.describe()) # 각 열의 분포이다. (평균, 표준 등)

```
         VSL_NO            LA            LO     SHIP_SPD  RL_PRGS_DRCN        SH_AGL         TOTAL
count       53242.0  53242.000000  53242.000000  53242.000000       53242.0  5.324200e+04  53242.000000
mean    440956000.0     34.215244    127.190620     13.824526         234.5  2.326000e+02    161.405864
std             0.0      0.281267      0.681273      4.645523           0.0  5.684395e-14      0.850760
min     440956000.0     33.929132    126.005177      0.000000         234.5  2.326000e+02    160.144553
25%     440956000.0     34.000664    126.557019     13.100000         234.5  2.326000e+02    160.621925
50%     440956000.0     34.112475    127.292230     15.700000         234.5  2.326000e+02    161.234176
75%     440956000.0     34.398994    127.853313     16.500000         234.5  2.326000e+02    162.372367
max     440956000.0     34.758542    127.981792     18.100000         234.5  2.326000e+02    162.612647
```

print(df[['LA','LO','TOTAL']].describe().reset_index())
# 분포를 LA,LO,TOTAL만 보이고, 이를 재 인덱스화 한다.

print(df[['LA','LO','TOTAL']].value_counts())
# LA, LO, TOTAL을 동일한 값의 수를 확인한다.

```
   index            LA            LO         TOTAL
0  count  53242.000000  53242.000000  53242.000000
1   mean     34.215244    127.190620    161.405864
2    std      0.281267      0.681273      0.850760
3    min     33.929132    126.005177    160.144553
4    25%     34.000664    126.557019    160.621925
5    50%     34.112475    127.292230    161.234176
6    75%     34.398994    127.853313    162.372367
7    max     34.758542    127.981792    162.612647
LA         LO          TOTAL
34.743568  127.754003  162.497571    75
34.743585  127.753887  162.497472    70
34.743565  127.753960  162.497525    54
34.743585  127.753972  162.497557    36
34.743600  127.753895  162.497495    34
                                     ..
34.045980  126.706367  160.752347     1
34.045982  127.936413  161.982395     1
34.045988  126.706457  160.752445     1
34.045993  126.763610  160.809603     1
34.758542  127.777220  162.535762     1
Length: 49879, dtype: int64

# 분포 확인 후 재 인덱스
# 각 데이터의 동일한 값 개수를 확인하여 보여줌
```

print(df[['LA']].value_counts().index) # 동일한 항목은 한 개 만 뽑아서 index화 시킨다. (중복 제거)

```
MultiIndex([(    34.743585,),
            (34.7435816667,),
            (34.7435783333,),
            (34.7435566667,),
            (34.7435683333,),
            (    34.743575,),
            (    34.743565,),
            (34.7435766667,),
            (34.7435833333,),
            (     34.74358,),
            ...
            (    34.095565,),
            (34.0955466667,),
            (    34.095535,),
            (     34.09553,),
            (    34.095525,),
            (34.0955133333,),
            (34.0955116667,),
            (34.0954983333,),
            (34.0954966667,),
            (34.1208233333,)],
           names=['LA'], length=37295)
```

print(df.values) # 각 행을 시리즈 형태로 뽑는다.

```
[[440956000 'HANBADA' 34.1149083333 ... 232.6 '07-6월-2021 20:26:36'
  160.9737133333]
 [440956000 'HANBADA' 34.1149283333 ... 232.6 '07-6월-2021 20:26:37'
  160.9736463333]
 [440956000 'HANBADA' 34.1149483333 ... 232.6 '07-6월-2021 20:26:38'
  160.9735813333]
 ...
 [440956000 'HANBADA' 34.135205 ... 232.6 '07-6월-2021 23:17:09'
  160.166092]
 [440956000 'HANBADA' 34.1352083333 ... 232.6 '07-6월-2021 23:17:10'
  160.1661753333]
 [440956000 'HANBADA' 34.13521 ... 232.6 '07-6월-2021 23:17:11' 160.166257]]
```

print(df.sort_values(by=['LA','LO'],ascending=True))

```
          VSL_NO TRNNG_SHP_NAME         LA  ...  SH_AGL             MSRM_DTM       TOTAL
5764   440956000        HANBADA  33.929132  ...   232.6  08-6월-2021 02:24:08  160.847715
5763   440956000        HANBADA  33.929135  ...   232.6  08-6월-2021 02:24:07  160.847623
5762   440956000        HANBADA  33.929138  ...   232.6  08-6월-2021 02:24:06  160.847531
5765   440956000        HANBADA  33.929142  ...   232.6  08-6월-2021 02:24:09  160.847810
5766   440956000        HANBADA  33.929142  ...   232.6  08-6월-2021 02:24:10  160.847905
...          ...            ...        ...  ...     ...                  ...         ...
37823  440956000        HANBADA  34.758538  ...   232.6  08-6월-2021 09:29:27  162.535906
37826  440956000        HANBADA  34.758540  ...   232.6  08-6월-2021 09:29:30  162.535797
37829  440956000        HANBADA  34.758542  ...   232.6  08-6월-2021 09:29:33  162.535689
37828  440956000        HANBADA  34.758542  ...   232.6  08-6월-2021 09:29:32  162.535725
37827  440956000        HANBADA  34.758542  ...   232.6  08-6월-2021 09:29:31  162.535762

[53242 rows x 9 columns]
```

print(df.sum())

```
VSL_NO                                                      23477379352000
TRNNG_SHP_NAME      HANBADAHANBADAHANBADAHANBADAHANBADAHANBADAHANB...
LA                                                          1821688.028285
LO                                                          6771882.998281
SHIP_SPD                                                          736045.4
RL_PRGS_DRCN                                                    12485249.0
SH_AGL                                                          12384089.2
MSRM_DTM            07-6월-2021 20:26:3607-6월-2021 20:26:3707-6월-20...
TOTAL                                                       8593571.026566
dtype: object
```

print(df.sum(axis=1)) # 행의 합계를 구한다.
print(df.sum(axis=0)) # 열의 합계를 구한다. (기본)

```
  print(df.sum(axis=1))
0         4.409568e+08
1         4.409568e+08
2         4.409568e+08
3         4.409568e+08
4         4.409568e+08
              ...
53237     4.409568e+08
53238     4.409568e+08
53239     4.409568e+08
53240     4.409568e+08
53241     4.409568e+08
Length: 53242, dtype: float64
VSL_NO                                                      23477379352000
TRNNG_SHP_NAME      HANBADAHANBADAHANBADAHANBADAHANBADAHANBADAHANB...
LA                                                          1821688.028285
LO                                                          6771882.998281
SHIP_SPD                                                          736045.4
RL_PRGS_DRCN                                                    12485249.0
SH_AGL                                                          12384089.2
MSRM_DTM            07-6월-2021 20:26:3607-6월-2021 20:26:3707-6월-20...
TOTAL                                                       8593571.026566
dtype: object
```

한편, 판다스에서 aixs=0(index)는 행을 따라 모든 컬럼의 행에 해당 값을 적용하며, aixs=1(columns)은 각 행의 값을모든 컬럼에 적용된다. aixs=0가 기본 설정으로 생략 되어도 동일한 결과가 나온다.

```
import pandas as pd
import numpy as np
from tabulate import tabulate # 테이블 출력한다.

df = pd.DataFrame(
    {'name': ['LEO','HSTOM','KAIL','LICA','EVAN'],
    'age':[24,36,48,53, np.nan],
    'height': [164,176,188,193,178],
    'sex' : ['M','F','F','M','M']}
) # 축을 쉽게 이해하기 위해서 데이터를 생성한다.

print(tabulate(df,headers='keys',tablefmt='psql'))
# 출력이 표로 하기 위해서 tabulate를 사용한다.
# print(df)와 출력 결과는 같다.
```

```
+----+--------+-------+----------+-------+
|    | name   |   age |   height | sex   |
|----+--------+-------+----------+-------|
|  0 | LEO    |    24 |      164 | M     |
|  1 | HSTOM  |    36 |      176 | F     |
|  2 | KAIL   |    48 |      188 | F     |
|  3 | LICA   |    53 |      193 | M     |
|  4 | EVAN   |   nan |      178 | M     |
+----+--------+-------+----------+-------+
```

```
df1=df.drop([1,2],axis=0)
print(tabulate(df1,headers='keys',tablefmt='psql'))
```

```
+----+--------+-------+----------+-------+
|    | name   |   age |   height | sex   |
|----+--------+-------+----------+-------|
|  0 | LEO    |    24 |      164 | M     |
|  3 | LICA   |    53 |      193 | M     |
|  4 | EVAN   |   nan |      178 | M     |
+----+--------+-------+----------+-------+
```

```
# 행 기준으로 1,2행이 삭제되었다

df1=df.drop(['age','sex'],axis=1)
print(tabulate(df1,headers='keys',tablefmt='psql'))
```

```
+----+--------+----------+
|    | name   |   height |
|----+--------+----------|
|  0 | LEO    |      164 |
|  1 | HSTOM  |      176 |
|  2 | KAIL   |      188 |
|  3 | LICA   |      193 |
|  4 | EVAN   |      178 |
+----+--------+----------+
```

열(컬럼) 기준으로 age, sex 들이 삭제 되었다.
만약 axis=1 열 기준으로 index로 표기하면 아래와 같이 에러가 발생한다.

```
13    df1=df.drop([0,1],axis=1)
```

```
예외가 발생했습니다. KeyError ×
'[0 1] not found in axis'
  File "E:\OneDrive\Python\datafmAixs.py", line 13, in <module>
    df1=df.drop([0,1],axis=1)
```

print(df[['age','height']].mean(axis=1))

```
0     94.0
1    106.0
2    118.0
3    123.0
4    178.0
dtype: float64
```

열(컬럼) 기준으로 age, height 평균이다.

print(df[['age','height']].mean(axis=0))

```
age        40.25
height    179.80
dtype: float64
```

#행 기준으로 age, height 평균이다.

```
print(df[['age','height']].rank(axis=0))
```

```
   age  height
0  1.0     1.0
1  2.0     2.0
2  3.0     4.0
3  4.0     5.0
4  NaN     3.0
```

행 기준으로 각 행의 값을 비교하여 Rank 순서를 정한다.
비교 인자가 age 각 행 각 사이의 우선 순위를 정한다.

```
print(df[['age','height']].rank(axis=1))
```

```
   age  height
0  1.0     2.0
1  1.0     2.0
2  1.0     2.0
3  1.0     2.0
4  NaN     1.0
```

age와 height의 열(컬럼) 간 값을 비교하여 Rank 순서를 정한다. (비교 인자가 Age와 height 두 개임)

axis=0은 각 행의 값을 기준으로 동작을 함 (행 적용)

drop : 열의 행을 지움

mean : 열을 기준으로 행의 평균을 구함

rank : 각 행 간의 순위를 구함

axis=1 : 각 열 값을 기준으로 동작을 함 (열 적용)

drop : 행의 열을 지움

mean : 행을 기준으로 열의 평균을 구함

rank : 각 열 간의 순위를 구함

axis는 추출하고자 또는 의미를 파악하고자 하는 내용에 따라 변경하여 사용하면 된다.

8.3. 데이터 만들기

판다스는 두 개 이상의 데이터프레임을 붙이거나 혼합하는 기능을 지원한다. 데이터프레임을 붙이는 것을 데이터 연결(Concatenation)라고 하며 혼합하는 것을 병합(Merge)라고 한다.

8.3.1. 데이터 연결

판다스에서 데이터연결은 concat 함수를 이용하여 연결한다. 이때 행으로 데이터를 연결할 수도 있고, 새로운 컬럼 형식으로 데이터를 연결할 수 있다. 데이터 중복은 무시하고 그대로 연결되며, 행의 index는 연결되는 순서를 고려하여 재 설정 된다. 데이터 연결을 위해서 해양 데이터를 사용하기에는 복잡도 때문에 이해가 어려울 수 있어, 이해하기 편한 데이터프레임을 생성하도록 한다. 만약에 열(컬럼) 기준으로 연결하는 경우 동일한 열(컬럼)이 있으며, 해당 컬럼명을 추출할 경우 동일한 컬럼명은 같이 추출된다.

```
import pandas as pd
from tabulate import tabulate

# 첫 번째 데이터프레임을 만든다.
df1 = pd.DataFrame(
    {'A': ['a0','a1','a2','a3'],
     'B': ['b0','b1','b2','b3'],
     'C': ['c0','c1','c2','c3'],
     'D': ['d0','d1','d2','d3']
    }
)
# 두 번째 데이터프레임을 만든다.
```

```
df2 = pd.DataFrame(
    {'A': ['a4','a5','a6','a7'],
     'B': ['b4','b5','b6','b7'],
     'C': ['c4','c5','c6','c7'],
     'D': ['d4','d5','d6','d7']
    }
)
# 세 번째 데이터프레임을 만든다.
df3 = pd.DataFrame(
    {'A': ['a8','a9','a10','a11'],
     'B': ['b8','b9','b10','b11'],
     'C': ['c8','c9','c10','c11'],
     'D': ['d8','d9','d10','d11']
    }
)

print(tabulate(df1,headers='keys',tablefmt='psql'))
print(tabulate(df2,headers='keys',tablefmt='psql'))
print(tabulate(df3,headers='keys',tablefmt='psql'))
# 출력이 표로 하기 위해서 tabulate를 사용한다.
```

```
+----+-----+-----+-----+-----+
|    | A   | B   | C   | D   |
|----+-----+-----+-----+-----|
|  0 | a0  | b0  | c0  | d0  |
|  1 | a1  | b1  | c1  | d1  |
|  2 | a2  | b2  | c2  | d2  |
|  3 | a3  | b3  | c3  | d3  |  # 첫 번째 df1
+----+-----+-----+-----+-----+

+----+-----+-----+-----+-----+
|    | A   | B   | C   | D   |
|----+-----+-----+-----+-----|
|  0 | a4  | b4  | c4  | d4  |
|  1 | a5  | b5  | c5  | d5  |
|  2 | a6  | b6  | c6  | d6  |
|  3 | a7  | b7  | c7  | d7  |  # 두 번째 df2
+----+-----+-----+-----+-----+
```

```
+----+-----+-----+-----+-----+
|    | A   | B   | C   | D   |
|----+-----+-----+-----+-----|
|  0 | a8  | b8  | c8  | d8  |
|  1 | a9  | b9  | c9  | d9  |
|  2 | a10 | b10 | c10 | d10 |
|  3 | a11 | b11 | c11 | d11 |# 세 번째 df3
+----+-----+-----+-----+-----+
# 연결(concat) 및 붙침(merge)이해가 쉽도록 연속된 데이터 형태로 데이터프레임을 만듬
```

```
row_concat = pd.concat([df1,df2,df3])
print(tabulate(row_concat,headers='keys',tablefmt='psql'))
# df1, df2, df3를 행(데이터) 기준으로 연결한다.
```

```
+----+-----+-----+-----+-----+
|    | A   | B   | C   | D   |
|----+-----+-----+-----+-----|
|  0 | a0  | b0  | c0  | d0  |
|  1 | a1  | b1  | c1  | d1  |
|  2 | a2  | b2  | c2  | d2  |
|  3 | a3  | b3  | c3  | d3  |
|  0 | a4  | b4  | c4  | d4  |
|  1 | a5  | b5  | c5  | d5  |
|  2 | a6  | b6  | c6  | d6  |
|  3 | a7  | b7  | c7  | d7  |
|  0 | a8  | b8  | c8  | d8  |
|  1 | a9  | b9  | c9  | d9  |
|  2 | a10 | b10 | c10 | d10 |
|  3 | a11 | b11 | c11 | d11 |
+----+-----+-----+-----+-----+
```

```
new_series = pd.Series(['e1','e2','e3','e4'])
print(new_series)
# 새로운 Series를 만들어서 df1에 연결하도록 한다.
```

```
0    e1
1    e2
2    e3
3    e4
dtype: object
```

```
# name이 없는 Series는 e1~e4까지 들어가 있다.
df_s1= pd.concat([df1,new_series])
```

```
print(tabulate(df_s1,headers='keys',tablefmt='psql'))
# Series를 df1에 연결한다.
```

```
+----+-----+-----+-----+-----+-----+
|    | A   | B   | C   | D   | 0   |
|----+-----+-----+-----+-----+-----|
|  0 | a0  | b0  | c0  | d0  | nan |
|  1 | a1  | b1  | c1  | d1  | nan |
|  2 | a2  | b2  | c2  | d2  | nan |
|  3 | a3  | b3  | c3  | d3  | nan |
|  0 | nan | nan | nan | nan | e1  |
|  1 | nan | nan | nan | nan | e2  |
|  2 | nan | nan | nan | nan | e3  |
|  3 | nan | nan | nan | nan | e4  |
+----+-----+-----+-----+-----+-----+
```

```
# name 및 index가 맞지 않은 관계로 별도의 열로 연결된다.

new_df = pd.DataFrame(
  {'A':['e1'],'B':['e2'],'C':['e3'],'D':['e4']}
) # 데이터프레임 만든다.
print(new_df)
```

```
    A   B   C   D
0  e1  e2  e3  e4
```

```
df_s2=pd.concat([df1,new_df])
print(tabulate(df_s2,headers='keys',tablefmt='psql'))
```

```
+----+-----+-----+-----+-----+
|    | A   | B   | C   | D   |
|----+-----+-----+-----+-----|
|  0 | a0  | b0  | c0  | d0  |
|  1 | a1  | b1  | c1  | d1  |
|  2 | a2  | b2  | c2  | d2  |
|  3 | a3  | b3  | c3  | d3  |
|  0 | e1  | e2  | e3  | e4  |
+----+-----+-----+-----+-----+
```

# 데이터프레임 열(컬럼)에 맞춰 연결한 경우이다.
df_s3=df2.append(new_df)
print(tabulate(df_s3,headers='keys',tablefmt='psql'))

append로 맨 마지막에 추가한 경우이다.

```
+----+-----+-----+-----+-----+
|    | A   | B   | C   | D   |
|----+-----+-----+-----+-----|
|  0 | a4  | b4  | c4  | d4  |
|  1 | a5  | b5  | c5  | d5  |
|  2 | a6  | b6  | c6  | d6  |
|  3 | a7  | b7  | c7  | d7  |
|  0 | e1  | e2  | e3  | e4  |
+----+-----+-----+-----+-----+
```

단 append는 한 개의 데이터프레임만 연결 가능하다면 concat는 한 개 이상의 데이터프레임도 연결 가능하다.

```
row_concat = pd.concat([df1,df2],
                ignore_index=True)
```

ignore_index=True 옵션을 넣으면 Index를 처음 0부터 다시 설정한다.

```
+----+-----+-----+-----+-----+
|    | A   | B   | C   | D   |
|----+-----+-----+-----+-----|
|  0 | a0  | b0  | c0  | d0  |
|  1 | a1  | b1  | c1  | d1  |
|  2 | a2  | b2  | c2  | d2  |
|  3 | a3  | b3  | c3  | d3  |
|  4 | a4  | b4  | c4  | d4  |
|  5 | a5  | b5  | c5  | d5  |
|  6 | a6  | b6  | c6  | d6  |
|  7 | a7  | b7  | c7  | d7  |
+----+-----+-----+-----+-----+
```

```
col_concat = pd.concat([df1,df2,df3],axis=1)
print(tabulate(col_concat,headers='keys',
        tablefmt='psql'))
```

#컬럼(열) 기준으로 데이터를 연결한다. 옆으로 붙인다고 생각하면 된다. 만약 행 수가 틀리면 가장 많은 행 기준으로 NULL 값이 들어간다.

```
+----+-----+-----+-----+-----+-----+-----+-----+-----+-----+-----+-----+-----+
|    | A   | B   | C   | D   | A   | B   | C   | D   | A   | B   | C   | D   |
|----+-----+-----+-----+-----+-----+-----+-----+-----+-----+-----+-----+-----|
|  0 | a0  | b0  | c0  | d0  | a4  | b4  | c4  | d4  | a8  | b8  | c8  | d8  |
|  1 | a1  | b1  | c1  | d1  | a5  | b5  | c5  | d5  | a9  | b9  | c9  | d9  |
|  2 | a2  | b2  | c2  | d2  | a6  | b6  | c6  | d6  | a10 | b10 | c10 | d10 |
|  3 | a3  | b3  | c3  | d3  | a7  | b7  | c7  | d7  | a11 | b11 | c11 | d11 |
+----+-----+-----+-----+-----+-----+-----+-----+-----+-----+-----+-----+-----+
```

print(col_concat['A']) # 컬럼명 A만 추출하면 모든 컬럼 명 A 인 항목이 추출된다.

```
    A   A    A
0  a0  a4   a8
1  a1  a5   a9
2  a2  a6  a10
3  a3  a7  a11
```

```
col_conidx = pd.concat([df1,df2,df3],
                       ignore_index=True,axis=1)
print(tabulate(col_conidx,headers='keys',
          tablefmt='psql'))
```

#열 기준으로 연결할 때 ignore_index=True로 인덱스 초기화 하면 컬럼명이 0,1,2...와 같이 초기회 되니 중의 해야한다.

```
+----+-----+-----+-----+-----+-----+-----+-----+-----+-----+-----+------+------+
|    | 0   | 1   | 2   | 3   | 4   | 5   | 6   | 7   | 8   | 9   | 10   | 11   |
|----+-----+-----+-----+-----+-----+-----+-----+-----+-----+-----+------+------|
|  0 | a0  | b0  | c0  | d0  | a4  | b4  | c4  | d4  | a8  | b8  | c8   | d8   |
|  1 | a1  | b1  | c1  | d1  | a5  | b5  | c5  | d5  | a9  | b9  | c9   | d9   |
|  2 | a2  | b2  | c2  | d2  | a6  | b6  | c6  | d6  | a10 | b10 | c10  | d10  |
|  3 | a3  | b3  | c3  | d3  | a7  | b7  | c7  | d7  | a11 | b11 | c11  | d11  |
+----+-----+-----+-----+-----+-----+-----+-----+-----+-----+-----+------+------+
```

```
col_concat['E'] = ['e1','e2','e3','e4']
print(tabulate(col_concat,headers='keys',
          tablefmt='psql'))
```

```
+----+-----+-----+-----+-----+-----+-----+-----+-----+-----+-----+-----+-----+-----+
|    | A   | B   | C   | D   | A   | B   | C   | D   | A   | B   | C   | D   | E   |
|----+-----+-----+-----+-----+-----+-----+-----+-----+-----+-----+-----+-----+-----|
|  0 | a0  | b0  | c0  | d0  | a4  | b4  | c4  | d4  | a8  | b8  | c8  | d8  | e1  |
|  1 | a1  | b1  | c1  | d1  | a5  | b5  | c5  | d5  | a9  | b9  | c9  | d9  | e2  |
|  2 | a2  | b2  | c2  | d2  | a6  | b6  | c6  | d6  | a10 | b10 | c10 | d10 | e3  |
|  3 | a3  | b3  | c3  | d3  | a7  | b7  | c7  | d7  | a11 | b11 | c11 | d11 | e4  |
+----+-----+-----+-----+-----+-----+-----+-----+-----+-----+-----+-----+-----+-----+
```

```
# E가 추가된다.
#컬럼명을 순서대로 변경하려면 columns 명령어로 가능하다.
col_concat.columns=['A','B','C','D','E','F','G','H','I','J','K','L','M']
```

```
+----+-----+-----+-----+-----+-----+-----+-----+-----+-----+-----+-----+-----+-----+
|    | A   | B   | C   | D   | E   | F   | G   | H   | I   | J   | K   | L   | M   |
|----+-----+-----+-----+-----+-----+-----+-----+-----+-----+-----+-----+-----+-----|
|  0 | a0  | b0  | c0  | d0  | a4  | b4  | c4  | d4  | a8  | b8  | c8  | d8  | e1  |
|  1 | a1  | b1  | c1  | d1  | a5  | b5  | c5  | d5  | a9  | b9  | c9  | d9  | e2  |
|  2 | a2  | b2  | c2  | d2  | a6  | b6  | c6  | d6  | a10 | b10 | c10 | d10 | e3  |
|  3 | a3  | b3  | c3  | d3  | a7  | b7  | c7  | d7  | a11 | b11 | c11 | d11 | e4  |
+----+-----+-----+-----+-----+-----+-----+-----+-----+-----+-----+-----+-----+-----+
```

```
df1 = pd.DataFrame(
    {'A': ['a0','a1','a2','a3'],
     'B': ['b0','b1','b2','b3'],
     'C': ['c0','c1','c2','c3'],
     'D': ['d0','d1','d2','d3']
    }
)
df2 = pd.DataFrame(
    {'E': ['a4','a5','a6','a7'],
     'F': ['b4','b5','b6','b7'],
     'G': ['c4','c5','c6','c7'],
     'H': ['d4','d5','d6','d7']
    }
)
df3 = pd.DataFrame(
    {'I': ['a8','a9','a10','a11'],
     'J': ['b8','b9','b10','b11'],
     'K': ['c8','c9','c10','c11'],
     'L': ['d8','d9','d10','d11']
    }
)
```

```
col_concat = pd.concat([df1,df2,df3],axis=1)
col_concat['M'] = ['e1','e2','e3','e4']
print(tabulate(col_concat,headers='keys'
                ,tablefmt='psql'))
```

```
+----+-----+-----+-----+-----+-----+-----+-----+-----+-----+-----+-----+-----+-----+
|    | A   | B   | C   | D   | E   | F   | G   | H   | I   | J   | K   | L   | M   |
|----+-----+-----+-----+-----+-----+-----+-----+-----+-----+-----+-----+-----+-----|
|  0 | a0  | b0  | c0  | d0  | a4  | b4  | c4  | d4  | a8  | b8  | c8  | d8  | e1  |
|  1 | a1  | b1  | c1  | d1  | a5  | b5  | c5  | d5  | a9  | b9  | c9  | d9  | e2  |
|  2 | a2  | b2  | c2  | d2  | a6  | b6  | c6  | d6  | a10 | b10 | c10 | d10 | e3  |
|  3 | a3  | b3  | c3  | d3  | a7  | b7  | c7  | d7  | a11 | b11 | c11 | d11 | e4  |
+----+-----+-----+-----+-----+-----+-----+-----+-----+-----+-----+-----+-----+-----+
```

```
col_concat = pd.concat([df1,df2,df3],axis=0)
print(tabulate(col_concat,headers='keys'
                ,tablefmt='psql'))
```

```
+----+-----+-----+-----+-----+-----+-----+-----+-----+-----+-----+-----+-----+
|    | A   | B   | C   | D   | E   | F   | G   | H   | I   | J   | K   | L   |
|----+-----+-----+-----+-----+-----+-----+-----+-----+-----+-----+-----+-----|
|  0 | a0  | b0  | c0  | d0  | nan | nan | nan | nan | nan | nan | nan | nan |
|  1 | a1  | b1  | c1  | d1  | nan | nan | nan | nan | nan | nan | nan | nan |
|  2 | a2  | b2  | c2  | d2  | nan | nan | nan | nan | nan | nan | nan | nan |
|  3 | a3  | b3  | c3  | d3  | nan | nan | nan | nan | nan | nan | nan | nan |
|  0 | nan | nan | nan | nan | a4  | b4  | c4  | d4  | nan | nan | nan | nan |
|  1 | nan | nan | nan | nan | a5  | b5  | c5  | d5  | nan | nan | nan | nan |
|  2 | nan | nan | nan | nan | a6  | b6  | c6  | d6  | nan | nan | nan | nan |
|  3 | nan | nan | nan | nan | a7  | b7  | c7  | d7  | nan | nan | nan | nan |
|  0 | nan | nan | nan | nan | nan | nan | nan | nan | a8  | b8  | c8  | d8  |
|  1 | nan | nan | nan | nan | nan | nan | nan | nan | a9  | b9  | c9  | d9  |
|  2 | nan | nan | nan | nan | nan | nan | nan | nan | a10 | b10 | c10 | d10 |
|  3 | nan | nan | nan | nan | nan | nan | nan | nan | a11 | b11 | c11 | d11 |
+----+-----+-----+-----+-----+-----+-----+-----+-----+-----+-----+-----+-----+
```

Pandas.concat는 다양한 옵션을 제공하는데, 자세한 내용을 확인하고자 한다면 앞에서 소개한 Pandas Doc을 확인하면 된다.

한편, [그림. 94]와 같이 Pandas Doc의 API를 보면 Pandas에 대한 다양한 함수 정보 및 해당 함수에 대한 Option 정보를 포함하고 있다. 왼쪽 함수명 위에 보면 'Search the docs'로 자세한 검색도 가능하니 자세한 내용은 Doc을 참고하면 된다.

https://pandas.pydata.org/pandas-docs/stable/reference/api/pandas.concat.html

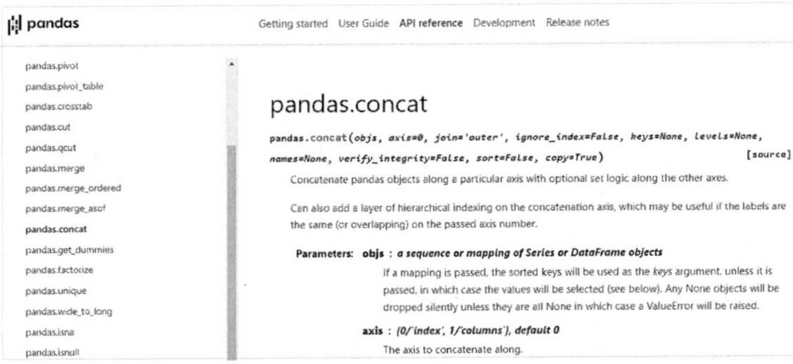

[그림. 94] Pandas Doc API (출처 :https://pandas.pydata.org)

8.3.2. 데이터 병합/조인 (Merge/Join)

데이터프레임 병합에서 사용되는 merge()함수는 두 데이터프레임을 각 데이터에 존재하는 고유값(Key)을 기준으로 병합한다. 고유값(Key)는 기준이 되는 열, 행의 데이터 기준 값이다. Merge는 SQL문과 동일하게 다양한 Join Mode가 있으며 해당 Join 모드는 [그림. 95]와 같다.

[그림. 95] Pandas Join 형태 (출처 : www.educba.com)

Merge 함수는 한바다, 한나라 데이터를 이용하기에는 복잡하여, Concat와 같이 데이터를 만들어서 각 Join 별 특징 및 내용을 확인한다.

```
import pandas as pd
from tabulate import tabulate

# 첫 번째 데이터프레임을 만든다.
df1 = pd.DataFrame(
    {'A': ['a0','a1','a2','a3'],
     'B': ['b0','b1','b2','b3'],
     'C': ['c0','c1','c2','c3'],
     'D': ['d0','d1','d2','d3']
    }
)
# 두 번째 데이터프레임을 만든다.
df2 = pd.DataFrame(
    {'A': ['a4','a5','a6','a7'],
     'B': ['b4','b5','b6','b7'],
     'C': ['c4','c5','c6','c7'],
     'D': ['d4','d5','d6','d7']
    }
)
# 세 번째 데이터프레임을 만든다.
df3 = pd.DataFrame(
    {'A': ['a8','a9','a10','a11'],
     'B': ['b8','b9','b10','b11'],
     'C': ['c8','c9','c10','c11'],
     'D': ['d8','d9','d10','d11']
    }
)
df_outer = pd.merge(df1,df2,on='A',how='outer')
print(df_outer)
# A를 기준으로 동일한 값을 Outer로 Join 한다.
# Outer는 중복된 값이 없어서 모두 보이기 때문에 우선 Outer로 Join한
다.
```

	A	B_x	C_x	D_x	B_y	C_y	D_y
0	a0	b0	c0	d0	nan	nan	nan
1	a1	b1	c1	d1	nan	nan	nan
2	a2	b2	c2	d2	nan	nan	nan
3	a3	b3	c3	d3	nan	nan	nan
4	a4	nan	nan	nan	b4	c4	d4
5	a5	nan	nan	nan	b5	c5	d5
6	a6	nan	nan	nan	b6	c6	d6
7	a7	nan	nan	nan	b7	c7	d7

```
# 연결된 값이 없어, 그대로 모든 값이 표현된다.
# df 데이터 값을 아래와 같이 수정한다.
df2 = pd.DataFrame(
    {'A': ['a0','a5','a2','a7'],
     'B': ['b4','b5','b6','b7'],
     'C': ['c4','c5','c6','c7'],
     'D': ['d4','d5','d6','d7']
    }
)
df_outer = pd.merge(df1,df2,on='A',how='outer')
print(df_outer)
```

	A	B_x	C_x	D_x	B_y	C_y	D_y
0	a0	b0	c0	d0	b4	c4	d4
1	a1	b1	c1	d1	nan	nan	nan
2	a2	b2	c2	d2	b6	c6	d6
3	a3	b3	c3	d3	nan	nan	nan
4	a5	nan	nan	nan	b5	c5	d5
5	a7	nan	nan	nan	b7	c7	d7

```
# 중복된 a0와 a2만 같은 라인으로 표시한다.
```

```
df_inner = pd.merge(df1,df2,on='A',how='inner')
print(df_inner)
```

```
+----+-----+-------+-------+-------+-------+-------+-------+
|    | A   | B_x   | C_x   | D_x   | B_y   | C_y   | D_y   |
|----+-----+-------+-------+-------+-------+-------+-------|
|  0 | a0  | b0    | c0    | d0    | b4    | c4    | d4    |
|  1 | a2  | b2    | c2    | d2    | b6    | c6    | d6    |
+----+-----+-------+-------+-------+-------+-------+-------+
```

```
# 겹치는 값만 출력된다.
df_left = pd.merge(df1,df2,on='A',how='left')
print(df_left)
```

```
+----+-----+-------+-------+-------+-------+-------+-------+
|    | A   | B_x   | C_x   | D_x   | B_y   | C_y   | D_y   |
|----+-----+-------+-------+-------+-------+-------+-------|
|  0 | a0  | b0    | c0    | d0    | b4    | c4    | d4    |
|  1 | a1  | b1    | c1    | d1    | nan   | nan   | nan   |
|  2 | a2  | b2    | c2    | d2    | b6    | c6    | d6    |
|  3 | a3  | b3    | c3    | d3    | nan   | nan   | nan   |
+----+-----+-------+-------+-------+-------+-------+-------+
```

```
# Left는 왼쪽에 있는 (첫번째 데이터프레임) df1을 그대로 두고, 겹치는 df2 값만 보여준다.

df_right = pd.merge(df1,df2,on='A',how='right')
print(df_right)
```

```
+----+-----+-------+-------+-------+-------+-------+-------+
|    | A   | B_x   | C_x   | D_x   | B_y   | C_y   | D_y   |
|----+-----+-------+-------+-------+-------+-------+-------|
|  0 | a0  | b0    | c0    | d0    | b4    | c4    | d4    |
|  1 | a5  | nan   | nan   | nan   | b5    | c5    | d5    |
|  2 | a2  | b2    | c2    | d2    | b6    | c6    | d6    |
|  3 | a7  | nan   | nan   | nan   | b7    | c7    | d7    |
+----+-----+-------+-------+-------+-------+-------+-------+
```

```
# Right는 오른쪽에 있는 df2를 기준으로 그대로 두고 겹치는 df1 값을 보여준다. (df2 중심)
```

```
df_inner = pd.merge(df1,df2,how='inner',
                right_index=True,left_index=True)
print(df_inner)
```

```
+----+-------+-------+-------+-------+-------+-------+-------+-------+
|    | A_x   | B_x   | C_x   | D_x   | A_y   | B_y   | C_y   | D_y   |
|----+-------+-------+-------+-------+-------+-------+-------+-------|
|  0 | a0    | b0    | c0    | d0    | a0    | b4    | c4    | d4    |
|  1 | a1    | b1    | c1    | d1    | a5    | b5    | c5    | d5    |
|  2 | a2    | b2    | c2    | d2    | a2    | b6    | c6    | d6    |
|  3 | a3    | b3    | c3    | d3    | a7    | b7    | c7    | d7    |
+----+-------+-------+-------+-------+-------+-------+-------+-------+
```

index 또는 column Name 기준으로 조인하는 경우 right_index, 와 left_index를 True로 한다.

한편, 판다스는 일치하는 값 대신 가장 근접한 Key 값을 기준으로 Join하는 merge_asof()가 있다. 일반적으로는 left-join과 유사하나 왼쪽(좌측) 데이터프레임의 각각의 행에 대해 왼쪽(좌측)프레임의 키(데이터)보다 적은 오른쪽(우측) 프레임에서 최종 Key 값을 결정한다. 이는 판다스는 동일한 컬럼 및 데이터가 아니라도 Join이 가능하다.

연습문제

1. 1차원 구조 시리즈(Series)에 대하여 설명하세요.

2. 2차원 구조 데이터프레임(Dataframe)에 대하여 설명하세요.

3. 데이터 출력 및 전처리에 대하여 설명하세요.

4. 데이터 연결(Concat) 방법에 대하여 설명하세요.

5. 데이터 병합/조인(Merge/Join) 방법에 사용되는 함수에 대하여 설명하세요.

9 빅데이터 정제

9.1. 데이터 정제의 정의

데이터 정제, 데이터 전처리, 데이터 클린징(Data Cleansing)은 모두 같은 의미로 사용하는데, 지저분하게 존재하는 데이터를 깨끗하게 처리는 하는 작업이다. 데이터 분석의 단계 중에 가장 많은 시간 및 노력이 소요되는 단계가 바로 데이터 정제(전처리) 단계이다. 정확한 데이터를 추출해서 통계를 내는 작업은 매우 중요하다.

1936년 미국에서 대선의 설문 조사가 있었다. 당시 미국 대통령 선거는 공화당의 앨프레드 모스먼 랜던 (Alfred Mossman Landon) 후보와 민주당의 프랭클린 델러노 루스벨트 (Franklin Delano Roosevelt) 후보의 대결이었다. 이때 리터러리 다이제스트(Literary Digest)라는 잡지사가 1,000만명의 유권자에게 설문지를 보냈고, 이중에 240만명으로부터 응답을 받았다. 회수된 설문지를 바탕으로 통계를 낸 결과 루스벨트 후보가 43% 득표를 예상하였고, 이에 따라 앨프레드 모스먼 랜던 후보의 승리가 예상된다고 발표하였다.

그러나 실제 선거 결과는 민주당의 프랭클린 델러노 루스벨트 후보가 62%라는 압도적인 지지로 당선되었다. 이러한 결과가 나온 이유는 리터러리 다이제스트의 구독자들이 부유층이었기 때문이었다. 당시는 1929년 미국의 경제 대공항의 여파로 경제적 불황이 심한 시기였다. 뉴딜(New Deal) 정책이라는 막대한 공공 사업을 추진하려는 재원 마련을 위해 민주당은 세금을 많이 걷는 정책을 펴고 있었고, 무거운 세금에 불만을 품고 있던 부유층의 지지 기반을 위해 공화당은 이를 반대하였다. 결과적으로 소득이 낮은 계층은 민주당을, 높은 계층은 공화당을 선호하였고, 리터러리 다이제스트 사가 뽑은 '부유층 중심' 표본은 루스벨트 후보 지지자가 전체보다 적은 수를 가지고 있기 때문에 루스벨트가 선거에서 지는 것으로 나왔던 것이다.

결론적으로는 전체 표본인 선거에서는 루즈벨트가 승리를 하게 된다. 이것은 통계학에서의 표본 및 데이터가 얼마나 중요한지를 이야기하고 있다. 이처럼 통계학에서는 선택 편향(Sampling Bias) 또는 표준 편향은, 표준을 잘못 선택함으로써 통계 분석이 왜곡되는 것을 의미한다.

데이터 분석에서 선택 편항 또는 표준 편향 없이 명확하고 깨끗한 데이터를 수집하고 이를 가공하여 확보하는 작업을 데이터 클린징 또는 데이터 정제, 데이터 전처리라고 한다. 원 데이터(Raw Data)를 바로 분석에 사용할 수 있는 경우는 데이터 양 및 데이터에 불 필요한 데이터가 많아 그리 많지 않다. 빅데이터와 같이 데이터 양이 많아지면 질수록 데이터 전처리 작업은 더욱 어렵고 중요하다.

9.2. 누락데이터와 결측 데이터 (Missing Value)

데이터 클린징(전처리) 작업 중 가장 먼저 수행하는 작업은 데이터 누락값(결측값)이 있는지 확인해야 한다. 만약 결측값이 있으면 분석된 결과가 왜곡될 수 있다. 결측값이 발생하는 유형에 따라 결측값이 무작위로 발생하는 것과 결측 값 발생이 다른 변수와 관계 있는지에 따라 결측값 처리 방법도 달라진다.

결측 유형을 3가지 유형으로 분류하면 다름과 같다.

- 완전 무작위 결측(MCAR : Missing Completely at Random) : 특정 컬럼의 특정 결측치가 다른 열의 값들과 아무런 관계가 없을 경우로, 대부분의 결측치는 위와 같은 성격의 결측치가 많다.

- 무작위 결측 (MAR : Missing At Random) : 특정 컬럼이나 데이터의

값이 결측치에 영향을 주지만, 값 자체의 관계는 알 수 없는 경우를 무작위 결측이라한다.

- 비 무작위 결측 (NMAR : Not Missing At Random) : 완전 무작위 결측과 무작위 결측이 아닌 경우에 비무작위 결측이라고 하며, 결측치가 일어난 특성의 값이 다른 특성의 값과 상관 관계가 있을 경우에 나타난다.

결측치는 Null, NaN, NA 등으로 표기하며 NAN은 Not A Number를 의한다. 결측값을 처리하는 방법은 제거(Deletion)과 대체(Imputation)이다. 제거는 의미 그대로 해당 데이터나 값을 포함한 열과 행을 삭제하는 것을 의미하고, 대체는 특정한 규칙 및 방법에 의해 해당 값을 대체하는 것을 의미한다.

보통은 데이터가 많고 결측 값이 별로 없는 경우 그리고 결측값의 중요도가 높고, 해당 결측 값을 대체할 만한 값을 만들기 어려운 경우 결측값이 들어간 행 전체를 삭제하는 방법을 많이 사용하다. 결측치 경우 제거 또는 대체 후에 해당 데이터 반영 여부를 반드시 확인 해야 한다. 결측 데이터 처리는 결측 데이터 확인 → 결측 데이터 대체 또는 제거 → 결측 데이터 반역 확인 순서로 진행한다.

결측 데이터를 실습하기 위해서는 불완전한 데이터가 필요하다. 우선 '해양빅데이터거래소'에서 '한바다호+선박의+AIS+운항+데이터.csv'파일을 받고, 이를 AISN.csv 파일로 파일명을 변경하였다. 편리하게 해당 데이터를 뽑아 내기 위해서 해당 파일을 python 실행 폴더로 이동 하였다. 다음 해당 CVS 파일을 열고, 몇 개 데이터를 NULL 처리를 위해 삭제 처리한다.

```
import pandas as pd

df = pd.read_csv('AISN.csv')
```

```
print(df)
```

```
       VSL_NO TRNNG_SHP_NAME         LA          LO  SHIP_SPD  RL_PRGS_DRCN  SH_AGL              MSRM_DTM
0      440956000.0        HANBADA  34.114908  126.858805      16.0         234.5   232.6  07-6월-2021 20:26:36
1      440956000.0        HANBADA  34.114928  126.858718      16.0         234.5   232.6  07-6월-2021 20:26:37
2      440956000.0        HANBADA  34.114948  126.858633      16.0         234.5   232.6  07-6월-2021 20:26:38
3      440956000.0        HANBADA  34.114967  126.858547      16.0         234.5   232.6  07-6월-2021 20:26:39
4      440956000.0        HANBADA        NaN  126.858460      16.0         234.5   232.6  07-6월-2021 20:26:40
...            ...            ...        ...         ...       ...           ...     ...                   ...
53237  440956000.0        HANBADA  34.135193  126.030728      14.4         234.5   232.6  07-6월-2021 23:17:07
53238  440956000.0        HANBADA  34.135202  126.030807      14.4         234.5   232.6  07-6월-2021 23:17:08
53239  440956000.0        HANBADA  34.135205  126.030887      14.4         234.5   232.6  07-6월-2021 23:17:09
53240  440956000.0        HANBADA  34.135208  126.030967      14.4         234.5   232.6  07-6월-2021 23:17:10
53241  440956000.0        HANBADA  34.135210  126.031047      14.4         234.5   232.6  07-6월-2021 23:17:11
```

```
#결측 데이터를 확인한다.
df.isnull()

df.notnull()
```

```
       VSL_NO  TRNNG_SHP_NAME     LA     LO  SHIP_SPD  RL_PRGS_DRCN  SH_AGL  MSRM_DTM
0       False           False  False  False     False         False   False     False
1       False           False  False  False     False         False   False     False
2       False           False  False  False     False         False   False     False
3       False           False  False  False     False         False   False     False
4       False           False   True  False     False         False   False     False
...       ...             ...    ...    ...       ...           ...     ...       ...
53237   False           False  False  False     False         False   False     False
53238   False           False  False  False     False         False   False     False
53239   False           False  False  False     False         False   False     False
53240   False           False  False  False     False         False   False     False
53241   False           False  False  False     False         False   False     False

[53242 rows x 8 columns]


       VSL_NO  TRNNG_SHP_NAME     LA    LO  SHIP_SPD  RL_PRGS_DRCN  SH_AGL  MSRM_DTM
0        True            True   True  True      True          True    True      True
1        True            True   True  True      True          True    True      True
2        True            True   True  True      True          True    True      True
3        True            True   True  True      True          True    True      True
4        True            True  False  True      True          True    True      True
...       ...             ...    ...   ...       ...           ...     ...       ...
53237    True            True   True  True      True          True    True      True
53238    True            True   True  True      True          True    True      True
53239    True            True   True  True      True          True    True      True
53240    True            True   True  True      True          True    True      True
53241    True            True   True  True      True          True    True      True

[53242 rows x 8 columns]
```

```
# 결측 값 개수를 확인한다.
print(df.isnull().sum())




# 각 열(컬럼)마다 Null 개수를 알수 있다.
```

```
VSL_NO            1
TRNNG_SHP_NAME    3
LA                3
LO                7
SHIP_SPD          4
RL_PRGS_DRCN      1
SH_AGL            1
MSRM_DTM          0
dtype: int64
```

```
# 행 단위 결측 값 개수이다.
print(df.isnull().sum(1).head(10))
```

```
0    0
1    0
2    0
3    0
4    1
5    1
6    0
7    1
8    0    # 행에 Null 개수가 몇 개 있는지 나타냄
9    0
```

```
# 결측 데이터가 있는 전체 행 제거한다.
df_drop_allrow = df.dropna(axis=0)
print(df_drop_allrow)
```

```
            VSL_NO TRNNG_SHP_NAME         LA          LO  SHIP_SPD  RL_PRGS_DRCN  SH_AGL               MSRM_DTM
0      440956000.0        HANBADA  34.114908  126.858805      16.0         234.5   232.6  07-6월-2021 20:26:36
1      440956000.0        HANBADA  34.114928  126.858718      16.0         234.5   232.6  07-6월-2021 20:26:37
2      440956000.0        HANBADA  34.114948  126.858633      16.0         234.5   232.6  07-6월-2021 20:26:38
3      440956000.0        HANBADA  34.114967  126.858547      16.0         234.5   232.6  07-6월-2021 20:26:39
6      440956000.0        HANBADA  34.115022  126.858288      15.9         234.5   232.6  07-6월-2021 20:26:42
...            ...            ...        ...         ...       ...           ...     ...                    ...
53237  440956000.0        HANBADA  34.135193  126.030728      14.4         234.5   232.6  07-6월-2021 23:17:07
53238  440956000.0        HANBADA  34.135202  126.030807      14.4         234.5   232.6  07-6월-2021 23:17:08
53239  440956000.0        HANBADA  34.135205  126.030887      14.4         234.5   232.6  07-6월-2021 23:17:09
53240  440956000.0        HANBADA  34.135208  126.030967      14.4         234.5   232.6  07-6월-2021 23:17:10
53241  440956000.0        HANBADA  34.135210  126.031047      14.4         234.5   232.6  07-6월-2021 23:17:11

[53222 rows x 8 columns]
```

전체 개수 53242 개인데, 결측 데이터 행 제거하면 53222개수로 Null이 삭제된다.

```
# 결측 데이터가 있는 열을 제거한다.
df_drop_allcolumn=df.dropna(axis=1)
print(df_drop_allcolumn)

# 열을 제거한 경우 해당 열을 분석에서 제외되는 것을 의미하므
로 해당 건 삭제 하기 전에 검토가 필요하다.
```

```
                MSRM_DTM
0      07-6월-2021 20:26:36
1      07-6월-2021 20:26:37
2      07-6월-2021 20:26:38
3      07-6월-2021 20:26:39
4      07-6월-2021 20:26:40
...                    ...
53237  07-6월-2021 23:17:07
53238  07-6월-2021 23:17:08
53239  07-6월-2021 23:17:09
53240  07-6월-2021 23:17:10
53241  07-6월-2021 23:17:11

[53242 rows x 1 columns]
```

```
# 특정 열의 결측지를 삭제한다.
df_drop_la=df['LA'].dropna()
print(df_drop_la)
```

```
0        34.114908
1        34.114928
2        34.114948
3        34.114967
5        34.115003
           ...
53237    34.135193
53238    34.135202
53239    34.135205
53240    34.135208
53241    34.135210
Name: LA, Length: 53239, dtype: float64
```

```
# 다중 열에 대한 결측치를 삭제한다.
print(df[['LA','LO','SHIP_SPD']].dropna())
print(df[['LA','LO','SHIP_SPD']].dropna(axis=0))
df_sample=df[['LA','LO','SHIP_SPD']].dropna()

# 결측 데이터를 삭제 후 활용하기 위해서는 데이터를 다른 변수에 담아서 활용한다.
```

```
              LA          LO  SHIP_SPD
0      34.114908  126.858805      16.0
1      34.114928  126.858718      16.0
2      34.114948  126.858633      16.0
3      34.114967  126.858547      16.0
6      34.115022  126.858288      15.9
...          ...         ...       ...
53237  34.135193  126.030728      14.4
53238  34.135202  126.030807      14.4
53239  34.135205  126.030887      14.4
53240  34.135208  126.030967      14.4
53241  34.135210  126.031047      14.4

[53228 rows x 3 columns]
```

```
# 결측치 값이 있는 열(컬럼) 값을 삭제한다.
print(df[['LA','LO','SHIP_SPD']].dropna(axis=1))
```

```
Empty DataFrame
Columns: []
Index: [0, 1, 2, 3, 4, 5, 6, 7, 8, 9, 10, 11, 12, 13, 14, 15, 16, 17, 18, 19, 20, 21, 22, 23, 24, 25, 26, 27, 28, 29, 30, 31, 32, 33, 34, 35, 36,
37, 38, 39, 40, 41, 42, 43, 44, 45, 46, 47, 48, 49, 50, 51, 52, 53, 54, 55, 56, 57, 58, 59, 60, 61, 62, 63, 64, 65, 66, 67, 68, 69, 70, 71, 72, 73
, 74, 75, 76, 77, 78, 79, 80, 81, 82, 83, 84, 85, 86, 87, 88, 89, 90, 91, 92, 93, 94, 95, 96, 97, 98, 99, ...]

[53242 rows x 0 columns]
```

한편, 결측 데이터 대체를 위해서는 fillna 함수를 사용된다. 매개 변수는 아래와 같다. 결측값을 특정 값으로 대체 fillna(0), 문자열로 대체 fillna(‘’), 변수별 평균으로 대체한다. filla(df.mena())

```
DataFrame.fillna(self, value=None, method=None,
          axis=None, inplace=False, limit=None,
          downcast=None)
```

```
import pandas as pd

df = pd.read_csv('AISN.csv')
# 빈 값을 0으로 대체함
df_zero = df.fillna(0)
print(df_zero.head(10)) # 10행까지 출력한다.
```

```
        VSL_NO TRNNG_SHP_NAME         LA          LO  SHIP_SPD  RL_PRGS_DRCN  SH_AGL              MSRM_DTM
0  440956000.0        HANBADA  34.114908  126.858805      16.0         234.5   232.6  07-6월-2021 20:26:36
1  440956000.0        HANBADA  34.114928  126.858718      16.0         234.5   232.6  07-6월-2021 20:26:37
2  440956000.0        HANBADA  34.114948  126.858633      16.0         234.5   232.6  07-6월-2021 20:26:38
3  440956000.0        HANBADA  34.114967  126.858547      16.0         234.5   232.6  07-6월-2021 20:26:39
4  440956000.0        HANBADA   0.000000  126.858460      16.0         234.5   232.6  07-6월-2021 20:26:40
5  440956000.0        HANBADA  34.115003    0.000000      16.0         234.5   232.6  07-6월-2021 20:26:41
6  440956000.0        HANBADA  34.115022  126.858288      15.9         234.5   232.6  07-6월-2021 20:26:42
7  440956000.0        HANBADA  34.115038    0.000000      15.9         234.5   232.6  07-6월-2021 20:26:43
8  440956000.0        HANBADA  34.115055  126.858115      15.9         234.5   232.6  07-6월-2021 20:26:44
9  440956000.0        HANBADA  34.115070  126.858030      15.9         234.5   232.6  07-6월-2021 20:26:45
```

```
# 빈 값을 'NULL'이란 문자로 변경한다.
df_2 = df.fillna('NULL')
print(df_2.head(10))
```

```
        VSL_NO TRNNG_SHP_NAME         LA          LO SHIP_SPD RL_PRGS_DRCN SH_AGL              MSRM_DTM
0  440956000.0        HANBADA  34.114908  126.858805     16.0        234.5  232.6  07-6월-2021 20:26:36
1  440956000.0        HANBADA  34.114928  126.858718     16.0        234.5  232.6  07-6월-2021 20:26:37
2  440956000.0        HANBADA  34.114948  126.858633     16.0        234.5  232.6  07-6월-2021 20:26:38
3  440956000.0        HANBADA  34.114967  126.858547     16.0        234.5  232.6  07-6월-2021 20:26:39
4  440956000.0        HANBADA       NULL   126.85846     16.0        234.5  232.6  07-6월-2021 20:26:40
5  440956000.0        HANBADA  34.115003        NULL     16.0        234.5  232.6  07-6월-2021 20:26:41
6  440956000.0        HANBADA  34.115022  126.858288     15.9        234.5  232.6  07-6월-2021 20:26:42
7  440956000.0        HANBADA  34.115038        NULL     15.9        234.5  232.6  07-6월-2021 20:26:43
8  440956000.0        HANBADA  34.115055  126.858115     15.9        234.5  232.6  07-6월-2021 20:26:44
9  440956000.0        HANBADA   34.11507   126.85803     15.9        234.5  232.6  07-6월-2021 20:26:45
```

```
# 빈 값의 컬럼의 평균을 구해서 해당 컬럼의 값을 평균 값으로 대
체한다. (가장 많이 사용함)
df_3 = df.fillna(df.mean())
print(df_3.head(10))
```

```
        VSL_NO TRNNG_SHP_NAME         LA          LO  SHIP_SPD  RL_PRGS_DRCN  SH_AGL              MSRM_DTM
0  440956000.0        HANBADA  34.114908  126.858805      16.0         234.5   232.6  07-6월-2021 20:26:36
1  440956000.0        HANBADA  34.114928  126.858718      16.0         234.5   232.6  07-6월-2021 20:26:37
2  440956000.0        HANBADA  34.114948  126.858633      16.0         234.5   232.6  07-6월-2021 20:26:38
3  440956000.0        HANBADA  34.114967  126.858547      16.0         234.5   232.6  07-6월-2021 20:26:39
4  440956000.0        HANBADA  34.215252  126.858460      16.0         234.5   232.6  07-6월-2021 20:26:40
5  440956000.0        HANBADA  34.115003  127.190670      16.0         234.5   232.6  07-6월-2021 20:26:41
6  440956000.0        HANBADA  34.115022  126.858288      15.9         234.5   232.6  07-6월-2021 20:26:42
7  440956000.0        HANBADA  34.115038  127.190670      15.9         234.5   232.6  07-6월-2021 20:26:43
8  440956000.0        HANBADA  34.115055  126.858115      15.9         234.5   232.6  07-6월-2021 20:26:44
9  440956000.0        HANBADA  34.115070  126.858030      15.9         234.5   232.6  07-6월-2021 20:26:45
```

결측 데이터는 0이나 " "문자의 공백이 아닌 NULL을 의미한다.

한편, NULL은 숫자의 1과 -1의 사이의 0이나 문자의 공백을 의미하는 것이 아니라, 확정되지 않은 아무 정보도 없는 것을 결측 데이터라고 한다. 결측치 데이터를 처리할 때 데이터프레임에 저장된 자료형에 따라 고려해야 할 사항이 달라진다. 해당 결측 데이터를 표현하기 위해서는 문자열 경우 NULL, NA(Not Avaiable) 또는 빈값(Null String)으로 표시하면 되고, 실수형은 NaN(Not a Number)으로 표현한다. numpy는 nan으로 표현한다. 날짜 자료형은 NaT로 표현하면 된다.

9.3. 이상 데이터

이상 값(Outlier)은 정상에서 벗어난 데이터를 의미한다. 시계열에 있는 대부분의 관측값과는 다른 관측값으로 해당 값은 오류 일 수도 있고, 해당 이상 값 자체가 아주 특이한 것일 수도 있다. 이렇게 이상 값을 검출하는 것을 이상 탐지(Anomaly Detection)라 한다. 이는 데이터 마이닝의 일부이며, 예상과는 다른 패턴의 값을 찾는 것을 의미한다.

다만 이상 값이 무슨 이유 때문에 발생했는지 생각하지 않고 단순하게 이상 값을 바꾸는 것은 심각한 오류를 만들 수 있다. 이상 값을 통해 오히려 얻고자 하는 유용한 정보를 얻을 수 있으므로 이에 대한 분석도 필요하다.

해당 이상 값이 오류나 단순한 특별한 데이터로 판단된다면 해당 값을 바꾸는 것으로 데이터 품질을 높일 수 있다 .

이상 값은 제조 설비 데이터 또는 해양 데이터에서도 많이 찾아 볼 수 있다. 위 그림에서 보면 평균적인 상한선과 하한선을 벗어난 값이거나, 군집화 영역을 벗어난 데이터 등을 이상치 데이터로 볼 수 있다. 선의 이상 부분을 벗어난 이상을 맥락적 이상(Contextual Anomaly)라고 한다. 보통 시간의 특성을 가지는 Time-Series 분야에서 많이 나타나며, 시간의 연속성이 존재하여 특정 시점이 그 시점 전 , 후 값에 크게 영향을 받는다. 이러한 시계열 자료에서

비정상적인 시점을 찾는 것이 목표인지 아니면 비정상적인 변화의 패턴을 찾는 것이 목표인지에 따라 분석 방향이 달라진다.

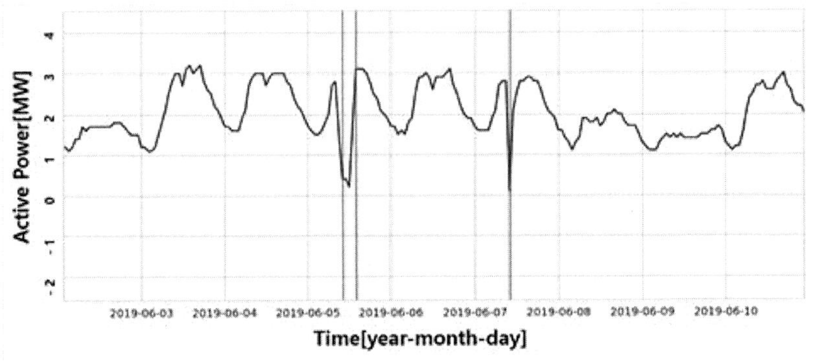

[그림. 96] 맥락적 이상(Contextual Anomaly) 데이터

[그림. 96]을 보면 시계열 데이터에서 연속된 그래프를 볼 수 있으며, 맥락적 이상의 확인을 할 수 있다.

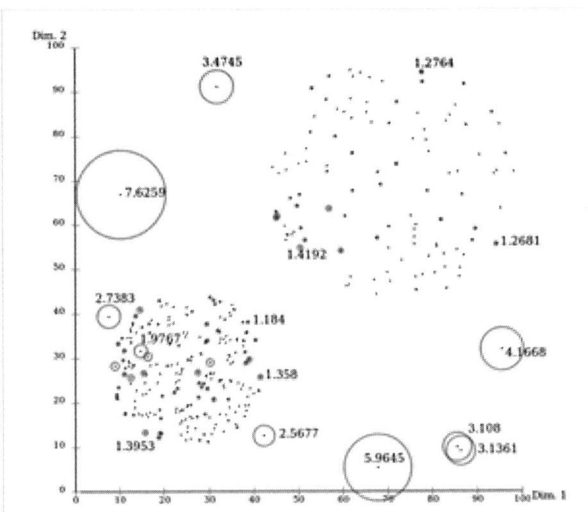

[그림. 97] 점 이상(Point Anomaly) 데이터

[그림. 97]을 보면 군집을 보이는 구간 외에 떨어진 부분을 볼 수 있는데, 위와 같이 벗어난 점이 점 이상 발생 데이터이다. 점 이상 발생은 점의 군집에서 벗어난 점을 의미하는 것으로, 점 이상(Point Anomaly) 이라 한다. 이는 데이터 내 하나의 관측 값이 나머지에 비해 이상하다고 판단되는 경우이다.

인공지능에서 이상치 데이터는 실제로 많이 사용되고 있다. 컴퓨터 시스템 상의 침입을 탐지하는 사례로 주로 시계열 데이터를 다루며, RAM, File System, Log File 등 일련의 시계열 데이터에서 이상치를 검출하여 침입을 탐지한다. 신용 카드 경우도 일반적인 정상 결제 정보는 정상 군집에 분포되지만, 카드 도용이나 사기 등 데이터는 군집에서 벗어난 멀리 떨어진 영역에 분포하게 된다. 이러한 형태로 보험, 신용, 금융 관련 데이터에서 불법 행위를 검출하는데 사용 된다. 바이러스 악성 코드를 검출하는데도 사용된다. Classification과 Clustering이 주로 사용되며, 악성 코드를 그대로 이상치로 판단하기도 하며, 이를 Gray Scale Image로 변환하여 이용하기도 한다. 또한 웹 사이트에 사용자 중에 특별하게 이상한 사용 패턴을 보이는 사용자를 구분하여 문제 있는 사용자, 또는 회사의 이익에 도움이 되는 행동을 발생 시키기 위한 사용자로 판단하여 적절한 조치를 취할 때 판단되는 데이터로 활용한다. 의료에서는 의료 영상, 뇌파 기록, 의료 장비의 데이터 등의 의학 데이터에 대한 이상 탐지로 주로 신호 데이터와 이미지 데이터로 이루어져 있으며, X-ray, CT, MRI, PET 등 다양한 장비로부터 취득된 이미지도 이상 데이터를 감지하는데 사용 된다. 사회적 이상 치는 주로 Text 데이터를 활용하며 Text를 통해 스팸 메일, 사회적 통념으로 문제가 되는 정보 유포자 등을 검출하는데 활용 된다. 사물 인터넷(IoT)의 장치, 센서로부터 생성된 데이터에 대해 이상치를 추출하는 경우 주로 시계열 데이터를 이상치 발생 시 해당 이상치에 대한 예외 처리 방법으로 해당 데이터 처리를 한다. 제조의 경우 생산 중인 제품의 이상 또는 불량 여부 및 설비의 이상 여부를 판단하는데 사용 되며, 수 많은 기계의 설비 운영 데이터 및 모니터링 정보를 통해 수집된 데이터를 분석하여, 이상치 발생에 따른 각 제품의 품질과 설비의 문제에 관하여 밀접한 관계를 파악 조치를 취하게 된다.

이상치를 판단하는 방법으로 Z Score 방법이 있다. Z Score는 평균과 표준 편차를 이용하는 것으로 평균을 빼고 표준 편차로 나누어 계산 했을 때 Z Score가 특정 기준을 넘어서는 데이터를 이상치라고 판단한다는 기준이다.

Z Score = (x −mean) / std.deviation

이상치를 판단한 이후에는 이상치를 삭제, 대체, 예측값으로 변경, bining을 통해 수치형 데이터를 범주형 데이터로 바꾸는 등 다양한 방법으로 처리할 수 있다.

```
import pandas as pd
import numpy as np
import matplotlib.pyplot as plt
import os

df = pd.read_csv('fish.csv')
print(df.head())
df.info()
print('전체 데이터 건수 : ' , df.shape)
```

```
 ---  ------          --------------   -----
  0   FS_NM           369241 non-null  object
  1   FS_NO           369252 non-null  object
  2   FSH_PRMS_SCTN   369241 non-null  object
  3   FSH_KIND        369241 non-null  object
  4   FS_LCT_LA       369241 non-null  float64
  5   FS_LCT_LO       369241 non-null  float64
  6   MRN_NO          369241 non-null  float64
  7   FW_YR           369241 non-null  float64
  8   FW_MNTH         369241 non-null  float64
 dtypes: float64(5), object(4)
 memory usage: 25.4+ MB
 전체 데이터 건수 :  (369252, 9)
```

```
<class 'pandas.core.frame.DataFrame'>
RangeIndex: 369252 entries, 0 to 369251
Data columns (total 9 columns):
 #   Column          Non-Null Count   Dtype
---  ------          --------------   -----
```

```
# 열(컬럼)은 9개 컬럼이 있고, 데이터 건(행) 수는
369,252 건이 있다는 걸 알 수 있다.
# 4열부터는 실수 이고, 0~3까지는 문자형 Object이다.

#Z-Score 함수를 만든다.
def zscore(fdf,col,z):
   rdf = fdf[abs(fdf[col] - np.mean(fdf[col]))/
          np.std(fdf[col]) > z].index
   return rdf

print(df.loc[zscore(df,'MRN_NO',1.5)])
```

```
                                      FS_NM                 FS_NO  ...   FW_YR FW_MNTH
94      길정호                          ...  2******************  ...  2021.0    10.0
112     길정호                          ...  2******************  ...  2021.0    10.0
118     길정호                          ...  2******************  ...  2021.0     6.0
217     길정호                          ...  2******************  ...  2021.0     7.0
323     길정호                          ...  2******************  ...  2021.0     8.0
...                                  ...                   ...  ...     ...     ...
367256  길정호                          ...  2******************  ...  2020.0     8.0
367442  길정호                          ...  2******************  ...  2020.0     9.0
367657  길정호                          ...  2******************  ...  2020.0    10.0
367843  길정호                          ...  2******************  ...  2020.0    11.0
368015  길정호                          ...  2******************  ...  2020.0     6.0
```

```
# 이상치인 데이터 Index를 반환하는 함수로, 파라메터로 데이터프
레임(fdf), 컬럼(col), 기준(z)를 받는다. 데이터에서 평균을 빼 절댓
값을 취한 것을 표준 편차로 나누어 주며, 값이 z보다 큰 데이터의
index를 반환한다.

# Z Score 방법은 평균과 표준 편차 자체가 이상치의 존재에 영향을
많이 받으며, 데이터셋이 작은 경우에는 이상치를 알기 어렵다.
```

한편, IQR(Inter Quartile range)는 통계적인 데이터 산포 측도를 의미한다. IQR은 midspread, middle 50%, H-spread라고 한다. 데이터의 75번째 백분위 수와 25번째 백분위 수 간의 차이로 IQR는 정의 된다. IQR을 계산하기

위해서는 선형 보간을 통해 사분위 수는 Q1으로 표시, Q2 (중앙값) 및 Q3 상위 사분위 수, 하위 사분위 수는 25번째 백분위 수에 해당하고 상위 사분위 수는 75번째 백분위 수에 해당하므로 IQR = Q3 − Q1이다.

한편, 이상치를 구하는 알고리즘이 여러 가지가 있지만 일반적으로 matplotlib의 boxplot을 그리면 보게되는 IRQ를 확인할 수 있다.

데이터 분포 4 분위 중 1/4(Q1) ~ 3/4(Q3) 구간의 간격을 IRQ라고 한다. 상단 기준치 = Q3 + 1.5 * IRQ 이며, 하단 기준치 = Q1 − 1.5 * IRQ로 계산한다. 이를 기준으로 이상치는 상단 기준치보다 크거나, 하단 기준치 보다 작은 값이 된다.

이상치 데이터로 테스트를 하기 위해, seaborn의 sns 'Titanic'을 사용하여 검증을 한다.

```
import pandas as pd
import numpy as np
import matplotlib as mpl
import matplotlib.pylab as plt
import seaborn as sns

df = sns.load_dataset('titanic')
print(df.head())
```

```
   survived  pclass     sex   age  sibsp  parch     fare embarked  class    who  adult_male deck  embark_town alive  alone
0         0       3    male  22.0      1      0   7.2500        S  Third    man        True  NaN  Southampton    no  False
1         1       1  female  38.0      1      0  71.2833        C  First  woman       False    C    Cherbourg   yes  False
2         1       3  female  26.0      0      0   7.9250        S  Third  woman       False  NaN  Southampton   yes   True
3         1       1  female  35.0      1      0  53.1000        S  First  woman       False    C  Southampton   yes  False
4         0       3    male  35.0      0      0   8.0500        S  Third    man        True  NaN  Southampton    no   True
<class 'pandas.core.frame.DataFrame'>
```

```
print('전체 데이터 건수 : ' , df.shape,'\n')
```

```
전체 데이터 건수 :  (891, 15)
```

```
df.info()
```

```
RangeIndex: 891 entries, 0 to 890
Data columns (total 15 columns):
 #   Column       Non-Null Count  Dtype
---  ------       --------------  -----
 0   survived     891 non-null    int64
 1   pclass       891 non-null    int64
 2   sex          891 non-null    object
 3   age          714 non-null    float64
 4   sibsp        891 non-null    int64
 5   parch        891 non-null    int64
 6   fare         891 non-null    float64
 7   embarked     889 non-null    object
 8   class        891 non-null    category
 9   who          891 non-null    object
 10  adult_male   891 non-null    bool
 11  deck         203 non-null    category
 12  embark_town  889 non-null    object
 13  alive        891 non-null    object
 14  alone        891 non-null    bool

dtypes: bool(2), category(2), float64(2), int64(4), object(5)
memory usage: 80.7+ KB
```

```
# 데이터 컬럼은 15개 컬럼이며, 총 데이터 행은 891이다.

#Z-Score 함수를 만듬
def zscore(fdf,col,z):
   rdf = fdf[abs(fdf[col] - np.mean(fdf[col]))/
         np.std(fdf[col]) > z].index
   return rdf

print(df.loc[zscore(df,'fare',1.5)])

# Z-Socre로는 정확한 데이터를 추출 할 수 없다.
```

	survived	pclass	sex	age	sibsp	parch	fare	embarked	class	who	adult_male	deck	embark_town	alive	alone
27	0	1	male	19.00	3	2	263.0000	S	First	man	True	C	Southampton	no	False
31	1	1	female	NaN	1	0	146.5208	C	First	woman	False	B	Cherbourg	yes	False
88	1	1	female	23.00	3	2	263.0000	S	First	woman	False	C	Southampton	yes	False
118	0	1	male	24.00	0	1	247.5208	C	First	man	True	B	Cherbourg	no	False
195	1	1	female	58.00	0	0	146.5208	C	First	woman	False	B	Cherbourg	yes	True
215	1	1	female	31.00	1	0	113.2750	C	First	woman	False	D	Cherbourg	yes	False
258	1	1	female	35.00	0	0	512.3292	C	First	woman	False	NaN	Cherbourg	yes	True
268	1	1	female	58.00	0	1	153.4625	S	First	woman	False	C	Southampton	yes	False
269	1	1	female	35.00	0	0	135.6333	S	First	woman	False	C	Southampton	yes	True
297	0	1	female	2.00	1	2	151.5500	S	First	child	False	C	Southampton	no	False
299	1	1	female	50.00	0	1	247.5208	C	First	woman	False	B	Cherbourg	yes	False
305	1	1	male	0.92	1	2	151.5500	S	First	child	False	C	Southampton	yes	False
306	1	1	female	NaN	0	0	110.8833	C	First	woman	False	NaN	Cherbourg	yes	True
307	1	1	female	17.00	1	0	108.9000	C	First	woman	False	C	Cherbourg	yes	False
311	1	1	female	18.00	2	2	262.3750	C	First	woman	False	B	Cherbourg	yes	False
318	1	1	female	31.00	0	2	164.8667	S	First	woman	False	C	Southampton	yes	False
319	1	1	female	40.00	1	1	134.5000	C	First	woman	False	E	Cherbourg	yes	False
325	1	1	female	36.00	0	0	135.6333	C	First	woman	False	C	Cherbourg	yes	True
332	0	1	male	38.00	0	1	153.4625	S	First	man	True	C	Southampton	no	False
334	1	1	female	NaN	1	0	133.6500	S	First	woman	False	NaN	Southampton	yes	False
337	1	1	female	41.00	0	0	134.5000	C	First	woman	False	E	Cherbourg	yes	True

```
# 이를 눈으로 확인하기 위해 Box plot을 그려 확인해 본다.

plt.boxplot(df['fare'],labels=['Fare'])
plt.show()
```

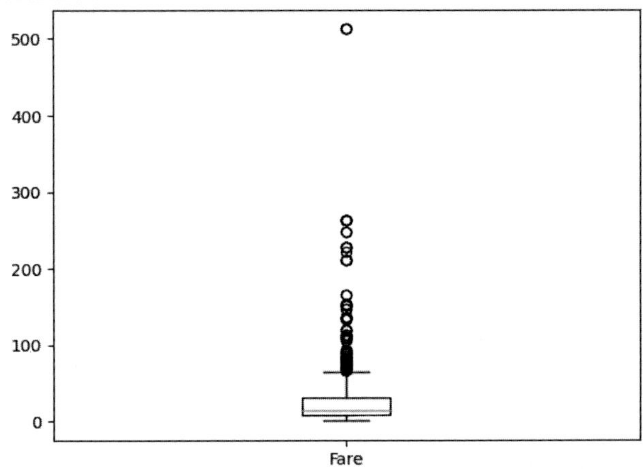

Box plot 이상치 데이터를 확인할 수 있다.

9.4. 중복 데이터 (Duplicates Data)

데이터를 수집하는 과정 중의 오류, 데이터 병합, 데이터 자체적인 문제 등으로 인해 데이터가 중복(Duplicates)되는 경우가 발생 된다. 특히, 유일한 값을 가져야 하는 컬럼 (Unique Key)의 경우, 중복이 발생하면 데이터 분석 결과에 영향을 끼칠 수 있다. 중복 데이터는 본격적인 데이터 분석에 들어가기 전에 중복 데이터를 확인하고 처리하는 작업이 필요하다. 데이터 수가 많지 않으면 counts를 통해 중복 수를 확인하여 처리하면 되지만, 데이터 수가 많은 경우 counts를 통해 확인 후 처리까지 하기는 쉽지 않다. 판다스에서는 duplicated() 함수를 이용하여 중복을 처리할 수 있으며, drop_duplicates()을 사용하여 중복 데이터를 삭제할 수도 있다. 중복 데이터 처리를 위해 앞에서 이용한 seaborn의 Titanic 데이터를 이용하도록 한다.

['column'] 중복 확인 : duplicates(['column'], keep='first | last | False')

['column'] 중복 값 삭제 : drop_duplicates(['column'] , keep='first | last | False') :

```
import pandas as pd
import seaborn as sns

df = sns.load_dataset('titanic')
print(df.head())
```

```
   survived  pclass     sex   age  sibsp  parch     fare embarked  class    who  adult_male deck  embark_town alive  alone
0         0       3    male  22.0      1      0   7.2500        S  Third    man        True  NaN  Southampton    no  False
1         1       1  female  38.0      1      0  71.2833        C  First  woman       False    C    Cherbourg   yes  False
2         1       3  female  26.0      0      0   7.9250        S  Third  woman       False  NaN  Southampton   yes   True
3         1       1  female  35.0      1      0  53.1000        S  First  woman       False    C  Southampton   yes  False
4         0       3    male  35.0      0      0   8.0500        S  Third    man        True  NaN  Southampton    no   True
<class 'pandas.core.frame.DataFrame'>
```

```
print('전체 데이터 건수 : ' , df.shape,'\n')
```

```
전체 데이터 건수 :  (891, 15)
```

df.info()

```
RangeIndex: 891 entries, 0 to 890
Data columns (total 15 columns):
 #   Column       Non-Null Count  Dtype
---  ------       --------------  -----
 0   survived     891 non-null    int64
 1   pclass       891 non-null    int64
 2   sex          891 non-null    object
 3   age          714 non-null    float64
 4   sibsp        891 non-null    int64
 5   parch        891 non-null    int64
 6   fare         891 non-null    float64
 7   embarked     889 non-null    object
 8   class        891 non-null    category
 9   who          891 non-null    object
 10  adult_male   891 non-null    bool
 11  deck         203 non-null    category
 12  embark_town  889 non-null    object
 13  alive        891 non-null    object
 14  alone        891 non-null    bool
dtypes: bool(2), category(2), float64(2), int64(4), object(5)
memory usage: 80.7+ KB
```

# 데이터 컬럼은 15개 컬럼이며, 총 데이터 행은 891이다.
print(df.duplicated(['age']),'\n')
# 하나의 데이터를 기준으로 중복을 확인한다. ('age')

```
0      False
1      False
2      False
3      False
4       True
       ...
886     True
887     True
888     True
889     True
890     True
Length: 891, dtype: bool
```

dfs= df.duplicated(['sex','age','fare','embarked'])
print(dfs)

```
0      False
1      False
2      False
3      False
4      False
       ...
886     True
887    False
888    False
889    False
890    False
Length: 891, dtype: bool
```

중복값을 keep='first', 'last', False argument에 따라 #   유일한 1개의 key만 남기로 나머지는 중복 제거한다.

keep='first'가 defulat 이며, keep='last'는 마지막을 남기고 중복을 제거한다.

print(df.drop_duplicates(['sex','age','fare','embarked'],keep='first'))

```
     survived  pclass     sex   age  sibsp  parch     fare embarked  class    who  adult_male deck  embark_town alive  alone
0           0       3    male  22.0      1      0   7.2500        S  Third    man        True  NaN  Southampton    no  False
1           1       1  female  38.0      1      0  71.2833        C  First  woman       False    C    Cherbourg   yes  False
2           1       3  female  26.0      0      0   7.9250        S  Third  woman       False  NaN  Southampton   yes   True
3           1       1  female  35.0      1      0  53.1000        S  First  woman       False    C  Southampton   yes  False
4           0       3    male  35.0      0      0   8.0500        S  Third    man        True  NaN  Southampton    no   True
..        ...     ...     ...   ...    ...    ...      ...      ...    ...    ...         ...  ...          ...   ...    ...
885         0       3  female  39.0      0      5  29.1250        Q  Third  woman       False  NaN   Queenstown    no  False
887         1       1  female  19.0      0      0  30.0000        S  First  woman       False    B  Southampton   yes   True
888         0       3  female   NaN      1      2  23.4500        S  Third  woman       False  NaN  Southampton    no  False
889         1       1    male  26.0      0      0  30.0000        C  First    man        True    C    Cherbourg   yes   True
890         0       3    male  32.0      0      0   7.7500        Q  Third    man        True  NaN   Queenstown    no   True

[753 rows x 15 columns]
```

first 기준 753건이다.
sex, age, fare, embarked의 교집합 중복값만 True로 반환한다.

print(df.drop_duplicates(['sex','age','fare','embarked'],keep='last')
)

```
     survived  pclass     sex   age  sibsp  parch     fare embarked   class    who  adult_male deck  embark_town alive  alone
1           1       1  female  38.0      1      0  71.2833        C   First  woman       False    C    Cherbourg   yes  False
2           1       3  female  26.0      0      0   7.9250        S   Third  woman       False  NaN  Southampton   yes   True
3           1       1  female  35.0      1      0  53.1000        S   First  woman       False    C  Southampton   yes  False
5           0       3    male   NaN      0      0   8.4583        Q   Third    man        True  NaN   Queenstown    no   True
6           0       1    male  54.0      0      0  51.8625        S   First    man        True    E  Southampton    no   True
..        ...     ...     ...   ...    ...    ...      ...      ...     ...    ...         ...  ...          ...   ...    ...
886         0       2    male  27.0      0      0  13.0000        S  Second    man        True  NaN  Southampton    no   True
887         1       1  female  19.0      0      0  30.0000        S   First  woman       False    B  Southampton   yes   True
888         0       3  female   NaN      1      2  23.4500        S   Third  woman       False  NaN  Southampton    no  False
889         1       1    male  26.0      0      0  30.0000        C   First    man        True    C    Cherbourg   yes   True
890         0       3    male  32.0      0      0   7.7500        Q   Third    man        True  NaN   Queenstown    no   True

[753 rows x 15 columns]
```

last 기준으로 중복 삭제한다.

```
print(df.drop_duplicates(['sex','age','fare','embarked'],keep=False
))
```

```
     survived  pclass     sex   age  sibsp  parch     fare embarked  class    who  adult_male deck  embark_town alive  alone
1           1       1  female  38.0      1      0  71.2833        C  First  woman       False    C    Cherbourg   yes  False
2           1       3  female  26.0      0      0   7.9250        S  Third  woman       False  NaN  Southampton   yes   True
3           1       1  female  35.0      1      0  53.1000        S  First  woman       False    C  Southampton   yes  False
5           0       3    male   NaN      0      0   8.4583        Q  Third    man        True  NaN   Queenstown    no   True
6           0       1    male  54.0      0      0  51.8625        S  First    man        True    E  Southampton    no   True
..        ...     ...     ...   ...    ...    ...      ...      ...    ...    ...         ...  ...          ...   ...    ...
885         0       3  female  39.0      0      5  29.1250        Q  Third  woman       False  NaN   Queenstown    no  False
887         1       1  female  19.0      0      0  30.0000        S  First  woman       False    B  Southampton   yes   True
888         0       3  female   NaN      1      2  23.4500        S  Third  woman       False  NaN  Southampton    no  False
889         1       1    male  26.0      0      0  30.0000        C  First    man        True    C    Cherbourg   yes   True
890         0       3    male  32.0      0      0   7.7500        Q  Third    man        True  NaN   Queenstown    no   True

[682 rows x 15 columns]
```

연습문제

1. 데이터 정제에 대하여 설명하세요.

2. 결측 유형을 3가지 유형으로 분류하여 설명하세요.

3. 이상 데이터에 관하여 설명하고, 이상치를 판단하는 방법에 대하여 설명하세요.

4. IQR (Inter Quartile range)에 대하여 설명하세요.

5. 데이터를 수집하는 과정 중의 오류, 데이터 병합, 데이터 자체적인 문제 등으로 인해 데이터가 중복(Duplicates)되는 경우가 발생하는데 이를 해결하기 위한 방법을 제시하세요.

10 빅데이터 탐색

10.1. 빅데이터 그룹 탐색

특정 조건에 맞는 데이터가 하나 이상 데이터 그룹을 이루는 경우, 집단 특성을 보여주는 그룹 분석을 사용 한다. 그룹 분석 또는 집계 분석은 분석 대상을 그룹별 묶어서 데이터를 집계하며, SQL의 Group by와 유사하다.

[그림. 98]을 보면 전체 데이터를 그룹 별로 나누고(Split), 각 그룹별로 집계 함수를 적용(Apply)한 후, 그룹 별 집계 결과를 하나로 합치는(Combine) 단계를 수행한다.

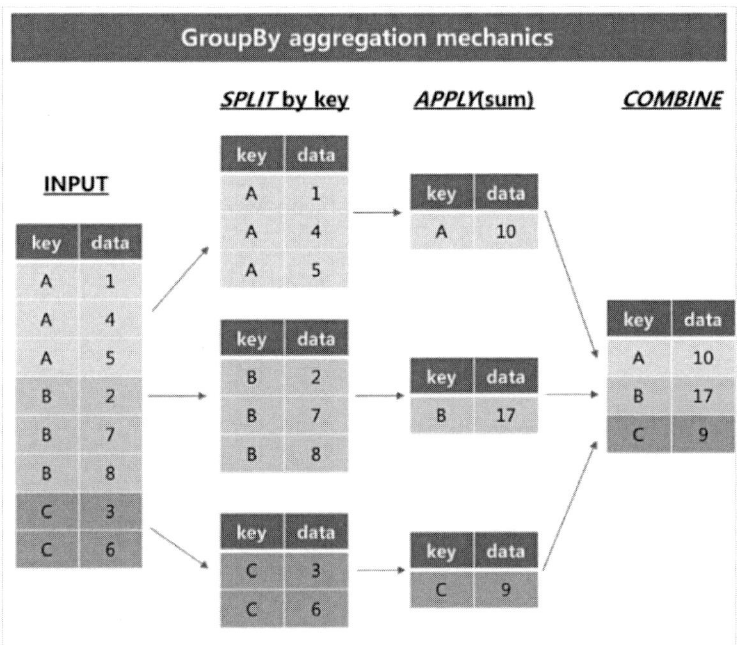

[그림. 98] 평균 집계 분석 (출처 : https://rfriend.tistory.com)

판다스의 그룹 분석은 데이터가 여러 개가 있을 경우 미리 지정한 연산을 통해 그룹 데이터의 대표 값으로 계산하며 groupby 명령을 사용하여 그룹 분석을 수행한다. 분석하고자 하는 시리즈나 데이터프레임에 groupby 함수를 호출하여 그룹화를 하고 그룹 객체에 대해 그룹 연산을 수행한다. 쉽게 설명하면 [그림. 99]와 같이 Excel에서 필터를 생각하면 된다. Excel에서 필터를 사용하여 특정 컬럼에 그룹화 시켜 데이터를 정렬하는 것처럼 판다스에서는 groupby 함수를 이용하여 특정 열(컬럼)의 데이터를 묶어서 집합화 시킨다.

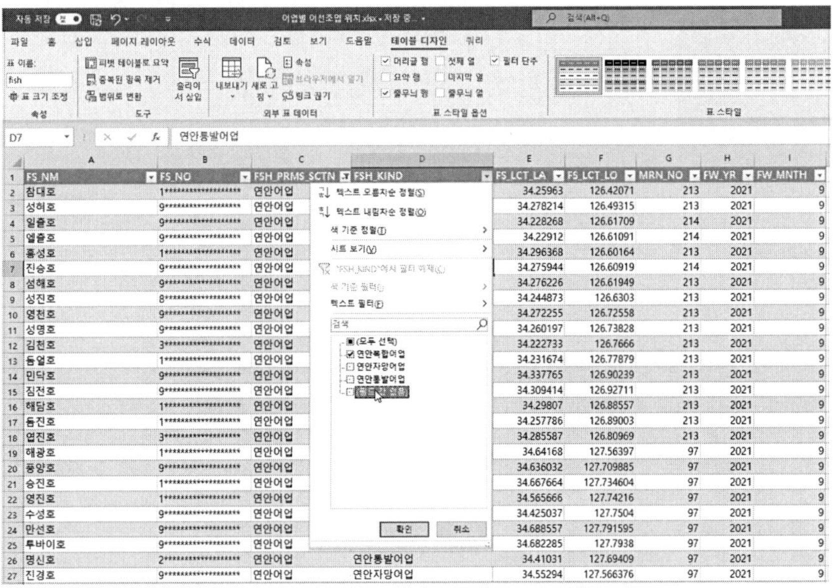

[그림. 99] 어업별 어선조업 위치를 필터링 그룹화

그룹 분석에서 groupby 함수는 데이터를 그룹별로 분류하고 그 결과로 그룹 데이터를 나타내는 groupby 클래스 객체를 반환한다. 해당 클래스에는 그룹별로 연산을 할 수 있는 다양한 연산 함수가 있다. 그룹 분석은 대부분 엑셀 필터와 같이 특정 데이터로 그룹 지어지는 '범주형' 데이터가 그룹의 기준이 된다. 먼저 그룹화 한 이후 그룹된 결과에 따른 데이터 분석 분석으로 진행된다. 9장까지 예제로 사용했던 “한바다호 선박의 AIS 운항 데이터”는 열(컬럼) 중에 범주화하여 그룹화하기에 적합하지 않아, [그림.100]과 같이 “어업별 어선조업 위치.csv” 데이터를 이용하여 그룹화 실습을 하도록 하겠다. 해당 데이터도 동일하게 “해양 수산 빅데이터 거래소”에서 받을 수 있다. 해당 데이터도 무료 데이터로 데이터 검색을 통해 찾아 CSV로 다운로드 받고, 파이썬에서 불러오기 좋도록 파일명을 영문으로 변경한다.

[그림. 100] “어업별 어선조업 위치” 데이터

해당 데이터에 대하여 분석하기 위해, Excel에서 “데이터 → 데이터 가져오기”를 통해 데이터를 확인 한다. 참고로 CSV 파일명을 fish.csv로 변경하였다.

FS_NM : 선박 이름

FS_NO : 선박 번호

FSH_PRMS_SCTN : 연한 어업/근해 어업 구역

FSH_KIND : 어업의 종류

FS_LCT_LA/FS_LCT_LO : 조업 위치

MRN_NO : 해양 구역

FW_YR : 년도 , FW_MNTH: 월

```
mport pandas as pd

df = pd.read_csv('fish.csv',encoding='utf-8')
# 데이터 분석을 위해 사전에 데이터를 확인한다.

print(df.head()) # 상위 5개 데이터를 확인한다.
print(df.tail()) # 하위 5개 데이터를 확인한다.
```

```
                                   FS_NM                FS_NO  ...  FW_YR FW_MNTH
0  참대호                           ...  1******************  ...  2021.0     9.0
1  성혀호                           ...  9******************  ...  2021.0     9.0
2  일출호                           ...  9******************  ...  2021.0     9.0
3  엘출호                           ...  9******************  ...  2021.0     9.0
4  흥성호                           ...  1******************  ...  2021.0     9.0

[5 rows x 9 columns]
                                        FS_NM                FS_NO  ...  FW_YR FW_MNTH
369247  흥성호                           ...  1******************  ...  2020.0     6.0
369248  흥성호                           ...  1******************  ...  2020.0     6.0
369249  흥성호                           ...  1******************  ...  2020.0     6.0
369250  흥성호                           ...  1******************  ...  2020.0     6.0
369251  흥성호                           ...  1******************  ...  2020.0     6.0
```

```
df.info() # 데이터 기본 정보 확인한다.
```

```
<class 'pandas.core.frame.DataFrame'>
RangeIndex: 369252 entries, 0 to 369251
Data columns (total 9 columns):
 #   Column         Non-Null Count   Dtype
---  ------         --------------   -----
 0   FS_NM          369241 non-null  object
 1   FS_NO          369252 non-null  object
 2   FSH_PRMS_SCTN  369241 non-null  object
 3   FSH_KIND       369241 non-null  object
 4   FS_LCT_LA      369241 non-null  float64
 5   FS_LCT_LO      369241 non-null  float64
 6   MRN_NO         369241 non-null  float64
 7   FW_YR          369241 non-null  float64
 8   FW_MNTH        369241 non-null  float64
dtypes: float64(5), object(4)
memory usage: 25.4+ MB
```

```
# 데이터 공백이 많아 공백을 제거한다.
```

```
df.columns = df.columns.str.replace(' ','')
df.apply

df1 = df.groupby(['FS_NM']) # 어선별로 그룹화 시킨다.
print(df1)
```

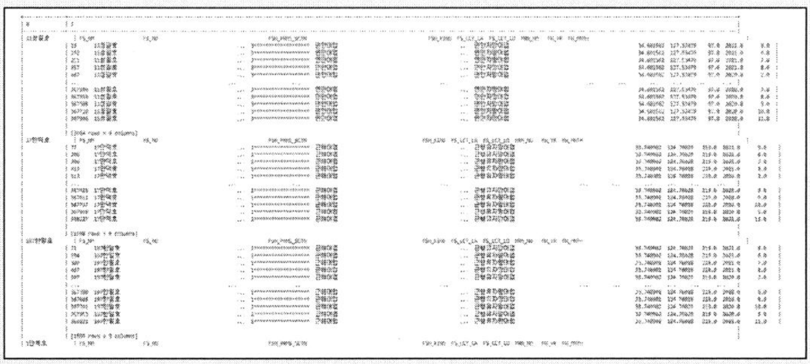

```
print(df1.get_group('11성길호'))
#어선별 데이터 중에 '11성길호' 데이터를 뽑아서 해당 정보만 보여준다.
#한글 그룹명은 가능한 사전에 영문으로 변경하는 것이 분석 시 편리하다.
```

```
        FS_NM                     FS_NO FSH_PRMS_SCTN FSH_KIND  FS_LCT_LA  FS_LCT_LO  MRN_NO   FW_YR  FW_MNTH
29      11성길호  3******************         연안어업  연안자망어업  34.601562  127.53479    97.0  2021.0      9.0
152     11성길호  3******************         연안어업  연안자망어업  34.601562  127.53479    97.0  2021.0      6.0
251     11성길호  3******************         연안어업  연안자망어업  34.601562  127.53479    97.0  2021.0      7.0
357     11성길호  3******************         연안어업  연안자망어업  34.601562  127.53479    97.0  2021.0      8.0
467     11성길호  3******************         연안어업  연안자망어업  34.601562  127.53479    97.0  2020.0      2.0
...     ...       ...                  ...      ...         ...        ...        ...     ...      ...
367104  11성길호  3******************         연안어업  연안자망어업  34.601562  127.53479    97.0  2020.0      7.0
367319  11성길호  3******************         연안어업  연안자망어업  34.601562  127.53479    97.0  2020.0      8.0
367505  11성길호  3******************         연안어업  연안자망어업  34.601562  127.53479    97.0  2020.0      9.0
367720  11성길호  3******************         연안어업  연안자망어업  34.601562  127.53479    97.0  2020.0     10.0
367906  11성길호  3******************         연안어업  연안자망어업  34.601562  127.53479    97.0  2020.0     11.0
```

```
# 어선 별로 평균 확인한다.
print(df.groupby('FS_NM').mean())
```

```
                 FS_LCT_LA   FS_LCT_LO      MRN_NO        FW_YR   FW_MNTH
FS_NM
11성길호     ...  34.604942  127.535328   97.000000  2020.133368  7.256694
17만덕호     ...  33.740902  124.760280  219.000000  2020.008761  7.263454
197한일호    ...  33.740902  124.760280  219.000000  2020.008761  7.263454
1만복호      ...  33.740902  124.760280  219.000000  2020.008761  7.263454
2019강진호   ...  34.259563  124.257640  208.000000  2020.008761  7.263454
...                ...         ...         ...          ...       ...
해림호       ...  34.272771  126.607875  212.424955  2020.055154  8.018083
해영호       ...  34.285690  126.856277  214.000000  2019.984615  7.826923
해오리호     ...  34.620310  127.630322   97.000000  2020.153064  7.634220
흥성호       ...  34.282695  126.612198  213.000000  2020.004320  7.197217
흰성호       ...  34.127438  126.569320  213.000000  2020.008761  7.263454
```

```
# MRN_NO 그룹화 시킨다.
df2 = df.groupby(['MRN_NO'])
```

```
print(df2.get_group(97.0))
```

```
        FS_NM                 FS_NO FSH_PRMS_SCTN FSH_KIND  FS_LCT_LA   FS_LCT_LO  MRN_NO   FW_YR  FW_MNTH
17       해광호  1*****************          연안어업  연안통발어업  34.641680  127.563970    97.0  2021.0      9.0
18       풍양호  9*****************          연안어업  연안자망어업  34.636832  127.709885    97.0  2021.0      9.0
19       승진호  1*****************          연안어업  연안통발어업  34.667664  127.734604    97.0  2021.0      9.0
20       영진호  1*****************          연안어업  연안자망어업  34.565666  127.742160    97.0  2021.0      9.0
21       수성호  9*****************          연안어업  연안자망어업  34.425837  127.750400    97.0  2021.0      9.0
...      ...              ...           ...      ...        ...         ...     ...     ...
368973   물산호  1*****************          연안어업  연안자망어업  34.625175  127.516900    97.0  2021.0     10.0
368974   물산호  1*****************          연안어업  연안자망어업  34.636765  127.510600    97.0  2021.0     11.0
368975   물산호  1*****************          연안어업  연안자망어업  34.625175  127.516900    97.0  2021.0     11.0
368976   광성호  9*****************          연안어업  연안통발어업  34.622013  127.515850    97.0  2021.0      6.0
368977   광성호  9*****************          연안어업  연안통발어업  34.625435  127.514145    97.0  2021.0      6.0

[76728 rows x 9 columns]
```

```
# 어선별, MRN_NO 평균 확인한다.
print(df.groupby(['FS_NM','MRN_NO']).mean())
```

```
                    FS_LCT_LA   FS_LCT_LO        FW_YR   FW_MNTH
FS_NM     MRN_NO
11성길호    97.0     34.604942  127.535328  2020.133368  7.256694
17만덕호    219.0    33.740902  124.760280  2020.008761  7.263454
197한일호   219.0    33.740902  124.760280  2020.008761  7.263454
1만복호     219.0    33.740902  124.760280  2020.008761  7.263454
2019강진호  208.0    34.259563  124.257640  2020.008761  7.263454
...                       ...         ...          ...       ...
해림호      213.0    34.280936  126.778361  2020.063830  7.917021
해영호      214.0    34.285690  126.856277  2019.984615  7.826923
해오리호     97.0    34.620310  127.638322  2020.153064  7.634220
흥성호      213.0    34.282695  126.612198  2020.004320  7.197217
힌성호      213.0    34.127438  126.569320  2020.008761  7.263454

[113 rows x 4 columns]
```

```
#어선별 위치 평균 / Print 구문을 생략한다.
df['FS_LCT_LA'].groupby(df['FS_NM']).mean()
df['FS_LCT_LO'].groupby(df['FS_NM']).mean()

df.groupby(df['FS_NM'])['FS_LCT_LO'].mean()
df.groupby(df['FS_NM'])['FS_LCT_LA'].mean()
```

```
FS_NM
11성길호       34.604942
17만덕호       33.740902
197한일호      33.740902
1만복호        33.740902
2019강진호     34.259563
              ...
해림호         34.272771
해영호         34.285690
해오리호        34.620310
흥성호         34.282695
힌성호         34.127438
Name: FS_LCT_LA, Length: 104, dtype: float64
FS_NM
11성길호       127.535328
17만덕호       124.760280
197한일호      124.760280
1만복호        124.760280
2019강진호     124.257640
              ...
해림호         126.607875
해영호         126.856277
해오리호        127.638322
흥성호         126.612198
힌성호         126.569320
Name: FS LCT LO, Length: 104, dtype: float64
FS_NM
11성길호       127.535328
17만덕호       124.760280
197한일호      124.760280
1만복호        124.760280
2019강진호     124.257640
              ...
해림호         126.607875
해영호         126.856277
해오리호        127.638322
흥성호         126.612198
힌성호         126.569320
Name: FS_LCT_LO, Length: 104, dtype: float64
FS_NM
11성길호       34.604942
17만덕호       33.740902
197한일호      33.740902
1만복호        33.740902
2019강진호     34.259563
              ...
해림호         34.272771
해영호         34.285690
해오리호        34.620310
흥성호         34.282695
힌성호         34.127438
Name: FS_LCT_LA, Length: 104, dtype: float64
```

```
# 어선별 어업 종류 수량 , Print 구문을 생략한다.
df['FSH_KIND'].groupby(df['FS_NM']).count()
```

```
FS_NM
11성길호       3884
17만덕호       1598
197한일호      1598
1만복호        1598
2019감진호     1598
               ...
해림호        19908
해염호         4680
해오리호        4325
흥성호        28238
힌성호         1598
Name: FSH_KIND, Length: 104, dtype: int64
```

```
# 어업 종류 별 위치의 평균은 다음과 같다.
df_fs_mean= df['FS_LCT_LA'].groupby(
                    df['FSH_KIND']).mean()
fsh_kind_group = df.groupby('FSH_KIND')
print(df_fs_mean)
print(fsh_kind_group)
print(fsh_kind_group.groups)
```

```
FSH_KIND
근해안강망어업     33.996782
근해유자망어업     34.459000
근해자망어업      33.768198
근행유자망어업     33.772922
연안복합어업      34.425037
연안자망어업      34.564579
연안통발어업      34.246234
Name: FS_LCT_LA, dtype: float64
{'근해안강망어업': [37, 38, 39, 40, 41, 42, 43, 44, 45, 46, 47, 48, 49, 50, 51, 52, 53, 54, 55, 56, 57, 58, 59, 60, 160, 161, 162, 163, 164, 165, 166, 167, 168, 169, 170, 171, 172,
173, 174, 175, 176, 177, 178, 179, 180, 181, 182, 183, 266, 267, 268, 269, 270, 271, 272, 273, 274, 275, 276, 277, 278, 279, 280, 281, 282, 283, 284, 285, 286, 287, 288, 289, 365,
366, 367, 368, 369, 370, 371, 372, 373, 374, 375, 376, 377, 378, 379, 380, 381, 382, 383, 384, 385, 386, 387, 388, 473, 474, 475, 476, ...], '근해유자망어업': [79539, 79540, 79541
, 79542, 79543, 79544, 79545, 79546, 79547, 79548, 79549, 79550, 79991, 79992, 79993, 79994, 79995, 79996, 79997, 79998, 79999, 80000, 80001, 80002, 80313, 80314, 80315, 80316, 803
17, 80318, 80319, 80320, 80321, 80322, 80323, 80324, 80767, 80768, 80769, 80770, 80771, 80772, 80773, 80774, 80775, 80776, 80777, 80778, 94059, 94060, 94061, 94062, 94063, 94064, 9
4065, 94066, 94067, 94068, 94069, 94070, 94512, 94513, 94514, 94515, 94516, 94517, 94518, 94519, 94520, 94521, 94522, 94523, 95061, 95062, 95063, 95064, 95065, 95066, 95067, 95068,
95069, 95070, 95071, 95072, 95513, 95514, 95515, 95516, 95517, 95518, 95519, 95520, 95521, 95522, 95523, 95524, 97821, 97822, 97823, 97824, ...], '근해자망어업': [91, 214, 320, 42
7, 527, 551, 552, 553, 554, 555, 556, 557, 558, 559, 560, 561, 562, 563, 564, 565, 566, 567, 568, 667, 766, 865, 1061, 1160, 1329, 1467, 1566, 1665, 1863, 1962, 2051, 2634, 2733, 2
832, 2924, 3023, 3122, 3221, 3320, 3419, 3815, 3816, 3817, 3818, 3819, 3820, 3821, 3822, 3823, 3824, 3825, 3826, 3827, 3828, 3829, 3830, 3831, 3832, 3833, 3834, 3835, 3836, 3837, 3
838, 3937, 4036, 4135, 4234, 4333, 4585, 4586, 4587, 4588, 4589, 4590, 4591, 4592, 4593, 4594, 4595, 4596, 4597, 4598, 4599, 4600, 4601, 4602, 4603, 4604, 4605, 4606, 4607, 4608, 4
707, 4806, 4905, ...], '근행유자망어업': [61, 62, 63, 64, 65, 66, 67, 68, 69, 70, 71, 72, 73, 74, 75, 76, 77, 78, 79, 80, 81, 82, 83, 84, 85, 86, 87, 88, 89, 90, 184, 185, 186, 187
, 188, 189, 190, 191, 192, 193, 194, 195, 196, 197, 198, 199, 200, 201, 202, 203, 204, 205, 206, 207, 208, 209, 210, 211, 212, 213, 290, 291, 292, 293, 294, 295, 296, 297, 298, 299
, 300, 301, 302, 303, 304, 305, 306, 307, 308, 309, 310, 311, 312, 313, 314, 315, 316, 317, 318, 319, 389, 390, 391, 392, 393, 394, 395, 396, 397, 406, ...], '연안복합어업': [36, 1
59, 265, 364, 472, 612, 711, 810, 977, 1006, 1105, 1204, 1373, 1511, 1610, 1709, 1907, 2678, 2777, 2876, 2968, 3067, 3166, 3265, 3364, 3882, 3981, 4080, 4179, 4278, 4377, 4652, 475
1, 4850, 4949, 5048, 5145, 5244, 5343, 5881, 6377, 6833, 7090, 7319, 7425, 7532, 7631, 7848, 7737, 7844, 8800, 8899, 8998, 9096, 9185, 9284, 9383, 9482, 9839, 10088, 10187, 11005,
11104, 11203, 11302, 11401, 11500, 11589, 11688, 12446, 12545, 12584, 12683, 12947, 13046, 13152, 13258, 13357, 13464, 13619, 13716, 13815, 13914, 14013, 14112, 14211, 14399, 15021
, 15120, 15219, 15318, 15573, 15672, 15771, 15870, 15969, 16068, 16277, 18030, 18129, ...], '연안자망어업': [18, 20, 21, 22, 25, 26, 27, 29, 33, 34, 94, 112, 115, 118, 141, 143, 14
4, 145, 148, 149, 150, 152, 156, 157, 217, 240, 242, 243, 244, 247, 248, 249, 251, 259, 260, 262, 263, 323, 346, 348, 349, 350, 353, 354, 355, 357, 361, 362, 404, 430, 456, 458, 45
9, 460, 463, 464, 465, 467, 471, 530, 571, 594, 596, 597, 598, 601, 602, 603, 605, 609, 610, 670, 693, 695, 696, 697, 700, 701, 702, 704, 708, 709, 769, 792, 794, 795, 796, 799, 80
0, 801, 803, 807, 808, 860, 870, 871, 872, 873, 874, 875, ...], '연안통발어업': [0, 1, 2, 3, 4, 5, 6, 7, 8, 9, 10, 11, 12, 13, 14, 15, 16, 17, 19, 23, 24, 28, 30, 31, 32, 35, 92, 9
3, 95, 96, 97, 98, 99, 100, 101, 102, 103, 104, 105, 106, 107, 108, 109, 110, 111, 113, 114, 116, 117, 119, 120, 121, 122, 123, 124, 125, 126, 127, 128, 129, 130, 131, 132, 133, 13
4, 135, 136, 137, 138, 139, 140, 142, 146, 147, 151, 153, 154, 155, 158, 215, 216, 218, 219, 220, 221, 222, 223, 224, 225, 226, 227, 228, 229, 230, 231, 232, 233, 234, 235, 236, ..
.]}
```

```
# 연안자망업의 위치의 평균은 다음과 같다.
fs_kind_ne=fsh_kind_group.get_group('연안자망어업')
fs_kind_subset = fs_kind_ne[['FSH_KIND',
                'FS_LCT_LA','FS_LCT_LO']]
```

```
print(fs_kind_ne)
print(fs_kind_subset)
```

```
         FS_NM                 FS_NO FSH_PRMS_SCTN FSH_KIND  FS_LCT_LA  FS_LCT_LO  MRN_NO  FW_YR  FW_MNTH
18       풍양호  9******************          연안어업    연안자망어업  34.636032  127.709885   97.0  2021.0     9.0
20       영진호  1******************          연안어업    연안자망어업  34.565666  127.742160   97.0  2021.0     9.0
21       수성호  9******************          연안어업    연안자망어업  34.425037  127.750400   97.0  2021.0     9.0
22       만선호  9******************          연안어업    연안자망어업  34.688557  127.791595   97.0  2021.0     9.0
25       진경호  9******************          연안어업    연안자망어업  34.552940  127.566376   97.0  2021.0     9.0
...      ...                 ...           ...      ...       ...        ...       ...    ...      ...
368629   물산호  1******************          연안어업    연안자망어업  34.625175  127.516900   97.0  2021.0     6.0
368972   물산호  1******************          연안어업    연안자망어업  34.636765  127.510600   97.0  2021.0    10.0
368973   물산호  1******************          연안어업    연안자망어업  34.625175  127.516900   97.0  2021.0    10.0
368974   물산호  1******************          연안어업    연안자망어업  34.636765  127.510600   97.0  2021.0    11.0
368975   물산호  1******************          연안어업    연안자망어업  34.625175  127.516900   97.0  2021.0    11.0

[47848 rows x 9 columns]
        FSH_KIND  FS_LCT_LA   FS_LCT_LO
18       연안자망어업  34.636032  127.709885
20       연안자망어업  34.565666  127.742160
21       연안자망어업  34.425037  127.750400
22       연안자망어업  34.688557  127.791595
25       연안자망어업  34.552940  127.566376
...         ...        ...         ...
368629   연안자망어업  34.625175  127.516900
368972   연안자망어업  34.636765  127.510600
368973   연안자망어업  34.625175  127.516900
368974   연안자망어업  34.636765  127.510600
368975   연안자망어업  34.625175  127.516900
```

```
# index를 사용하지 않은 형태로 3컬럼이다. (groupby)
df_idx = df.groupby(['FS_NM','FSH_KIND','MRN_NO']
                    ,as_index=False)
# 평균이다.
df_idx_m = df_idx.mean()
# 결과를 가지고 재 산술을 수행한다.
df_idx_c = df_idx.apply(lambda d: (d.FS_LCT_LO *
                        d.FS_LCT_LO).sum())

print(df_idx_m) # 평균이다.
print(df_idx.size()) # groupby size 확인한다.
print(df_idx_c) # 산술 수행 결과이다.
```

```
# groupby 평균 값 추출

       FS_NM FSH_KIND  MRN_NO  FS_LCT_LA   FS_LCT_LO        FW_YR    FW_MNTH
0      11섬길호   연안자망어업    97.0  34.604942  127.535328  2020.133368  7.256694
1      17만덕호  근행유자망어업   219.0  33.740902  124.760280  2020.008761  7.263454
2     197한일호  근행유자망어업   219.0  33.740902  124.760280  2020.008761  7.263454
3       1만복호  근해안강망어업   219.0  33.740902  124.760280  2020.008761  7.263454
4    2019강진호  근해안강망어업   208.0  34.259563  124.257640  2020.008761  7.263454
..       ...      ...     ...        ...         ...          ...       ...
110      해림호   연안통발어업   213.0  34.280936  126.778361  2020.063830  7.917021
111      해영호   연안통발어업   214.0  34.285690  126.856277  2019.984615  7.826923
112     해오리호   연안통발어업    97.0  34.620310  127.638322  2020.153064  7.634220
113      흥성호   연안통발어업   213.0  34.282695  126.612198  2020.004320  7.197217
114      힌성호   연안통발어업   213.0  34.127438  126.569320  2020.008761  7.263454

[115 rows x 7 columns]
```

```
# groupby size

         FS_NM FSH_KIND  MRN_NO   size
 0       11성길호   연안자망어업    97.0   3884
 1       17만덕호  근행유자망어업   219.0   1598
 2      197한일호  근행유자망어업   219.0   1598
 3        1만복호  근해안강망어업   219.0   1598
 4     2019강진호  근해안강망어업   208.0   1598
 ..        ...      ...     ...    ...
 110       해림호   연안통발어업   213.0   8460
 111       해영호   연안통발어업   214.0   4680
 112      해오리호   연안통발어업    97.0   4325
 113       흥성호   연안통발어업   213.0  28238
 114       힌성호   연안통발어업   213.0   1598

 [115 rows x 4 columns]

# groupby 산술식 결과

         FS_NM FSH_KIND  MRN_NO            NaN
 0       11성길호   연안자망어업    97.0  6.317427e+07
 1       17만덕호  근행유자망어업   219.0  2.487307e+07
 2      197한일호  근행유자망어업   219.0  2.487307e+07
 3        1만복호  근해안강망어업   219.0  2.487307e+07
 4     2019강진호  근해안강망어업   208.0  2.467306e+07
 ..        ...      ...     ...           ...
 110       해림호   연안통발어업   213.0  1.359755e+08
 111       해영호   연안통발어업   214.0  7.531297e+07
 112      해오리호   연안통발어업    97.0  7.046092e+07
 113       흥성호   연안통발어업   213.0  4.526735e+08
 114       힌성호   연안통발어업   213.0  2.559963e+07

 [115 rows x 4 columns]
```

10.2. 데이터 재구조 탐색

분석 과정에서 원본 데이터 구조가 분석 기법에 맞지 않아 행과 열의 위치를 바꾼다거나, 특정 요인에 따라 집계해서 구조를 바꿔야 하는 경우가 있는데, 위와 같이 데이터 구조를 변경하는 행위를 재구조화(Reshaping)라고 한다.

데이터 분석을 진행할 때 연속형 변수를 바로 사용하는 경우보다 일정 구간(범주형)으로 변경하여 작업하는 경우가 있다. 위와 같이 연속형 변수를 범주형 변수로 만드는 방법을 데이터 구간화(Data Binning)라 한다. 예를 들어 수학 점수 데이터가 연속형으로 존재하는 경우, 이를 90점 이상, 89~80점, 79~60점, 59점~50점, 50점 이하와 같은 방법으로 일정 구간을 잡아서 범주형으로 변환하는 방법이다.

[표. 13] 데이터 재구조화 함수 설명

함수	설명
pd.cut()	동일한 길이로 범주화
pd.qcut()	동일한 개수로 범주화
pd.get_dummies	원-핫 인코딩(0과 1 등의 가변수로 변경하는 것)
T	데이터 전치
pivot()	피봇
pd.pivot_table()	피봇 테이블
melt()	열을 행으로 변경 재구조화
stack()	열 인덱스를 행 인덱스로 변환
unstack()	행 인덱스를 열 인덱스로 변환

데이터 구간의 범주를 잡는 것은 특별한 원칙이 아니며, 해당 분석의 목적, 업무 이해도에 따라 결정할 수 있다.

[표. 13]을 보면 데이터 재구조화에 사용되는 다양한 함수를 확인 할 수 있다. 먼저 pd.cut()은 데이터 값들을 특정 구간에 따라 범주화 할 때 사용하며, 범주를 나누고 라벨을 붙여서 범주형 데이터로 변형 가능하다. 즉 연속된 데이터를 구간 별로 범주화 하는 함수이다. pd.qcut()은 동일한 길이로 구간을 나눈 개념이 아닌 동일한 개수로 구간을 나누는 함수이다. [그림. 101]을 보면 pd.cut()에서는 나누고자 하는 수량을 기준으로 나누고, pd.qcut()는 묶음에 들어가는 수량을 기준으로 나누는 것을 볼 수 있다.

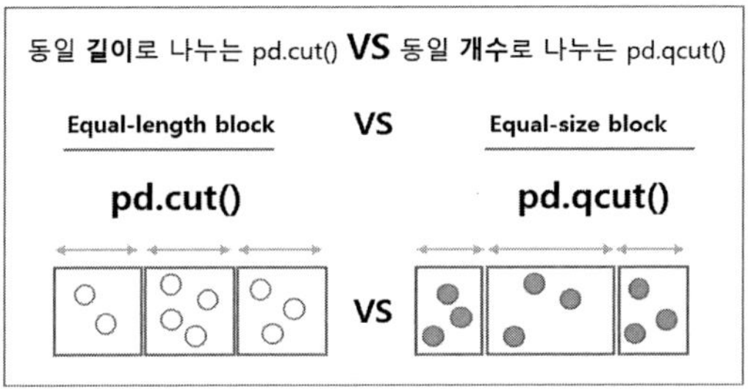

[그림. 101] 데이터 구간화 pd.cut과 pd.qcut()

9장에서 사용한 '한바다호 선박의 AIS 운항 데이터'를 사용하여 pd.cut()과 pd.qcut()을 실습해 보도록 한다.

```
import pandas as pd
import numpy as np
from cProfile import label

df = pd.read_csv('AIS.csv')

print(df.head()) # 상위 5개 데이터를 확인한다.
print(df.tail()) # 하위 5개 데이터를 확인한다.
df.info() # 데이터 기본 정보 확인한다.
```

```
      VSL_NO TRNNG_SHP_NAME         LA          LO  SHIP_SPD  RL_PRGS_DRCN  SH_AGL             MSRM_DTM
0  440956000        HANBADA  34.114908  126.858805      16.0         234.5   232.6  07-6월-2021 20:26:36
1  440956000        HANBADA  34.114928  126.858718      16.0         234.5   232.6  07-6월-2021 20:26:37
2  440956000        HANBADA  34.114948  126.858633      16.0         234.5   232.6  07-6월-2021 20:26:38
3  440956000        HANBADA  34.114967  126.858547      16.0         234.5   232.6  07-6월-2021 20:26:39
4  440956000        HANBADA  34.114987  126.858460      16.0         234.5   232.6  07-6월-2021 20:26:40
          VSL_NO TRNNG_SHP_NAME         LA          LO  SHIP_SPD  RL_PRGS_DRCN  SH_AGL             MSRM_DTM
53237  440956000        HANBADA  34.135193  126.030728      14.4         234.5   232.6  07-6월-2021 23:17:07
53238  440956000        HANBADA  34.135202  126.030807      14.4         234.5   232.6  07-6월-2021 23:17:08
53239  440956000        HANBADA  34.135205  126.030887      14.4         234.5   232.6  07-6월-2021 23:17:09
53240  440956000        HANBADA  34.135208  126.030967      14.4         234.5   232.6  07-6월-2021 23:17:10
53241  440956000        HANBADA  34.135210  126.031047      14.4         234.5   232.6  07-6월-2021 23:17:11
<class 'pandas.core.frame.DataFrame'>
RangeIndex: 53242 entries, 0 to 53241
Data columns (total 8 columns):
 #   Column          Non-Null Count  Dtype
---  ------          --------------  -----
 0   VSL_NO          53242 non-null  int64
 1   TRNNG_SHP_NAME  53242 non-null  object
 2   LA              53242 non-null  float64
 3   LO              53242 non-null  float64
 4   SHIP_SPD        53242 non-null  float64
 5   RL_PRGS_DRCN    53242 non-null  float64
 6   SH_AGL          53242 non-null  float64
 7   MSRM_DTM        53242 non-null  object
dtypes: float64(5), int64(1), object(2)
memory usage: 3.2+ MB
```

LA, LO 변수 기준으로 5개의 구간별로 범주형 데이터를 만든다.

```
df_la = pd.cut(df.LA, 5)
df_lo = pd.cut(df.LO, 5)
print(df_la)
print(df_lo)
```

#LA경우 [(33.928, 34.095] < (34.095, 34.261] < (34.261, 34.427] < (34.427, 34.593] < (34.593, 34.759]] 범주로 구성되었다.

#LO 경우 [(126.003, 126.401] < (126.401, 126.796] <(126.796, 127.191] < (127.191, 127.586] < (127.586, 127.982]] 구성되었다.

```
0        (34.095, 34.261]
1        (34.095, 34.261]
2        (34.095, 34.261]
3        (34.095, 34.261]
4        (34.095, 34.261]
               ...
53237    (34.095, 34.261]
53238    (34.095, 34.261]
53239    (34.095, 34.261]
53240    (34.095, 34.261]
53241    (34.095, 34.261]
Name: LA, Length: 53242, dtype: category
Categories (5, interval[float64, right]): [(33.928, 34.095] < (34.095, 34.261] < (34.261, 34.427] <
                                           (34.427, 34.593] < (34.593, 34.759]]
```

```
0        (126.796, 127.191]
1        (126.796, 127.191]
2        (126.796, 127.191]
3        (126.796, 127.191]
4        (126.796, 127.191]
                 ...
53237    (126.003, 126.401]
53238    (126.003, 126.401]
53239    (126.003, 126.401]
53240    (126.003, 126.401]
53241    (126.003, 126.401]
Name: LO, Length: 53242, dtype: category
Categories (5, interval[float64, right]): [(126.003, 126.401] < (126.401, 126.796] <
                                          (126.796, 127.191] < (127.191, 127.586] <
                                          (127.586, 127.982]]
```

#LA 대표로 각 범주의 그룹별 개수, 평균, 표준 편차, 최소값, 최대값을 계산한다.

```
df_la_a = df.LA.groupby(df_la)
df_la_c = df_la_a.agg(['count','mean','std','min',
                       'max'])
print(df_la_c)
# agg는 여러 열에 여러 함수를 적용할 수 있다.
# groupby객체.agg([함수1,함수2,함수3...])

# groupby객체.agg({'열1':함수1,'열2':함수2,...])
```

```
                    count       mean       std        min        max
LA
(33.928, 34.095]    22859  33.993977  0.059079  33.929132  34.095012
(34.095, 34.261]    14974  34.134993  0.032679  34.095015  34.260848
(34.261, 34.427]     2556  34.346968  0.047606  34.260920  34.426767
(34.427, 34.593]     2782  34.509875  0.047842  34.426828  34.592600
(34.593, 34.759]    10071  34.721975  0.040610  34.592663  34.758542
```

pd.qcut() 함수를 사용하여 LA에 대해서 각 범주별로 100개의 데이터 수를 가지도록 범주화 한다.

만약 labels=False로 설정하면 Label이 0,1,2,3... 구간을 0부터 순차적으로 1씩 증가한다.

```
df_la_qcut = pd.qcut(df.LA, 100)
```

```
print(df_la_qcut)
```

```
0        (34.11432, 34.11535]
1        (34.11432, 34.11535]
2        (34.11432, 34.11535]
3        (34.11432, 34.11535]
4        (34.11432, 34.11535]
                 ...
53237    (34.13508, 34.13634]
53238    (34.13508, 34.13634]
53239    (34.13508, 34.13634]
53240    (34.13508, 34.13634]
53241    (34.13508, 34.13634]
Name: LA, Length: 53242, dtype: category
Categories (100, interval[float64, right]): [(33.92912, 33.9305] < (33.9305, 33.93595] <
                                             (33.93595, 33.94137] < (33.94137, 33.94148] < ... <
                                             (34.74435, 34.7463] < (34.7463, 34.75182] <
                                             (34.75182, 34.7569] < (34.7569, 34.75854]]
```

```
df_la_qcut = pd.qcut(df.LA, 100, labels=False)
print(df_la_qcut)
```

```
0        52
1        52
2        52
3        52
4        52
         ..
53237    60
53238    60
53239    60
53240    60
53241    60
Name: LA, Length: 53242, dtype: int64
```

```
# labels 옵션에 np.argnge(데이터수,0,-1) 로 하면 역순으로 데이
터 index가 들어간다.
df_la_qcut = pd.qcut(df.LA, 100,
             labels=np.arange(100,0,-1))
print(df_la_qcut)
```

```
0        48
1        48
2        48
3        48
4        48
         ..
53237    40
53238    40
53239    40
53240    40
53241    40
Name: LA, Length: 53242, dtype: category
Categories (100, int64): [100 < 99 < 98 < 97 ... 4 < 3 < 2 < 1]
```

agg를 함수를 사용하여 개수, 평균, 표준 편차, 최소 값, 최대 값을 출력한다.

```
df_la_q = df.LA.groupby(df_la_qcut)
df_la_qc = df_la_q.agg(['count','mean','std','min',
                        'max'])
print(df_la_qc)
```

```
     count       mean       std        min        max
LA
100    534  33.929838  0.000409  33.929132  33.930500
99     531  33.932928  0.001737  33.930502  33.935935
98     533  33.939094  0.001713  33.935952  33.941368
97     542  33.941427  0.000036  33.941370  33.941485
96     523  33.941573  0.000045  33.941487  33.941648
..     ...        ...       ...        ...        ...
5      528  34.743884  0.000236  34.743635  34.744350
4      530  34.745185  0.000588  34.744352  34.746292
3      533  34.748698  0.001604  34.746300  34.751818
2      532  34.754793  0.001479  34.751842  34.756900
1      533  34.757947  0.000510  34.756903  34.758542

[100 rows x 5 columns]
```

원-핫인코딩(One-Hot Encoding)은 더미(Dummy) 변수 생성 과정으로 범주형 변수를 연속형 변수로 변환하기 위해 사용한다. 빅데이터 분석은 대부분 수치 데이터를 기준으로 분석이 이루어지지만, 문자형 데이터 경우 범주형 데이터로 처리하며, 수치형 경우도 특정 구역으로 범주를 만들어 처리하기도 한다. 이러한 문자형 범주 및 수치형 범주형 데이터를 알고리즘에 반영하기 위해 데이터를 변형해야 하는데 범주형 데이터 경우 원-핫인코딩(One-Hot Encoding) 형태로 변환한다. 원-핫인코딩이란 해당되는 하나의 데이터만 1로 변경하고 나머지는 0(Dummy)으로 변경하는 과정을 의미한다. 1은 있다, 0은 없다를 나타낸다.

One-Hot Encoding

ID	자동차
1	택시
2	트럭
3	버스

→

ID	택시	트럭	버스
1	1	0	0
2	0	1	0
3	0	0	1

Label Encoding

ID	자동차
1	0
2	1
3	2

[그림. 102] One-Hot Encoding / Label Encoder 차이

One-Hot Encoding은 0과 1로 이루어진 여러 개의 열을 생성하며, Label Encoding은 하나의 열에 택시 > 0, 트럭 > 1, 버스 > 2, ... 식으로 숫자로 변환한다. [그림. 102]는 알기 쉬도록 이를 테이블 형태로 보여주고 있다.

```
import numpy as np
import pandas as pd

fish = pd.DataFrame({'name' : ['mackerel',
                'cutlassfish','goldfish',
                'shark',np.nan],
                'color': ['blue','silver','red',
                'gray',np.nan]})

# 데이터프레임 전체를 변환한다.
df = pd.get_dummies(fish)
print(df)
```

```
   name_cutlassfish  name_goldfish  name_mackerel  name_shark  color_blue  color_gray  color_red  color_silver
0                 0              0              1           0           1           0          0             0
1                 1              0              0           0           0           0          0             1
2                 0              1              0           0           0           0          1             0
3                 0              0              0           1           0           1          0             0
4                 0              0              0           0           0           0          0             0
```

```
#name 기준 결측값을 제외한 값과 0과 1로 변환한다.
df1 = pd.get_dummies(fish['name'])
print(df1)
```

```
   cutlassfish  goldfish  mackerel  shark
0            0         0         1      0
1            1         0         0      0
2            0         1         0      0
3            0         0         0      1
4            0         0         0      0
```

```
# 특정 열만 인코딩한다.
df2 = pd.get_dummies(fish, columns=['name'])
print(df2)
```

```
    color  name_cutlassfish  name_goldfish  name_mackerel  name_shark
0    blue                 0              0              1           0
1  silver                 1              0              0           0
2     red                 0              1              0           0
3    gray                 0              0              0           1
4     NaN                 0              0              0           0
```

```
#N-1개 열을 만든다.
df3=pd.get_dummies(fish['name'],drop_first=True)
print(df3)
```

```
   goldfish  mackerel  shark
0         0         1      0
1         0         0      0
2         1         0      0
3         0         0      1
4         0         0      0
```

```
#결측값 처리는 다음과 같다.
df4=pd.get_dummies(fish['name'],dummy_na=True)
print(df4)
```

```
   cutlassfish  goldfish  mackerel  shark  NaN
0            0         0         1      0    0
1            1         0         0      0    0
2            0         1         0      0    0
3            0         0         0      1    0
4            0         0         0      0    1
```

데이터 전치(Data Transpose)는 데이터프레임 행과 열을 기준 축을 기준으로 데이터를 변형하는 것을 데이터 전치(Data Transpose)라고 한다. 선형대수에서 보면 전치 행렬(Transpose Matrix)이라는 특수한 형태의 행렬이 있는데, 행렬의 내적(Inner Product)을 구할 때 aT*a처럼 전치 행렬과 원래 행렬을 곱할 때 전치행렬(aT)를 사용한다.

```
import numpy as np
import pandas as pd

fish = pd.DataFrame({'name' : ['mackerel',
                'cutlassfish','goldfish','shark’,
                np.nan],
                'color': ['blue','silver','red',
                'gray',np.nan],
                'count': [2,4,12,4,np.nan]})

print(fish) # 기본 데이터프레임 정보이다.

print(fish.T) # 전치 결과이다.
```

```
# 기본 데이터프레임 정보

          name   color  count
0     mackerel    blue    2.0
1  cutlassfish  silver    4.0
2     goldfish     red   12.0
3        shark    gray    4.0
4          NaN     NaN    NaN


# 데이터 전치

              0            1         2      3    4
name   mackerel  cutlassfish  goldfish  shark  NaN
color      blue       silver       red   gray  NaN
count       2.0          4.0      12.0    4.0  NaN
```

```
# Pandas가 아닌 numpy array 전치도 있다.

# aT로 전치한다.
ar = np.arange(20).reshape(4,5)
print(ar)
print(ar.T)
```

```
# 기본 array 정보

 [[ 0  1  2  3  4]
  [ 5  6  7  8  9]
  [10 11 12 13 14]
  [15 16 17 18 19]]

# array 전치

[[ 0  5 10 15]
 [ 1  6 11 16]
 [ 2  7 12 17]
 [ 3  8 13 18]
 [ 4  9 14 19]]
```

```
# np.transpose() 방법한다.
np.transpose(ar)
```

```
# array 전치

 [[ 0  5 10 15]
  [ 1  6 11 16]
  [ 2  7 12 17]
  [ 3  8 13 18]
  [ 4  9 14 19]]
```

```
# np.swapaxes(array, axis1, axis2) 방법이다.
print(np.swapaxes(ar,0,1))
```

```
# array 전치

 [[ 0  5 10 15]
  [ 1  6 11 16]
  [ 2  7 12 17]
  [ 3  8 13 18]
  [ 4  9 14 19]]
```

멜트(melt)의 사전적 의미는 '녹다', '녹이다'등 이다. 열을 녹여서 행으로 보낸다는 의미로 열을 행으로 변경하여 재 구조화한다. 즉 열이 짧아지고 행이 길어진다. 가로 데이터를 세로 데이터로 변경하는 기능으로 Unpivot라고도 한다. Pivot과 Pivot_table의 반대 개념이다.

[그림. 103]를 보면 열 데이터를 행으로 보내서 만드는 것을 색상으로 표현하였으며, melt가 어떻게 데이터를 재구성 하는지 알 수 있다.

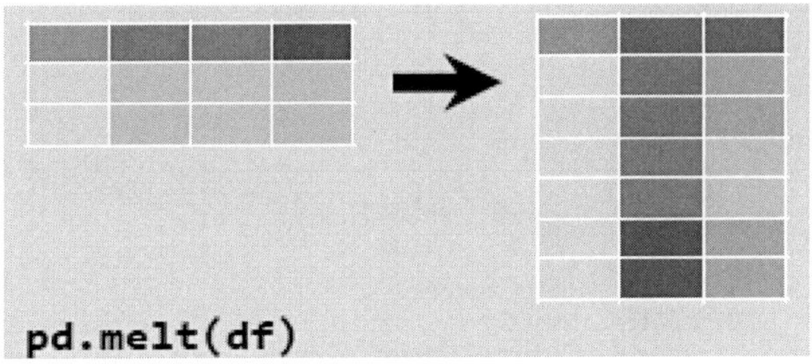

[그림. 103] melt 열(컬럼)을 행으로 변경함

```
import numpy as np
import pandas as pd

fish = pd.DataFrame({'name' : ['mackerel',
               'cutlassfish','goldfish',
               'shark',np.nan],
              'color': ['blue','silver','red',
               'gray',np.nan],
              'count': [2,4,12,4,np.nan],
              'class': ['A','A','C','B','D'],
              'sex' : ['M','F','F','M',np.nan],
              'grade': ['A','A','C','D','F']
              })
print(fish)
```

```
          name   color  count class  sex grade
0     mackerel    blue    2.0     A    M     A
1  cutlassfish  silver    4.0     A    F     A
2     goldfish     red   12.0     C    F     C
3        shark    gray    4.0     B    M     D
4          NaN     NaN    NaN     D  NaN     F
```

```
# name 컬럼만 기준으로 Melt 한다.

# 나머지 Color, Class, sex, Grade 컬럼이 행으로 변한다.
```

```
fish_melt = pd.melt(fish,id_vars=['name'])

print(fish_melt)
```

```
          name variable   value
0     mackerel    color    blue
1   cutlassfish   color  silver
2     goldfish    color     red
3        shark    color    gray
4          NaN    color     NaN
5     mackerel    count     2.0
6   cutlassfish   count     4.0
7     goldfish    count    12.0
8        shark    count     4.0
9          NaN    count     NaN
10    mackerel    class       A
11  cutlassfish   class       A
12    goldfish    class       C
13       shark    class       B
14         NaN    class       D
15    mackerel      sex       M
16  cutlassfish     sex       F
17    goldfish      sex       F
18       shark      sex       M
19         NaN      sex     NaN
20    mackerel    grade       A
21  cutlassfish   grade       A
22    goldfish    grade       C
23       shark    grade       D
24         NaN    grade       F
```

```
# name과 Color 기준으로 melt 한다.
fish_melt = pd.melt(fish,id_vars=['name','color'])
print(fish_melt)
```

```
          name   color variable value
0     mackerel    blue    count   2.0
1   cutlassfish silver    count   4.0
2     goldfish     red    count  12.0
3        shark    gray    count   4.0
4          NaN     NaN    count   NaN
5     mackerel    blue    class     A
```

```
6   cutlassfish  silver   class    A
7      goldfish     red   class    C
8         shark    gray   class    B
9           NaN     NaN   class    D
10     mackerel    blue     sex    M
11  cutlassfish  silver     sex    F
12     goldfish     red     sex    F
13        shark    gray     sex    M
14          NaN     NaN     sex  NaN
15     mackerel    blue   grade    A
16  cutlassfish  silver   grade    A
17     goldfish     red   grade    C
18        shark    gray   grade    D
19          NaN     NaN   grade    F
```

```
# name, color, class 기준으로 melt 한다.
fish_melt = pd.melt(fish,id_vars=['name','color',
                    'class'])
print(fish_melt)

# name, color, class, sex 기준으로 melt 한다.
fish_melt = pd.melt(fish,id_vars=['name','color',
                    'class','sex'])
print(fish_melt)
```

```
# name, clolor, class 기준으로 melt
# 항목을 지정하면 해당 항목은 컬럼으로 두고 나머지
항목을 행으로 변경함



# name, color, class, sex 기준으로 melt
# 나머지 항목 count, grade 행으로의 기준임
```

```
          name   color class variable value
0     mackerel    blue     A    count   2.0
1  cutlassfish  silver     A    count   4.0
2     goldfish     red     C    count  12.0
3        shark    gray     B    count   4.0
4          NaN     NaN     D    count   NaN
5     mackerel    blue     A      sex     M
6  cutlassfish  silver     A      sex     F
7     goldfish     red     C      sex     F
8        shark    gray     B      sex     M
9          NaN     NaN     D      sex   NaN
10    mackerel    blue     A    grade     A
11 cutlassfish  silver     A    grade     A
12    goldfish     red     C    grade     C
13       shark    gray     B    grade     D
14         NaN     NaN     D    grade     F

          name   color class  sex variable value
0     mackerel    blue     A    M    count   2.0
1  cutlassfish  silver     A    F    count   4.0
2     goldfish     red     C    F    count  12.0
3        shark    gray     B    M    count   4.0
4          NaN     NaN     D  NaN    count   NaN
5     mackerel    blue     A    M    grade     A
6  cutlassfish  silver     A    F    grade     A
7     goldfish     red     C    F    grade     C
8        shark    gray     B    M    grade     D
9          NaN     NaN     D  NaN    grade     F
```

한편, 피벗 테이블(Pivot Table)이란 데이터 중에 필요한 정보만을 뽑아서 새롭게 데이터를 재구성하는 것을 의미한다. 피벗 테이블을 활용하면 원하는 대로 데이터를 정렬하고 필터링할 수 있으며, 판다스에서는 이를 위해 Pivot()함수를 제공한다. 데이터 열 중에서 두 개의 열을 각각 열 인덱스, 행 인덱스로 사용하여, 데이터를 새롭게 구성한다. 판다스에서는 Pivot처리를 위해 아래 순서로 지정한다.

1. 행 인덱스로 사용할 열 이름

2. 열 인덱스로 사용할 열 이름

3. 데이터로 사용할 열 이름

판다스는 지정된 두 열을 각각 행 인덱스와 열 인덱스로 바꾼 후, 행 인덱스의 라벨 값이 첫 번째 키의 값과 같고, 열 인덱스의 라벨 값이 두 번째 키의 값과 같은 데이터를 찾아서 해당 칸에 삽입하며, 주어진 데이터가 없을 경우 NaN 값으로 넣는다. pivot_table() 함수는 행 인덱스, 열 인덱스, 데이터 값, 데이터 집계 함수 4가지 구성 요소를 입력하고 피벗 처리를 한다.

df.pivot(index, columns, values)

df.pivot_table(data,index,columns, values, aggfunc)

```
import numpy as np
import pandas as pd

fish = pd.DataFrame({'name' : ['mackerel',
                'cutlassfish','goldfish',
                'shark',np.nan],
               'color': ['blue','silver','red',
                'gray',np.nan],
               'count': [2,4,12,4,np.nan],
               'class': ['A','A','C','B','D'],
               'sex' : ['M','F','F','M',np.nan],
               'grade': ['A','A','C','D','F']
               })

print(fish)
```

```
          name   color  count class  sex grade
0     mackerel    blue    2.0     A    M     A
1  cutlassfish  silver    4.0     A    F     A
2     goldfish     red   12.0     C    F     C
3        shark    gray    4.0     B    M     D
4          NaN     NaN    NaN     D  NaN     F
```

```
# Class를 기준으로 행 데이터 Pivot로 설정한다.
fish_pivot = pd.pivot_table(fish,index='class',
            columns='sex',values='count')
print(fish_pivot)
```

```
sex       F    M
class
A       4.0  2.0
B       NaN  4.0
C      12.0  NaN
```

```
# Sex를 기준으로 행 데이터 Pivot로 설정한다.
fish_pivot2 = pd.pivot_table(fish,index='sex',
            columns='class',values='count')
print(fish_pivot2)
```

```
class    A    B     C
sex
F      4.0  NaN  12.0
M      2.0  4.0   NaN
```

```
# grade를 기준으로 행 데이터 Pivot로 설정한다.
fish_pivot3 = pd.pivot_table(fish,index='grade',
            columns='class',values='count')
print(fish_pivot3)
```

```
class    A    B     C
grade
A      3.0  NaN   NaN
C      NaN  NaN  12.0
D      NaN  4.0   NaN
```

스택/언스택(Stack/Unstack)은 행 인덱스와 열 인덱스 교환한다. 스택(Stack)은 위에서 아래로 행 방향으로 열이 행으로 변경되고, 열 인덱스가 반시계 방향으로 90도 회전한 것과 같은 모양이 된다. 스택은 위에서 아래로 쌓이는 것이고, 언스택(Unstack)은 왼쪽에서 오른쪽으로 열 방향으로 행 인덱스가 열로 변환하는 것이며, 행 인덱스가 시계 방향으로 90도 회전 하는 것이다. 언스택은 스택으로 쌓은 것을 옆으로 늘여 놓은 것이다. 스택/언스택 모두 인덱스를 지정할 때 문자열 이름과 숫자 인덱스를 모두 사용 할 수 있다.

한편, [그림. 104]를 보면 stacked과 Un-stacked가 어떻게 데이터 재구화를 하는지, 이미지로 확인할 수 있다. Stacked이 컬럼이 행으로 변경되면서 데이터가 위에서 아래로 쌓이는 것처럼 되고, Unstack은 반대로 행이 열로 변경되는 것을 볼 수 있다.

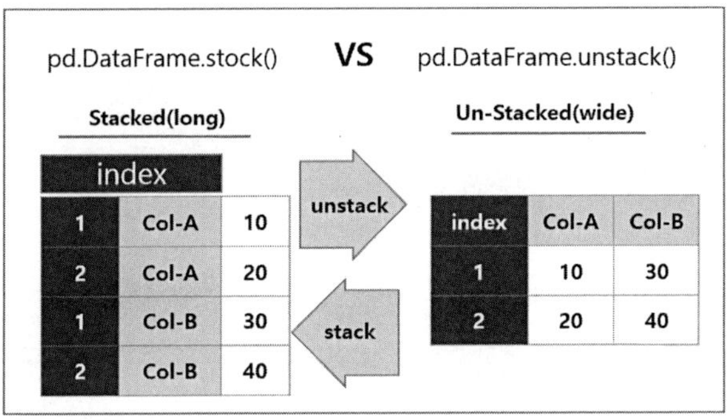

[그림. 104] Reshaping data by stack, unstack

```
import numpy as np
import pandas as pd

fish = pd.DataFrame({'name' : ['mackerel',
                     'cutlassfish','goldfish',
                     'shark',np.nan],
```

```
            'color': ['blue','silver','red',
                 'gray',np.nan],
            'count': [2,4,12,4,np.nan],
            'point' : [24,32.5,45.1, 65.2,22.1],
            'class': ['A','A','C','B','D'],
            'sex' : ['M','F','F','M',np.nan],
            'grade': ['A','A','C','D','F']
})
print(fish)
```

```
         name   color  count  point class  sex grade
0    mackerel    blue    2.0   24.0     A    M     A
1  cutlassfish  silver    4.0   32.5     A    F     A
2    goldfish     red   12.0   45.1     C    F     C
3       shark    gray    4.0   65.2     B    M     D
4         NaN     NaN    NaN   22.1     D  NaN     F
```

```
df = fish.stack()
print(df)
```

```
0  name       mackerel
   color          blue
   count           2.0
   point          24.0
   class             A
   sex               M
   grade             A
```

```
1  name     cutlassfish
   color         silver
   count            4.0
   point           32.5
   class              A
   sex                F
   grade              A
2  name        goldfish
   color            red
   count           12.0
   point           45.1
   class              C
   sex                F
   grade              C

3  name           shark
   color           gray
   count            4.0
   point           65.2
   class              B
   sex                M
   grade              D
4  point           22.1
   class              D
   grade              F
dtype: object
```

```
# Stack 후 데이터프레임은 레벨이 4개 있는 멀티 인덱스가 된다.
df_1 = fish.stack(level=-1,dropna=True)
print(df_1)
```

```
0  name       mackerel
   color          blue
   count           2.0
   point          24.0
   class             A
   sex               M
   grade             A
```

```
1  name      cutlassfish
   color          silver
   count             4.0
   point            32.5
   class               A
   sex                 F
   grade               A
2  name         goldfish
   color             red
   count            12.0
   point            45.1
   class               C
   sex                 F
   grade               C
3  name            shark
   color            gray
   count             4.0
   point            65.2
   class               B
   sex                 M
   grade               D
4  point            22.1
   class               D
   grade               F
dtype: object
```

```
# 레벨이 컬럼으로 이동하여 Unstack이 된다.
# 거꾸로  왼쪽으로 오른쪽으로 넓게 언스택으로 펼친다.
df_un = fish.unstack(level=-1)
print(df_un)
```

```
name   0       mackerel
       1    cutlassfish
       2       goldfish
       3          shark
       4            NaN
color  0           blue
       1         silver
       2            red
       3           gray
       4            NaN
```

```
                          class  0        A
                                 1        A
                                 2        C
                                 3        B
                                 4        D
count  0         2.0      sex    0        M
       1         4.0             1        F
       2        12.0             2        F
       3         4.0             3        M
       4         NaN             4      NaN
point  0        24.0      grade  0        A
       1        32.5             1        A
       2        45.1             2        C
       3        65.2             3        D
       4        22.1             4        F
                          dtype: object
```

10.3. 시계열 데이터

날짜나 시간 유형 등의 변수를 시계열(Time Series)이라고 하며 데이터 분석에서 중요한 역할을 한다. 시계열 데이터는 [그림.105]의 경제나 주식 차트와 같이 연속된 데이터로 시간에 따라 나타나는 연속적인 데이터이다. 설비의 연속 시간 데이터, 금융 변화 데이터, 주가, 환율, 각종 Log 데이터 등은 시간이 흐름에 따라 불 확실성을 가지고 그 값이 변하므로 시계열 데이터이다. 시계열 분석은 시간 변수의 흐름(X축)에 따른 종속 변수(Y축)의 결과를 예상하고 결과를 도출하는 분석 방법이다. 판다스에서 시계열은 특정 시점과 기간으로 데이터를 산출할 수 있다. 판다스에서 시계열 자료를 만들려면 인덱스 데이터를 DatatimeIndex 자료형으로 변경해야 한다. DatatimeIndex는 특정한 순간에 기록된 타임스탬프(Timestamp) 형식의 시계열 자료를 다루기 위한 인덱스이다. 타임스탬프 인덱스의 라벨값이 반드시 일정한 간격일 필요는 없다.

[그림. 105] 경제나 주식의 시계열 데이터

타임스탬프(Timestamp)는 특정 시점을 의미하는 자료형이며, to_datetime() 함수로 생성 가능하며, 날짜 형태의 자료형을 시계열 타입으로 변경한다. 기간(Period)은 특정한 일정 기간을 의미하며, Timestamp(Datetime)를 기간에 따른 자료형으로 이용하고자 할 때 사용한다. 시계열 시간 조작 단위는 년, 월, 일, 시, 분, 초이다.

```
import pandas_datareader as web
import pandas as pd
import datetime
import matplotlib

# 날짜 데이터를 가지고 온다.
df = pd.read_csv('https://github.com/mwaskom
        /seaborn-data/raw/master/flights.csv')
# 영문 월을 숫자로 변경한다.
month_int = {
```

```
    'January': 1,
    'February': 2,
    'March': 3,
    'April': 4,
    'May': 5,
    'June': 6,
    'July': 7,
    'August': 8,
    'September': 9,
    'October': 10,
    'November': 11,
    'December': 12
}

# 영문 월을 숫자로 치환한다.
df['month'] = df['month'].map(month_int)
print(df.head())
```

```
   year  month  passengers
0  1949      1         112
1  1949      2         118
2  1949      3         132
3  1949      4         129
4  1949      5         121
```

```
# 날짜를 만든다.
df['day'] = 1
# 년, 월, 일 순으로 날짜를 만든다.

df['date'] = pd.to_datetime(df[['year','month','day']])

print(df.head())
```

```
   year  month  passengers  day        date
0  1949      1         112    1 1949-01-01
1  1949      2         118    1 1949-02-01
2  1949      3         132    1 1949-03-01
3  1949      4         129    1 1949-04-01
4  1949      5         121    1 1949-05-01
```

```
# 시간 자료형 생성한다.
df['timestamp'] = pd.to_datetime(df['date'])
print(type(df.timestamp))
```

```
<class 'pandas.core.series.Series'>
```

```
# Timestamp에서 년, 월, 일 시간 추출한다.
df['Year_new'] = df['timestamp'].dt.year
df['Month_new'] = df['timestamp'].dt.month
df['Day_new'] = df['timestamp'].dt.day
print(df.head())
```

```
<class 'pandas.core.series.Series'>
   year  month  passengers  day        date  timestamp  Year_new  Month_new  Day_new
0  1949      1         112    1 1949-01-01 1949-01-01      1949          1        1
1  1949      2         118    1 1949-02-01 1949-02-01      1949          2        1
2  1949      3         132    1 1949-03-01 1949-03-01      1949          3        1
3  1949      4         129    1 1949-04-01 1949-04-01      1949          4        1
4  1949      5         121    1 1949-05-01 1949-05-01      1949          5        1
```

```
# 날짜 데이터 생성한다.
dates = ['2022-01-15','2022-02-15','2022-03-15']
ts_dates = pd.to_datetime(dates)
print(ts_dates)
```

```
DatetimeIndex(['2022-01-15', '2022-02-15', '2022-03-15'], dtype='datetime64[ns]', freq=None)
```

```
# Timestamp를 Period로 변환한다. (1일 기간)
pr_day=ts_dates.to_period(freq='D')
print(pr_day)
```

```
PeriodIndex(['2022-01-15', '2022-02-15', '2022-03-15'], dtype='period[D]')
```

```
# Timestamp를 Period로 변환한다. (1개월의 기간)
pr_month = ts_dates.to_period(freq='M')
print(pr_month)
```

```
PeriodIndex(['2022-01', '2022-02', '2022-03'], dtype='period[M]')
```

```
# Timestamp를 Period로 변환한다. (1년의 기간)
pr_year = ts_dates.to_period(freq='A')
print(pr_year)
```

```
PeriodIndex(['2022', '2022', '2022'], dtype='period[A-DEC]')
```

```
# timestamp를 index로 지정한다.
df.set_index('timestamp',inplace=True)
# 시계열 시각화는 다음과 같다.
df.plot
```

Period는 to_period(freq='기간 인수')를 통해 datetime에 대해 어떤 기간에 따른 자료형을 생성하고자 할 때 사용된다. [표. 14]를 보면 to_period(), to_datatime() 등과 같은 시계열와 관련 내용을 볼 수 있다.

[표. 14] 시계열 함수 및 내용

시계열 함수	내용
to_period()	기간 함수
to_datetime()	시계열 객체로 변경
date_range()	시작일과 종료일 또는 시작일과 기간을 입력하면 범위 내의 인덱스를 생성
period_range()	period는 기간을 나타내는 자료형이며, 배열을 적용할 때는 freq=옵션을 적용함 (기간의 단위를 의미)

연습문제

1. 재 구조화(Reshaping)에 대하여 설명하세요.

2. 데이터 구간화에 대하여 설명하세요.

3. 원-핫인코딩(One-Hot Encoding)에 대하여 설명하세요.

4. 데이터 전치 (Data Transpose)에 대하여 설명하세요.

5. 멜트(Melt)에 대하여 설명하세요.

6. 피벗 테이블(Pivot Table)에 대하여 설명하세요.

11 해양 빅데이터 분석

11.1. 해양 빅데이터 분석 준비

'해양수산빅데이터 거래소'에서 분석을 위한 '한나라호 선박 구조물 피로도 모니터링 데이터'와 '한바다호 선박 구조물 모니터링 데이터'를 [그림. 106]과 같이 다운로드 받는다. 파일명을 hanbada.csv 와 hannara.csv로 변경한다.

[그림. 106] 한나라호 / 한바다호 구조물 피로도 모니터링 데이터

	VSL NO	TRNNG SHP NAME	MSRM DTM	MSRM LCT NM	X ANGLE CCLRTN	Y ANGLE CCLRTN	Z ANGLE CCLRTN	AL CCLRTN	TMP	HMDT	STRSS
2	440956000	HANBADA	13-10월-2021 05:26:00	SHAFT_STBD	-1.09	0.07	-0.06	1.09	23.29	32.61	2.18
3	440956000	HANBADA	13-10월-2021 05:26:00	SHAFT_STBD	-1.09	0.07	-0.06	1.09	23.29	32.61	2.18
4	440956000	HANBADA	13-10월-2021 05:26:00	SHAFT_STBD	-1.08	0.07	-0.07	1.09	23.41	32.84	2.2
5	440956000	HANBADA	13-10월-2021 05:26:00	SHAFT_STBD	-1.08	0.07	-0.07	1.09	23.35	32.78	2.18
6	440956000	HANBADA	13-10월-2021 05:26:00	SHAFT_STBD	-1.08	0.07	-0.06	1.09	23.4	32.9	2.18
7	440956000	HANBADA	13-10월-2021 05:26:00	SHAFT_STBD	-1.08	0.07	-0.06	1.08	23.35	32.58	2.18
8	440956000	HANBADA	13-10월-2021 05:26:00	SHAFT_STBD	-1.08	0.07	-0.06	1.09	23.38	32.81	2.18
9	440956000	HANBADA	13-10월-2021 05:26:00	SHAFT_STBD	-1.08	0.07	-0.06	1.09	23.35	32.76	2.2
10	440956000	HANBADA	13-10월-2021 05:26:00	SHAFT_STBD	-1.08	0.07	-0.06	1.09	23.38	32.81	2.2
11	440956000	HANBADA	13-10월-2021 05:27:00	SHAFT_STBD	-1.08	0.07	-0.06	1.08	23.38	32.7	2.18
12	440956000	HANBADA	13-10월-2021 05:27:00	SHAFT_STBD	-1.08	0.07	-0.06	1.09	23.4	32.75	2.18
13	440956000	HANBADA	13-10월-2021 05:27:00	SHAFT_STBD	-1.08	0.07	-0.06	1.09	23.38	32.68	2.18
14	440956000	HANBADA	13-10월-2021 05:27:00	SHAFT_STBD	-1.08	0.07	-0.06	1.09	23.27	32.69	2.2
15	440956000	HANBADA	13-10월-2021 05:27:00	SHAFT_STBD	-1.08	0.07	-0.06	1.09	23.29	32.82	2.2
16	440956000	HANBADA	13-10월-2021 05:27:00	SHAFT_STBD	-1.08	0.07	-0.06	1.08	23.34	32.73	2.18
17	440956000	HANBADA	13-10월-2021 05:27:00	SHAFT_STBD	-1.08	0.07	-0.06	1.09	23.41	32.73	2.2
18	440956000	HANBADA	13-10월-2021 05:27:00	SHAFT_STBD	-1.08	0.07	-0.06	1.09	23.37	32.76	2.18
19	440956000	HANBADA	13-10월-2021 05:27:00	SHAFT_STBD	-1.08	0.07	-0.06	1.09	23.41	32.69	2.18
20	440956000	HANBADA	13-10월-2021 05:27:00	SHAFT_STBD	-1.08	0.07	-0.06	1.09	23.34	32.78	2.2
21	440956000	HANBADA	13-10월-2021 05:27:00	SHAFT_STBD	-1.08	0.07	-0.06	1.09	23.37	32.76	2.2
22	440956000	HANBADA	13-10월-2021 05:27:00	SHAFT_STBD	-1.08	0.07	-0.08	1.09	23.43	32.62	2.18

[그림. 107] 구조물 피로도 모니터링 데이터 확인

[그림. 107]과 같이 받은 CSV 파일을 Excel의 데이터 변형을 통해 보면 해당 컬럼의 내용은 아래와 같다.

VSL_NO : 선박 번호

TRNNG_SHP_NAME : 선박 이름

MSRM_DTM : 측정 시간

MSRM_LCT_NM ; 구조물 명칭

X_ANGLE_CCLRTN : X 축 값

Y_ANGLE_CCLRTN : Y 축 값

Z_ANGLE_CCLRTN : Z 축 값

AL_CCLRTN : AL Cycle 값

TMP , HMDT, STRSS : 측정 값

11.2. 해양 빅데이터 통계적 분석

해양 빅데이터 분석을 위하여 측정 값에 대한 통계 분석은 상관 분석, 회귀 분석, 로지스틱 모델 예측, 의사 결정 나무 예측을 진행하고 머신러닝 모델로는 지도 학습, 비지도 학습(K-means), 기본 신경망, ANN 모델링, 텐서플로 DNN 모델링을 통하여 해양 빅데이터 분석을 보도록 한다.

```
# 상관 분석은 다음과 같다.
import pandas as pd
import numpy as np
import matplotlib as mpl
import matplotlib.pylab as plt
import seaborn as sns
```

```
import tabulate

# Data Load
df_nara = pd.read_csv('hannara.csv')
df_bada = pd.read_csv('hanbada.csv')
print(df_nara.head())
print(df_bada.head())
df_nara.info()
# 기본 정보 확인 부분이다.
```

```
      VSL_NO TRNNG_SHP_NAME              MSRM_DTM MSRM_LCT_NM  X_ANGLE_CCLRTN  Y_ANGLE_CCLRTN  Z_ANGLE_CCLRTN  AL_CCLRTN    TMP   HMDT  STRSS
0  440956000        HANNARA  14-10월-2021 04:31:00  SHAFT_PORT           -1.13           -0.01           -0.15       1.14  24.18  31.42   1.26
1  440956000        HANNARA  14-10월-2021 04:31:00  SHAFT_PORT           -1.13           -0.01           -0.14       1.14  24.19  31.40   1.26
2  440956000        HANNARA  14-10월-2021 04:31:00  SHAFT_PORT           -1.12           -0.01           -0.15       1.13  24.12  31.46   1.26
3  440956000        HANNARA  14-10월-2021 04:31:00  SHAFT_PORT           -1.12           -0.01           -0.15       1.13  24.12  31.46   1.24
4  440956000        HANNARA  14-10월-2021 04:31:00  SHAFT_PORT           -1.12           -0.01           -0.15       1.13  24.17  31.48   1.24
      VSL_NO TRNNG_SHP_NAME              MSRM_DTM MSRM_LCT_NM  X_ANGLE_CCLRTN  Y_ANGLE_CCLRTN  Z_ANGLE_CCLRTN  AL_CCLRTN    TMP   HMDT  STRSS
0  440956000        HANBADA  13-10월-2021 05:26:00  SHAFT_STBD           -1.09            0.07           -0.06       1.09  23.29  32.61   2.18
1  440956000        HANBADA  13-10월-2021 05:26:00  SHAFT_STBD           -1.09            0.07           -0.06       1.09  23.29  32.61   2.18
2  440956000        HANBADA  13-10월-2021 05:26:00  SHAFT_STBD           -1.08            0.07           -0.07       1.09  23.41  32.84   2.20
3  440956000        HANBADA  13-10월-2021 05:26:00  SHAFT_STBD           -1.08            0.07           -0.07       1.09  23.35  32.78   2.18
4  440956000        HANBADA  13-10월-2021 05:26:00  SHAFT_STBD           -1.08            0.07           -0.06       1.09  23.40  32.90   2.18
<class 'pandas.core.frame.DataFrame'>
RangeIndex: 339168 entries, 0 to 339167
Data columns (total 11 columns):
 #   Column          Non-Null Count   Dtype
---  ------          --------------   -----
 0   VSL_NO          339168 non-null  int64
 1   TRNNG_SHP_NAME  339168 non-null  object
 2   MSRM_DTM        339168 non-null  object
 3   MSRM_LCT_NM     339168 non-null  object
 4   X_ANGLE_CCLRTN  339168 non-null  float64
 5   Y_ANGLE_CCLRTN  339168 non-null  float64
 6   Z_ANGLE_CCLRTN  339168 non-null  float64
 7   AL_CCLRTN       339168 non-null  float64
 8   TMP             339168 non-null  float64
 9   HMDT            339168 non-null  float64
 10  STRSS           339168 non-null  float64
dtypes: float64(7), int64(1), object(3)
memory usage: 28.5+ MB
```

```
# 한바다호 데이터와 한나라로 데이터를 하나로 합친다.
df = pd.concat([df_nara,df_bada])

# X_ANGLE_CCLRTN 과 Y_ANGLE_CCLRTN ,
Z_ANGLE_CCLRTN 상관 관계 분석 부분이다.
```

```
plt.scatter(df.TMP,df.HMDT,df.STRSS)
```

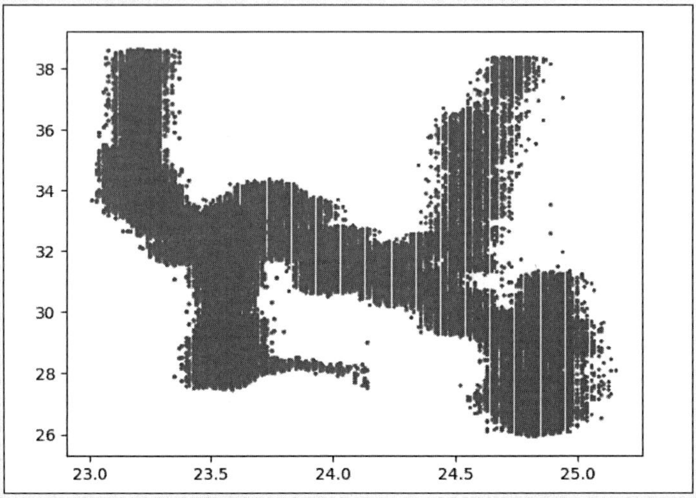


```
# 상관 계수 확인 부분이다.
corr = df.corr()
print(corr)
```

	VSL_NO	X_ANGLE_CCLRTN	Y_ANGLE_CCLRTN	Z_ANGLE_CCLRTN	AL_CCLRTN	TMP	HMDT	STRSS
VSL_NO	NaN	NaN	NaN	NaN	NaN	NaN	NaN	NaN
X_ANGLE_CCLRTN	NaN	1.000000	0.982097	0.969540	-0.989539	-0.806645	0.320981	0.981880
Y_ANGLE_CCLRTN	NaN	0.982097	1.000000	0.989833	-0.980559	-0.811159	0.300906	0.999774
Z_ANGLE_CCLRTN	NaN	0.969540	0.989833	1.000000	-0.968612	-0.802437	0.294803	0.989611
AL_CCLRTN	NaN	-0.989539	-0.980559	-0.968612	1.000000	0.804935	-0.319116	-0.980348
TMP	NaN	-0.806645	-0.811159	-0.802437	0.804935	1.000000	-0.618269	-0.810978
HMDT	NaN	0.320981	0.300906	0.294803	-0.319116	-0.618269	1.000000	0.300857
STRSS	NaN	0.981880	0.999774	0.989611	-0.980348	-0.810978	0.300857	1.000000

```
# 히트맵으로 상관도를 시각화 한다.
sns.heatmap(data = df.corr(), annot=True,
         fmt= '.2f', linewidths=.5,cmap='Blues')
df1 = df.corr()

# 그림 사이즈를 지정한다.
fig, ax = plt.subplots(figsize=(10,10))
```

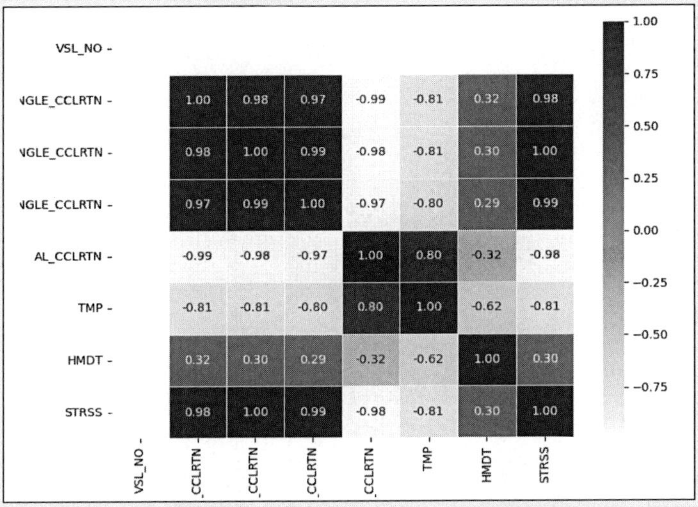


```
# 삼각형 마스크를 작성한다.
mask = np.zeros_like(df1, dtype=np.bool)
mask[np.triu_indices_from(mask)] = True

# 히트맵 그리기이다.
sns.heatmap(df1,
 cmap = 'RdYlBu_r', #Red,Yellow,Blue 색상으로 표시한다.
 annot=True, # 실제 값 화면 표시한다.
 mask=mask,  # 표시하지 않을 마스크 부분 지정한다.
 linewidths=.05, # 경계면 실선으로 구분하기이다.
 cbar_kws={"shrink": .5}, #Color bar Size 절반으로 줄인다.
  vmin = -1, vmax = 1 # Color bar 범위는 -1 ~ 1 이다.
)

df1 = df.corr()
```

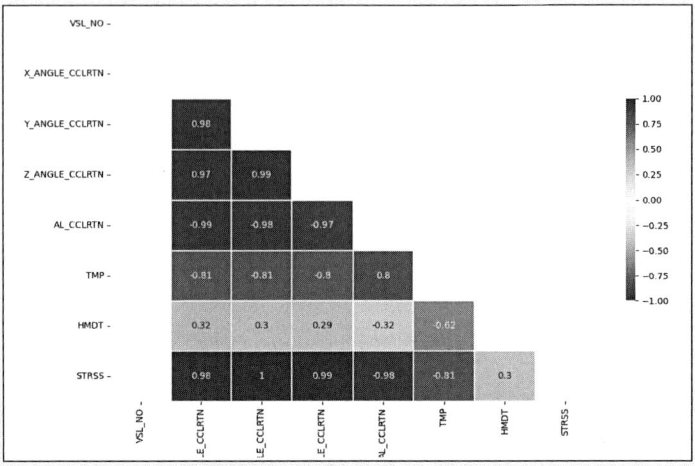


```
# clustermap은 유한한 값만 넣을 수 있다.
# isfinite를 통해 flase 인 항목은 삭제한다.

print(np.isfinite(df1))
```

	VSL_NO	X_ANGLE_CCLRTN	Y_ANGLE_CCLRTN	Z_ANGLE_CCLRTN	AL_CCLRTN	TMP	HMDT	STRSS
VSL_NO	False	False	False	False	False	False	False	False
X_ANGLE_CCLRTN	False	True	True	True	True	True	True	True
Y_ANGLE_CCLRTN	False	True	True	True	True	True	True	True
Z_ANGLE_CCLRTN	False	True	True	True	True	True	True	True
AL_CCLRTN	False	True	True	True	True	True	True	True
TMP	False	True	True	True	True	True	True	True
HMDT	False	True	True	True	True	True	True	True
STRSS	False	True	True	True	True	True	True	True

```
new_df = df1.drop('VSL_NO',axis=0)
new_df = new_df.drop('VSL_NO',axis=1)

sns.clustermap(new_df, figsize=(7,5),
row_cluster=False,cmap='RdYlBu_r', annot=True, vmin=-1,
vmax = 1) # Color chart -1~1 범위로 표시한다.

plt.show()
```

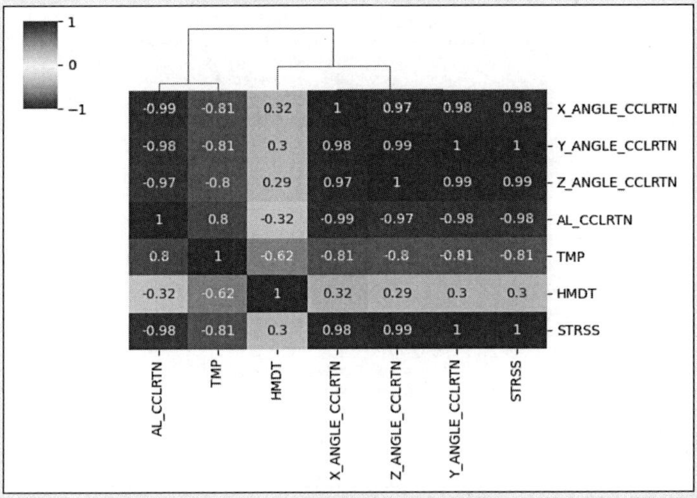


```
# 시본으로 TMP 와 HMDT를 상관 분석한다.

sns.lmplot(x='TMP',y='HMDT',data=df)


# 회귀 분석을 위한 종속(Y='HMDT'), 독립(X='TMP') 모델을 만듬, TMP를 통한 HMDT를 유추한 단순 선형 회귀이다.

import statsmodels.api as sm

lin_reg = sm.OLS.from_formula("TMP~HMDT",df).fit()
print(lin_reg.summary())
```

```
                            OLS Regression Results
==============================================================================
Dep. Variable:                    TMP   R-squared:                       0.382
Model:                            OLS   Adj. R-squared:                  0.382
Method:                 Least Squares   F-statistic:                 4.197e+05
Date:                Thu, 27 Jan 2022   Prob (F-statistic):               0.00
Time:                        02:17:43   Log-Likelihood:            -4.2576e+05
No. Observations:              678336   AIC:                         8.515e+05
Df Residuals:                  678334   BIC:                         8.515e+05
Df Model:                           1
Covariance Type:            nonrobust
==============================================================================
                 coef    std err          t      P>|t|      [0.025      0.975]
------------------------------------------------------------------------------
Intercept     28.5034      0.007   3989.507      0.000      28.489      28.517
HMDT          -0.1465      0.000   -647.881      0.000      -0.147      -0.146
==============================================================================
Omnibus:                    32323.417   Durbin-Watson:                   0.021
Prob(Omnibus):                  0.000   Jarque-Bera (JB):            37854.845
Skew:                           0.536   Prob(JB):                         0.00
Kurtosis:                       3.436   Cond. No.                         411.
==============================================================================
```

11.3. 해양 빅데이터 머신러닝 분석

머신러닝(Machine Learning)이란 우리말로 표현하면 기계학습으로 기계(컴퓨터)를 알고리즘이나 프로그램으로 학습을 시키는 개념으로 딥러닝 (Deep Learning) 보다는 단계가 낮다.

머신러닝과 딥러닝과의 차이점은 '추론'의 유무라 볼수 있는데 본 실습에서는 빅데이터셋을 간단한 머신러닝을 하여 의미를 도출 해보도록 하겠다.

```
import pandas as pd
from sklearn import model_selection
from sklearn import metrics
from sklearn import datasets
from sklearn.linear_model import LogisticRegression
from sklearn.metrics import confusion_matrix
from sklearn.metrics import classification_report
df_nara = pd.read_csv('hannara.csv')
```

```
df_bada = pd.read_csv('hanbada.csv')
df = pd.concat([df_nara,df_bada])
print(df.head())
df.info()

## 데이터 전처리 불필요 컬럼을 삭제한다.
del df['VSL_NO']
del df['MSRM_DTM']
#del df['TRNNG_SHP_NAME']
#del df['MSRM_LCT_NM']

# 결측치를 처리한다.
df.dropna(thresh=int(len(df) * 0.5), axis=1)

# 범주형 컬럼을 처리한다.
df['TRNNG_SHP_NAME'] = df['TRNNG_SHP_NAME'].
                    astype('category')
df['MSRM_LCT_NM'] = df['MSRM_LCT_NM'].
                    astype('category')
df = pd.get_dummies(df)

# 독립 변수와 종속 변수 구분 (x,y)이다.
x_data=df.iloc[:,1:]
y_data=df.iloc[:,0]

x_data = x_data.values
y_data = y_data.values
print(x_data)
print(y_data)
print(df.head())
```

```
memory usage: 62.1+ MB
[[-0.01 -0.15  1.14 ...  1.    1.    0.  ]
 [-0.01 -0.14  1.14 ...  1.    1.    0.  ]
 [-0.01 -0.15  1.13 ...  1.    1.    0.  ]
 ...
 [ 0.07 -0.06  1.08 ...  0.    0.    1.  ]
 [ 0.07 -0.06  1.09 ...  0.    0.    1.  ]
 [ 0.07 -0.06  1.08 ...  0.    0.    1.  ]]
[-1.13 -1.13 -1.12 ... -1.08 -1.08 -1.08]
```

	X_ANGLE_CCLRTN	Y_ANGLE_CCLRTN	Z_ANGLE_CCLRTN	AL_CCLRTN	TMP	HMDT	STRSS	TRNNG_SHP_NAME_HANBADA	TRNNG_SHP_NAME_HANNARA	MSRM_LCT_NM_SHAFT_PORT	MSRM_LCT_NM_SHAFT_STBD
0	-1.13	-0.01	-0.15	1.14	24.18	31.42	1.26	0	1	1	0
1	-1.13	-0.01	-0.14	1.14	24.19	31.40	1.26	0	1	1	0
2	-1.12	-0.01	-0.15	1.13	24.12	31.48	1.26	0	1	1	0
3	-1.12	-0.01	-0.15	1.13	24.12	31.46	1.24	0	1	1	0
4	-1.12	-0.01	-0.15	1.13	24.17	31.48	1.24	0	1	1	0

```
# 데이터 분할은 다음과 같다.
x_train, x_test, y_train, y_test = model_selection.
        train_test_split(x_data,y_data,test_size=0.3)

# Logistic Model
estmodel = LogisticRegression(penalty='l2',
            dual=False, tol=0.0001, C=1.0,
            fit_intercept=True,
            intercept_scaling=1,
            class_weight=None,
            random_state=None,
            solver='liblinear',max_iter=100,
            multi_class='ovr', verbose=0,
            warm_start=False,n_jobs=1)

estmodel.fit(x_train,y_train)

# Train 학습은 다음과 같다.
y_dict = estmodel.predict(x_train)
# classification
score = metrics.accuracy_score(y_train, y_dict)
print('Train score : ', score)

# Test 평가는 다음과 같다.
y_dict = estmodel.predict(x_test)
```

```
score = metrics.accuracy_score(y_test,y_dict)
print('Test score : ', score)

# Model 적용은 다음과 같다.
print(x_test[:2])
y_dict = estmodel.predict(x_test[:2])
print(y_dict)
for y1, y2 in zip(y_test,y_dict) :
   print(y1, y2, y1==y2)
```

```
                            OLS Regression Results
==============================================================================
Dep. Variable:                    TMP   R-squared:                       0.382
Model:                            OLS   Adj. R-squared:                  0.382
Method:                 Least Squares   F-statistic:                 4.197e+05
Date:                Thu, 27 Jan 2022   Prob (F-statistic):               0.00
Time:                        02:17:43   Log-Likelihood:            -4.2576e+05
No. Observations:              678336   AIC:                         8.515e+05
Df Residuals:                  678334   BIC:                         8.515e+05
Df Model:                           1
Covariance Type:            nonrobust
==============================================================================
                 coef    std err          t      P>|t|      [0.025      0.975]
------------------------------------------------------------------------------
Intercept     28.5034      0.007   3989.507      0.000      28.489      28.517
HMDT          -0.1465      0.000   -647.881      0.000      -0.147      -0.146
==============================================================================
Omnibus:                    32323.417   Durbin-Watson:                   0.021
Prob(Omnibus):                  0.000   Jarque-Bera (JB):            37854.845
Skew:                           0.536   Prob(JB):                         0.00
Kurtosis:                       3.436   Cond. No.                         411.
==============================================================================
```

```
import imp
import pandas as pd
from sklearn import model_selection
from sklearn import metrics
from sklearn import datasets
from sklearn.tree import DecisionTreeClassifier
from sklearn.metrics import confusion_matrix
from sklearn.metrics import classification_report

df_nara = pd.read_csv('hannara.csv')
```

```
df_bada = pd.read_csv('hanbada.csv')
df = pd.concat([df_nara,df_bada])
print(df.head())
df.info()

## 데이터 전처리에서 불필요한 컬럼을 삭제한다.
del df['VSL_NO']
del df['X_ANGLE_CCLRTN']
del df['Y_ANGLE_CCLRTN']
del df['Z_ANGLE_CCLRTN']
del df['AL_CCLRTN']
# del df['STRSS']

# 결측치를 처리하는 부분은 다음과 같다.
df.dropna(thresh=int(len(df) * 0.5), axis=1)

# 범주형 컬럼을 처리하는 부분은 다음과 같다.
df['TRNNG_SHP_NAME'] = df['TRNNG_SHP_NAME'].
                astype('category')
df['MSRM_LCT_NM'] = df['MSRM_LCT_NM'].
                astype('category')
df['MSRM_DTM'] = df['MSRM_DTM'].
                astype('category')
df['STRSS'] = df['STRSS'].astype('category')
df['TMP'] = df['TMP'].astype('category')
df['HMDT'] = df['HMDT'].astype('category')

print(df.head())
df = pd.get_dummies(df)

# 독립 변수와 종속 변수 구분은 (x,y)이다.
x_data=df.iloc[:,1:]
y_data=df.iloc[:,0]
x_data = x_data.values
y_data = y_data.values
```

```
print(x_data)
print(y_data)
print(df.head())

# 머신러닝은 다음과 같다.
# 데이터 분할을 한다.
x_train, x_test, y_train, y_test = model_selection.
        train_test_split(x_data,y_data,test_size=0.3)

print(x_train)
print(y_train)

#의사결정 나무 모델은 다음과 같다.
estimator = DecisionTreeClassifier(criterion='gini',
        max_depth=None, max_leaf_nodes=None,
        min_samples_split=2, min_samples_leaf=1,
        max_features=None)
estimator.fit(x_train,y_train)

# train 학습은 다음과 같다.
y_predict= estimator.predict(x_train)
score = metrics.accuracy_score(y_train, y_predict)
print('train score : ', score)


# test 평가는 다음과 같다.
y_predict = estimator.predict(x_test)
score = metrics.accuracy_score(y_test, y_predict)
print('test score : ', score)

# 모델 검증은 다음과 같다.
print(confusion_matrix(y_test, y_predict))
print(classification_report(y_test, y_predict))

# 중요도는 다음과 같다.
```

```
estimator.fit(x_train, y_train)
print(estimator.feature_importances_)

d={'attribute' : df.iloc[:,1:].columns,
  'importance' : estimator.feature_importances_}

df_importance = pd.DataFrame(d)
df_importance.sort_values('importance',
                          ascending=False)
print(df_importance)
```

```
     VSL_NO TRNNG_SHP_NAME              MSRM_DTM MSRM_LCT_NM  X_ANGLE_CCLRTN  Y_ANGLE_CCLRTN  Z_ANGLE_CCLRTN  AL_CCLRTN    TMP   HMDT  STRSS
0  440956000        HANNARA  14-10월-2021 04:31:00  SHAFT_PORT           -1.13           -0.01           -0.15       1.14  24.18  31.42   1.26
1  440956000        HANNARA  14-10월-2021 04:31:00  SHAFT_PORT           -1.13           -0.01           -0.14       1.14  24.19  31.40   1.26
2  440956000        HANNARA  14-10월-2021 04:31:00  SHAFT_PORT           -1.12           -0.01           -0.15       1.13  24.12  31.46   1.26
3  440956000        HANNARA  14-10월-2021 04:31:00  SHAFT_PORT           -1.12           -0.01           -0.15       1.13  24.12  31.46   1.24
4  440956000        HANNARA  14-10월-2021 04:31:00  SHAFT_PORT           -1.12           -0.01           -0.15       1.13  24.17  31.48   1.24
<class 'pandas.core.frame.DataFrame'>

Int64Index: 678336 entries, 0 to 339167
Data columns (total 11 columns):
 #   Column          Non-Null Count   Dtype
---  ------          --------------   -----
 0   VSL_NO          678336 non-null  int64
 1   TRNNG_SHP_NAME  678336 non-null  object
 2   MSRM_DTM        678336 non-null  object
 3   MSRM_LCT_NM     678336 non-null  object
 4   X_ANGLE_CCLRTN  678336 non-null  float64
 5   Y_ANGLE_CCLRTN  678336 non-null  float64
 6   Z_ANGLE_CCLRTN  678336 non-null  float64
 7   AL_CCLRTN       678336 non-null  float64
 8   TMP             678336 non-null  float64
 9   HMDT            678336 non-null  float64
 10  STRSS           678336 non-null  float64
dtypes: float64(7), int64(1), object(3)
memory usage: 62.1+ MB
```

```
train score :  1.0
test score :  1.0
[[101653      0]
 [     0 101848]]
              precision    recall  f1-score   support

           0       1.00      1.00      1.00    101653
           1       1.00      1.00      1.00    101848

    accuracy                           1.00    203501
   macro avg       1.00      1.00      1.00    203501
weighted avg       1.00      1.00      1.00    203501

[1. 0. 0. ... 0. 0. 0.]
                           attribute  importance
0             TRNNG_SHP_NAME_HANNARA         1.0
1     MSRM_DTM_12-10월-2021 15:21:00         0.0
2     MSRM_DTM_12-10월-2021 15:22:00         0.0
3     MSRM_DTM_12-10월-2021 15:23:00         0.0
4     MSRM_DTM_12-10월-2021 15:24:00         0.0
...                              ...         ...
4321                      HMDT_38.59         0.0
4322                      STRSS_1.24         0.0
4323                      STRSS_1.26         0.0
4324                      STRSS_2.18         0.0
4325                       STRSS_2.2         0.0
```

한편, '한나라호'와 '한바다호 구조물 피로도 모니터링 데이터'를 이용하여 선형 회귀와 트리 기반 회귀를 비교해 보고자 한다. 데이터는 앞에서 만든 hannara.csv 와 hanbada.csv 파일이다. 1차적인 데이터 클렌징 및 가공은 앞에서 진행하였기 때문에 앞의 내용을 기반으로 진행하고자 한다.

```
from time import strptime
import numpy as np
import pandas as pd
import seaborn as sns
import matplotlib.pyplot as plt
import datetime as dt
import warnings
import sklearn
warnings.filterwarnings("ignore", category=
                        RuntimeWarning)
from sklearn.metrics import mean_squared_error,
                       mean_absolute_error


df_nara = pd.read_csv('hannara.csv',engine='python')
df_bada = pd.read_csv('hanbada.csv',engine='python')
df = pd.concat([df_nara,df_bada])
print(df.shape)
print(df.head())
df.info()
```

```
(678336, 11) # 전체 데이터 수

     VSL_NO TRNNG_SHP_NAME             MSRM_DTM MSRM_LCT_NM
0  440956000       HANNARA  14-10월-2021 04:31:00  SHAFT_PORT
1  440956000       HANNARA  14-10월-2021 04:31:00  SHAFT_PORT
2  440956000       HANNARA  14-10월-2021 04:31:00  SHAFT_PORT
3  440956000       HANNARA  14-10월-2021 04:31:00  SHAFT_PORT
4  440956000       HANNARA  14-10월-2021 04:31:00  SHAFT_PORT
```

```
X_ANGLE_CCLRTN  Y_ANGLE_CCLRTN  Z_ANGLE_CCLRTN  AL_CCLRTN    TMP   HMDT  STRSS
         -1.13           -0.01           -0.15       1.14  24.18  31.42   1.26
         -1.13           -0.01           -0.14       1.14  24.19  31.40   1.26
         -1.12           -0.01           -0.15       1.13  24.12  31.46   1.26
         -1.12           -0.01           -0.15       1.13  24.12  31.46   1.24
         -1.12           -0.01           -0.15       1.13  24.17  31.48   1.24

<class 'pandas.core.frame.DataFrame'>
Int64Index: 678336 entries, 0 to 339167
Data columns (total 11 columns):
 #   Column          Non-Null Count   Dtype
---  ------          --------------   -----
 0   VSL_NO          678336 non-null  int64
 1   TRNNG_SHP_NAME  678336 non-null  object
 2   MSRM_DTM        678336 non-null  object
 3   MSRM_LCT_NM     678336 non-null  object
 4   X_ANGLE_CCLRTN  678336 non-null  float64
 5   Y_ANGLE_CCLRTN  678336 non-null  float64
 6   Z_ANGLE_CCLRTN  678336 non-null  float64
 7   AL_CCLRTN       678336 non-null  float64
 8   TMP             678336 non-null  float64
 9   HMDT            678336 non-null  float64
 10  STRSS           678336 non-null  float64
dtypes: float64(7), int64(1), object(3)
memory usage: 62.1+ MB
```

```
# 한글 월을 제거한다.
(한글을 제거하지 않으면 날짜 변환이 어렵다.)
df['MSRM_DTM'] = df['MSRM_DTM'].str.replace
        (pat=r'[ㄱ-ㅣ가-힣]+',repl=r'',regex=True)

# 문자열을 datetime 타입으로 변경한다.
df['MSRM_DT'] = pd.to_datetime(df['MSRM_DTM'],
                    infer_datetime_format=True)

# 년도, 월, 일, 시간, 요일을 분리한다.
# Datetime 및 Object는
df['year'] = df['MSRM_DT'].dt.year # 연도
```

```
df['month'] = df['MSRM_DT'].dt.month # 월
df['day'] = df['MSRM_DT'].dt.day # 일
df['hour'] = df['MSRM_DT'].dt.hour # 시간
df['dayofweek'] = df['MSRM_DT'].dt.dayofweek
                    # 요일 (월 = 0 )을 나타낸다.

## 데이터 전처리 불필요 컬럼을 삭제한다.
drop_colums = ['VSL_NO','TRNNG_SHP_NAME',
         'MSRM_DTM', 'MSRM_LCT_NM','MSRM_DT']
df.drop(drop_colums,axis=1,inplace=True)

print(df.head())
df.info()

# Object,Datetime 형태는 삭제한다.
```

```
   X_ANGLE_CCLRTN  Y_ANGLE_CCLRTN  Z_ANGLE_CCLRTN  AL_CCLRTN
0           -1.13           -0.01           -0.15       1.14
1           -1.13           -0.01           -0.14       1.14
2           -1.12           -0.01           -0.15       1.13
3           -1.12           -0.01           -0.15       1.13
4           -1.12           -0.01           -0.15       1.13

  TMP    HMDT  STRSS  year  month  day  hour  dayofweek
24.18  31.42   1.26  2021     10   14     4          3
24.19  31.40   1.26  2021     10   14     4          3
24.12  31.46   1.26  2021     10   14     4          3
24.12  31.46   1.24  2021     10   14     4          3
24.17  31.48   1.24  2021     10   14     4          3
```

```
<class 'pandas.core.frame.DataFrame'>
Int64Index: 678336 entries, 0 to 339167
Data columns (total 12 columns):
 #   Column          Non-Null Count   Dtype
---  ------          --------------   -----
 0   X_ANGLE_CCLRTN  678336 non-null  float64
 1   Y_ANGLE_CCLRTN  678336 non-null  float64
 2   Z_ANGLE_CCLRTN  678336 non-null  float64
 3   AL_CCLRTN       678336 non-null  float64
 4   TMP             678336 non-null  float64
 5   HMDT            678336 non-null  float64
 6   STRSS           678336 non-null  float64
 7   year            678336 non-null  int64
 8   month           678336 non-null  int64
 9   day             678336 non-null  int64
 10  hour            678336 non-null  int64
 11  dayofweek       678336 non-null  int64
dtypes: float64(7), int64(5)
memory usage: 67.3 MB
```

```
# 분석을 위해서 카테고리 또는 int, float 형으로 변환
#log값 변환 시 NaN 등의 이슈로 Log()가 아닌 log1p() 이용해
RMSLE 계산한다.
def rmsle(y,pred) :
    log_y = np.log1p(y)
    log_pred = np.log1p(pred)
    squared_error = (log_y - log_pred) ** 2
    rmsle = np.sqrt(np.mean(squared_error))
    return rmsle

# 사이킷런의 mean_square_error()를 이용해 RMSE를 계산한다.
def rmse(y, pred):
    return np.sqrt(mean_squared_error(y,pred))
# MSE, RMSE, RMSLE를 모두 계산한다.
def evaluate_regr(y,pred):
    rmsle_val = rmsle(y,pred)
    rmse_val = rmse(y,pred)
    # MAE는 사이킷런의 mean_absolute_error()로 계산한다.
    mae_val = mean_absolute_error(y,pred)
```

```
    print('RMSLE: {0:.3f}, RMSE: {1:.3F},MAE: {2:.3F}’
                .format(rmsle_val, rmse_val, mae_val))

#로그 변환, 피처 인코딩과 모델 학습/예측/평가한다.

# 결과값이 정규 분포로 되어 있는지 확인한다.
# 그리고 카테고리형 회귀 모델을 원-핫-인코딩으로 변경한다.

from sklearn.model_selection  import train_test_split,
                                GridSearchCV
from sklearn.linear_model  import LinearRegression,
                                Ridge, Lasso

y_target = df['HMDT']
x_features = df.drop('HMDT',axis=1,inplace=False)

x_train, X_test, y_train, y_test = train_test_split
                (x_features,y_target, test_size=0.3,
                random_state=0)

lr_reg = LinearRegression()
lr_reg.fit(x_train, y_train)
pred = lr_reg.predict(X_test)

evaluate_regr(y_test, pred)
```

```
RMSLE: 0.050, RMSE: 1.627,MAE: 1.189
```

```
# DataFrame의 컬럼의 HMDT 와 예측값을 서로  비교 할 수 있도
록 한다.
def get_top_error_data(y_test, pred, n_tops=5):

    result_df = pd.DataFrame(y_test.values,
                    columns=['real_tmp'])
    result_df['predicted_tmp'] = np.round(pred)
    result_df['diff'] = np.abs( result_df['real_tmp'] -
```

```
                    result_df['predicted_tmp'])

    # 예측값과 실제 값이 가장 큰 데이터 순으로 출력한다.
    print(result_df.sort_values('diff', ascending=False
                    )[:n_tops])

get_top_error_data(y_test,pred,n_tops=5)
```

```
        real_tmp  predicted_tmp  diff
181775     38.35           29.0  9.35
163826     38.35           29.0  9.35
174751     38.34           29.0  9.34
111212     38.34           29.0  9.34
11917      38.34           29.0  9.34
```

```
# 정규 분표 왜곡이 거의 없다.
y_target.hist()
plt.show()
```

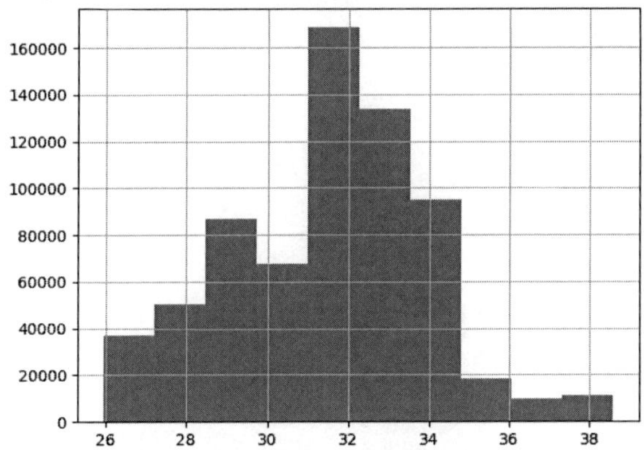


```
# 정규 분포를 Log로 치환하여 확인한다.
y_log_transform=np.log1p(y_target)
y_log_transform.hist()
plt.show()
```

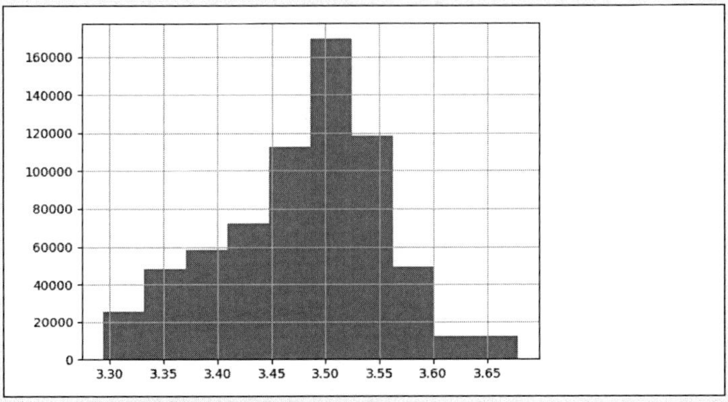


```
# HMDT 분포 현황을 파악한다.
plt.title('Original HMDT Histogram')
sns.displot(df['HMDT'])
plt.show()
```

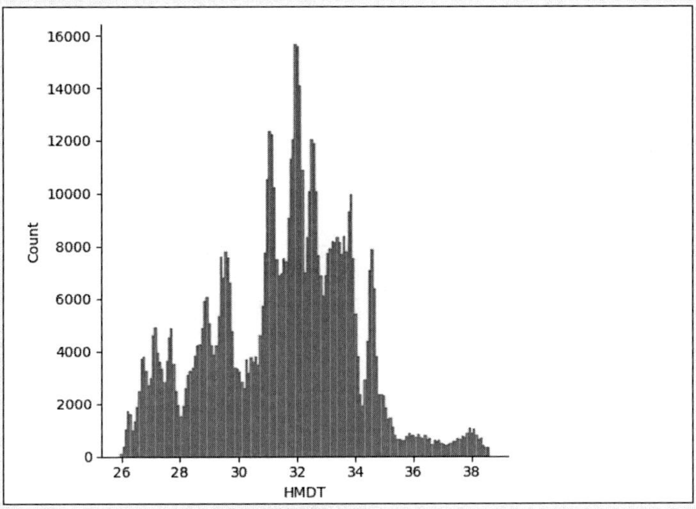


```
# HMDT   Log 변환 후 분포 확인을 한다.
plt.title('Log Transformed HMDT Histogram')
```

```
log_hmdt = np.log1p(df['HMDT'])
sns.displot(log_hmdt)
plt.show()
```

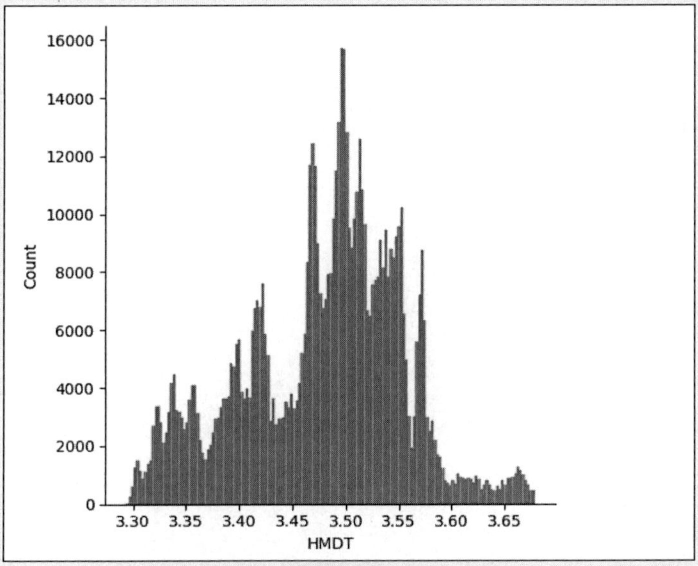


```
# TMP 분포 현황을 파악한다.
plt.title('Original TMP Histogram')
sns.displot(df['TMP'])
plt.show()
```

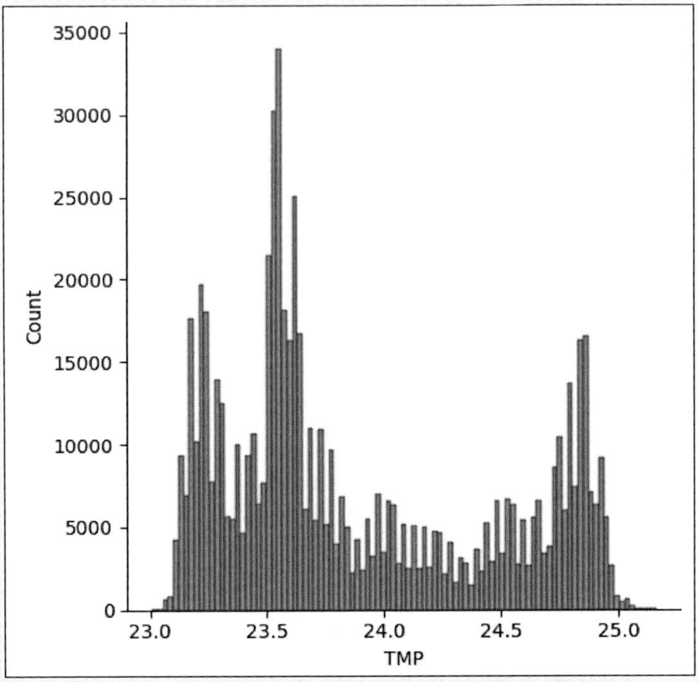


```
# TMP Log 변환 후 분포 확인을 한다.
plt.title('Log Transformed TMP Histogram')
log_hmdt = np.log1p(df['TMP'])
sns.displot(log_hmdt)
plt.show()

# TMP 와 HMDT의 관계 시각화한다.
plt.scatter(x=df['TMP'],y=df['HMDT'])
plt.ylabel('HMDT',fontsize=10)
plt.xlabel('TMP',fontsize=10)
plt.show()
```

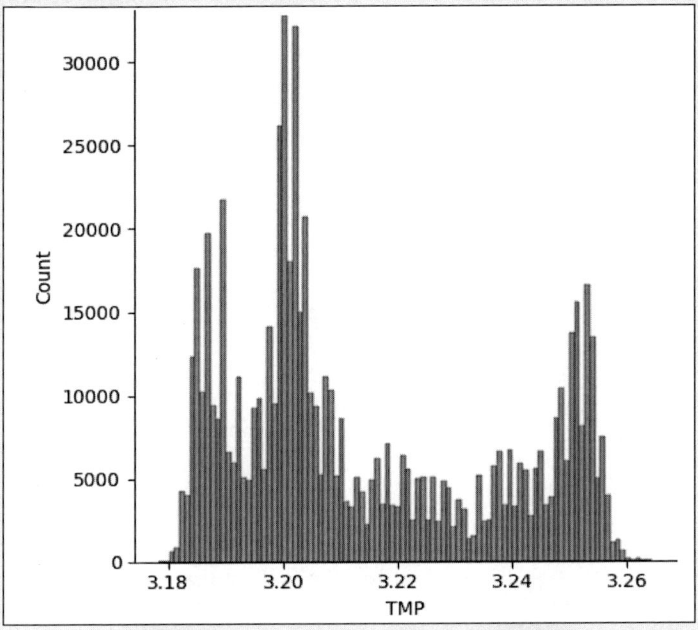

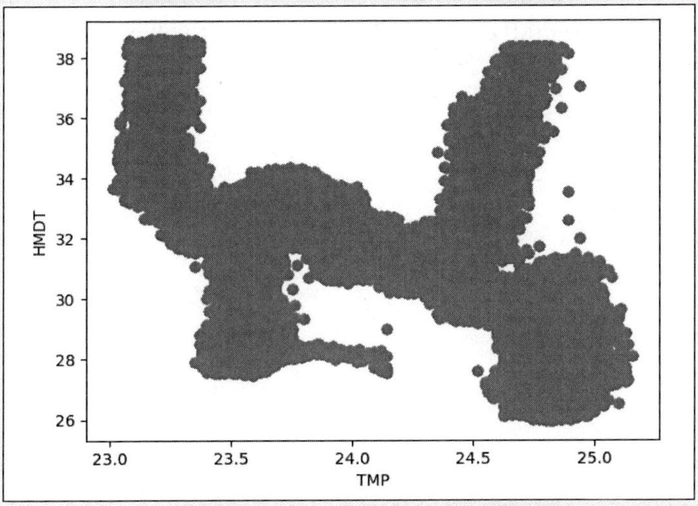


```
# Target 컬럼인 HMDT 값을 log1p로 Log 변환한다.
y_target_log=np.log1p(y_target)
```

```
# 로그 변환된 y_target_log를 반영해 학습/테스트 데이터셋(Data set)을 분할한다.
x_train,x_test,y_train,y_test = train_test_split(x_features,
        y_target_log, test_size=0.3, random_state=0)

lr_reg = LinearRegression()
lr_reg.fit(x_train, y_train)
pred = lr_reg.predict(x_test)

# 테스트 Data Set의 Target 값을 Log로 변환, exmp1을 이용한 원래 스케일로 변환한다.
y_test_exp =np.expm1(y_test)

# 예측값 Log를 변환된 Target 기반으로 expm1로 변환한다.
pred_exp = np.expm1(pred)

evaluate_regr(y_test,pred_exp)
```

```
RMSLE: 1.980, RMSE: 28.039,MAE: 27.984
```

```
coef=pd.Series(lr_reg.coef_,index=x_features.columns)
coef_sort = coef.sort_values(ascending=False)
sns.barplot(x=coef_sort.values, y=coef_sort.index)
plt.show()
```

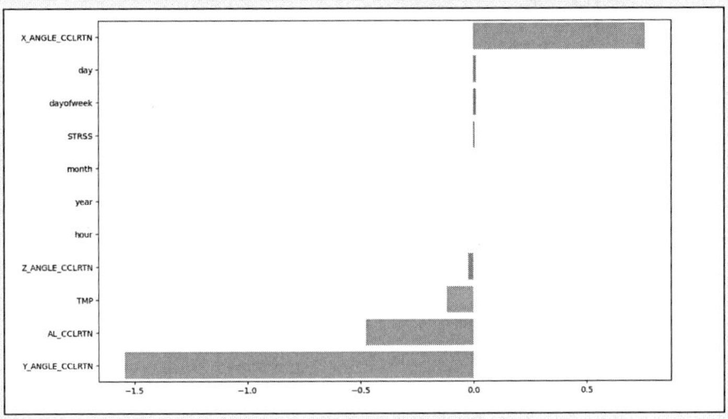

```
# year, month, day, hour등 피처를 one-hot Encoding 한다.
x_features_ohe = pd.get_dummies(x_features, columns=[
                    'year','month','day','hour'])

# One-Hot Encoding이 적용된 features Data Set화 한다.
# 기반으로 학습/예측 데이터 분할한다.
x_train,x_test,y_train,y_test= train_test_split(
                    x_features_ohe,y_target_log,
                    test_size=0.3, random_state=0)

# Model과 학습/테스트 Data Set을 입력과 성능평가한다.
# 수치 변환을 한다.

def get_model_predict(model,x_train,x_test,y_trian,
                    y_test,is_expm1=False):
   model.fit(x_train,y_train)
   pred=model.predict(x_test)
   if is_expm1 :
      y_test = np.expm1(y_test)
      pred=np.expm1(pred)
    print('=========',model.__class__.__name__,
    '==========')
   evaluate_regr(y_test,pred)

# Model 별 평가 수행한다.
lr_reg = LinearRegression()
ridge_reg = Ridge(alpha=10)
lasso_reg = Lasso(alpha=0.01)

for model in [lr_reg, ridge_reg, lasso_reg]:
  get_model_predict(model,x_train, x_test,y_train, y_test,
               is_expm1=True)
```

```
========== LinearRegression ===========
RMSLE: 0.033, RMSE: 1.092,MAE: 0.638
========== Ridge ===========
RMSLE: 0.033, RMSE: 1.093,MAE: 0.637
========== Lasso ===========
RMSLE: 0.057, RMSE: 1.841,MAE: 1.399
```

```
coef =pd.Series(lr_reg.coef_,
                index=x_features_ohe.columns)
coef_sort = coef.sort_values(ascending=False)[:20]
sns.barplot(x=coef_sort.values,y=coef_sort.index)
plt.show()
```

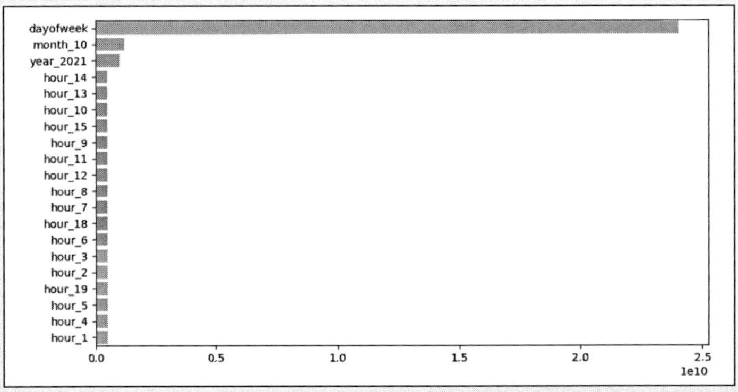


```
from sklearn.ensemble import RandomForestRegressor,
                     GradientBoostingRegressor
from xgboost import XGBRegressor
from lightgbm import LGBMRegressor

# 랜덤 포레스트, GBM, XGBoost, LightGBM Model 별로 평가
수행을 한다.
rf_reg = RandomForestRegressor(n_estimators=500)
```

```
gbm_reg = GradientBoostingRegressor(n_estimators=500)

xgb_reg = XGBRegressor(n_estimators=500)

lgbm_reg = LGBMRegressor(n_estimators=500)

for model in [rf_reg, gbm_reg, xgb_reg, lgbm_reg]:
    get_model_predict(model,x_train.values, x_test.values,
          y_train.values, y_test.values, is_expm1= True)
```

```
========== RandomForestRegressor ===========
RMSLE: 0.016, RMSE: 0.524,MAE: 0.350
========== GradientBoostingRegressor ===========
RMSLE: 0.017, RMSE: 0.556,MAE: 0.386
========== XGBRegressor ===========
RMSLE: 0.016, RMSE: 0.523,MAE: 0.354
========== LGBMRegressor ===========
RMSLE: 0.016, RMSE: 0.525,MAE: 0.358
```

연습문제

1. 해양 빅데이터 분석 준비를 위하여 빅데이터셋을 수집해보세요.

2. 머신러닝이란 무엇이고 딥러닝과의 차이점은 무엇입니까?

3. 머신러닝 모델로는 지도 학습, 비지도 학습(K-means), 기본 신경망, ANN 모델링, 텐서플로 DNN 모델링을 통해 해양 빅데이터 분석을 실습해보세요.

4. 본 단원의 코드와 새로운 해양 빅데이터를 이용하여 머신러닝을 구현하고 결과를 도출해보세요.

PART 03

(고급내용)

저자들의 SCI급 논문 소개와 아이디어 발상

12 관련 논문 소개 (SCI급)

SCI 논문은 특이하거나 처음 시도된 아이디어 논문을 좋은 점수를 주며 억셉트 하는 경향이 있으며, 혹은 처음 연구가 아닐 경우 기존의 연구에서 무언가가 개선된 내용 (컨튜리뷰션)이 있어야 EiC (편집위원장)에게 최종 억셉트를 받을 수 있다.

논문 심사의 과정은 다음과 같다. 먼저 저자가 원고를 완성후 투고 하면, 큰 저널의 경우 메니징 에디터 (ME: Managing Editor)나 오피스 에디터가 빠르게 검토한다. 이때 빠르게 리젝을 받는 경우 에디터 리젝 (혹은 데스크 리젝: Desk Reject/Desk Rejection)이라 한다. 이 경우 논문지의 범위에 맞지 않는 경우의 논문, 너무 흔하게 생각 할수 있는 논문, 출판사에 따라 다르나 템플릿 (양식)이 너무 맞지 않는 경우의 논문, 표절율이 높은 논문, 마지막으로 그 아이디어로 이미 게재가 된 오래된 내용등을 들수가 있다.

우선 스크린을 넘어갈 경우 언더리뷰에 들어가게 되는데 이때 편집위원장 (EiC: Editor-in-chief)이나 (ME)가 부편집장/부편집자/편집위원 (AE: Associate Editor) 에게 논문을 할당을 하고 AE는 익명의 심사위원을 찾아 논문을 할당하게 된다.

익명의 심사위원을 찾는 것이 보통 어려운 단계(교수님이나 박사님들 무료봉사 이다보니 수락은 하지 않는 경우도 있고, 수락을 하더라도 데드라인은 3주 혹은 4주를 넘기고 심사를 안하는 경우도 있다.)이다 보니 참고문헌에 있는 선행연구를 게재한자 혹은 AE가 논문 주제를 검색하여 유사한 분야의 1저자 혹은 교신저자에게 논문 리뷰를 요청한다.

AE가 익명의 심사위원에게 논문을 보낼 때 좋은 출판사 혹은 저널의 경우 가능하면 코웍(Cowork)한자와 저자와 동일 연구실 출신 제외, 저자와 동일

국적자 제외, 저자와 동일 출신학교자 제외, 저자와 과거 전직 직장등 저자와 관련된 사람들을 제외하는 것이 원칙이다. 하지만 심사할 사람이 없는 매우 희귀한 분야의 논문의 경우 코웍한지 5년이 지난 사람이면 심사 할 수도 있다.

이렇게 심사를 하다보니 대한민국 한국연구재단의 KCI급에 게재된 논문보다 SCI급에 게재된 논문의 질이 상당히 높은편이라 볼 수 있다. 그렇다보니 컴퓨터공학 분야의 교수 임용과정에서는 KCI급을 산술적으로 점수를 주지만, 대학교수 임용에서 SCI 논문 편수의 양적심사와 질적심사 (IF 와 연구내용)이 매우 중요한 척도이며, 최근부터 컴퓨터공학/전산 분야의 탑티어 컨퍼런스의 프로시딩 논문도 교수 임용에서 SCI 급으로 산정하고 있다. 대부분의 학교가 산정하고 있는 IF(Impact factor)는 한국연구재단 BK21 기준을 적용하고 있는데 다음 [표 15]와 같다.

[표 15] CS분야 우수국제학술대회 목록 (출처 한국연구재단)

순번	탑티어 컨퍼런스 약어	탑티어 컨퍼런스 (학술대회) 명칭	인정 IF (Impact factor)
1	AAAI	AAAI Conference on Artificial Intelligence	4
2	CCS	ACM Conference on Computer and Communications Security	4
3	CHI	ACM Conference on Human Factors in Computing Systems	4
4	MobiCom	ACM International Conference on Mobile Computing and Networking	4
5	MM	ACM Multimedia Conference	4
6	SIGCOMM	ACM SIGCOMM Conference	4
7	SIGIR	ACM SIGIR Conference on Information Retrieval	4
8	KDD	ACM SIGKDD Conference on Knowledge Discovery and Data Mining	4
9	FSE	ACM SIGSOFT Symposium on the Foundations of Software Engineering	4
11	SOSP	ACM Symposium on Operating Systems Principles	4

12	STOC	ACM Symposium on Theory of Computing	4
13	ACL	Annual Meeting of the Association for Computational Linguistics	4
14	ASPLOS	Architectural Support for Programming Languages and Operating Systems	4
15	CVPR	Conference on Computer Vision and Pattern Recognition	4
16	NIPS	Conference on Neural Information Processing Systems	4
17	OOPSLA	Conference on Object-Oriented Programming, System, Languages, and Applications	4
18	INFOCOM	IEEE Conference on Computer Communications	4
19	HPCA	IEEE International Symposium on High-Performance Computer Architecture	4
20	RTSS	IEEE Real-Time Systems Symposium	4
21	FOCS	IEEE Symposium on Foundations of Computer Science	4
22	S&P	IEEE Symposium on Security and Privacy	4
23	VIS	IEEE Visualization	4
24	MICRO	IEEE/ACM International Symposium on Microarchitecture	4
25	SIGGRAPH	ACM International Conference on Computer Graphics and Interactive Techniques	4
26	ICCV	International Conference on Computer Vision	4
27	CAV	International Conference on Computer-Aided Verification	4
28	ICML	International Conference on Machine Learning	4
29	SIGMOD	International Conference on Management of Data	4
30	ICSE	International Conference on Software Engineering	4
31	EUROCRYPT	International Conference on the Theory and Applications of Cryptographic Techniques	4
32	VLDB/PVLDB	International Conference on Very Large Databases	4
33	CRYPTO	International Cryptology Conference	4
34	IJCAI	International Joint Conference on Artificial Intelligence	4
35	ISCA	International Symposium on Computer Architecture	4
36	WWW	International World Wide Web Conference	4

37	PLDI SIGPLAN	Conference on Programming Language Design and Implementation	4
38	POPL	Symposium on Principles of Programming Languages	4
39	NSDI	USENIX Symposium on Networked Systems Design and Implementation	4
40	OSDI	USENIX Symposium on Operating Systems Design and Implementation	4
IF 3 이하 생략..			

*적용 시점 : 2018년 3월1일부터 적용되고 있으며 기준 : 목록에 포함된 우수국제학술대회 발표 실적에 대하여 인정하되, Regular 논문의 경우 인정 IF를 그대로 부여 (워크숍, 포스터는 IF 미부여), Short 논문은 IF 1점 차감, Spotlight 논문은 IF 2점 차감이 특징이다.

한편, 리뷰어는 좋은 논문이나 인용이 많이 될 가능성이 높은 논문, 최신 트렌드를 반영하여 창의성이 높은 논문의 경우 적게는 2명 혹은 3명이 심사하는 경우가 일반적이다. 하지만 일반적인 논문(게재가 많이된 분야면서 컨튜리뷰션이 약한 논문) 혹은 논쟁이 있는 논문의 경우 리뷰어가 10명 이상이 될수도 있으며, 필자도 Springer 저널의 리뷰어가 14명이 리뷰를 하여 메이저 리비전 포함하여 2년 8개월만에 최종 리젝을 받았던 기억이 난다.

리비전은 크게 마이너 리비전과 메이저 리비전으로 나눌수 있는데 마이너 리비전은 작은 내용들 수정(관련연구 보강 및 논문 본문의 글을 윤문하고 설명을 보강하는 정도), 메이저 리비전은 전체 실험을 새롭게 하거나 주요한 이슈들이 있지만 잘 수정되면 억셉트가 될 가능성이 높기에 최선을 다하다 보면 논문으로 출판될 가능성이 있는 것이다.

필자는 15년 전부터 논문을 작성해오며, 계속 배우고 공부를 하고 있다. 2016년 2월에 박사학위를 취득하기전 2015년 12월경 Springer 출판사의

SCOPUS 저널의 AE를 시작으로 에디터와 리뷰어를 하며 다른 사람들의 논문을 심사해 오고 있다. 아직도 좋은 논문을 작성하는 방법을 찾고 계속 공부하고 있는데 최근에 논문을 잘 작성하는 방법에 관한 책들도 읽어보고 에디터로써 학습을 하고 있다.

본 글을 읽고 있는 독자들도 관심이 있으면 다음의 내용을 읽어보면 도움이 될 것 같다. [그림 108]의 ACM 시그모드 레코드의 AE의 역할 그리고 리뷰어 선정과 관련된 'What does an Associate Editor actually do?'는 매우 좋은 지침을 담고 있는 것 같다.

ACM 시그모드 레코드
ACM SIGMOD Record
Volume 42 Issue 2
May 2013
pp 52-58
https://dl.acm.org/doi/10.1145/2503792.2503805

다음의 내용들은 필자가 게재한 논문 가운데 6편을 선정하여 컨튜리뷰션과 요약 등을 이야기함으로써 논문을 작성하는데 도움이 되기를 바라는 내용이며, 연구가 오래되어 과거의 이야기가 되었지만 아이디어 발상을 하는데 작게나마 도움이 되기를 바란다.

What does an Associate Editor actually do?

Graham Cormode
G.Cormode@Warwick.ac.uk

ABSTRACT

What does a Associate Editor (AE) of a journal actually do? The answer may be far from obvious. This article describes the steps that one AE follows in handling a submission. The aim is to shed light on the process, for the benefit of authors, reviewers, and other AEs.

1. INTRODUCTION

Journal publications are an important part of the propagation of results and ideas in computer science. Papers in prestigious journals reflect well on their authors, and serve to provide a full, detailed and peer-reviewed description of their research. Yet, the process from submission to decision is opaque. A researcher typically submits their paper to a journal and then waits months (sometimes many months) before receiving a set of reviews and a decision on whether the journal will pursue publication of the submission. It is far from obvious to the researcher exactly what is going on during this time.

The purpose of this article is to shed more light on this process, by describing the typical sequence of events from the perspective of the associate editor. The hope is that this serves multiple purposes:

- To help authors understand the process, and allow them to make their submissions with this knowledge.
- To help journal reviewers understand their role in the process, and how they can be most effective in helping to determine the right outcome for a submission.
- To help me (and, by extension, other associate editors) think of the process more clearly, and optimize our role within it.

The editorial structure of a journal varies between titles, but in general there is an editorial board which consists of an Editor-in-Chief (EiC) and multiple Associate Editors (AE). The role of this board is to determine which papers to accept for publication in the journal.

In general, the EiC receives new submissions and allocates these to AEs for handling through the review and decision process. The complete range of tasks performed by the EiC is not necessarily known to the AE: there are many "behind-the-scenes" tasks performed that they do not get to see[1].

This article focuses on the role of the AE in the editorial process, in order to answer the question "What does an Associate Editor actually do?". The answer is far from obvious: for example, one thing the AE does *not* typically do is "edit" papers in the popular sense of the word[2]. Rather, the AE's main task is to make editorial recommendations to the EiC about what decision should be made on submitted papers.

To accomplish this, the AE has a seemingly simple set of responsibilities: to obtain referee reports for each paper they are assigned, and use these to make their recommendation for the paper, in a timely fashion. The execution of these tasks however requires quite a substantial amount of effort; moreover, this effort is concentrated in areas that might not be initially obvious. To explain this, I will describe the detailed sequence of steps that I follow between receiving a new assignment and providing my recommendation. A standard caveat applies: this description reflects my perspective and processes, informed by input from others (for example, [5]). Different AEs will no doubt have different approaches to the job. The author takes no responsibility for any loss, damage, or injury that may result from following any advice in this article.

Outline. In Sections 2 and 3, I outline the two main components of the AE's job: initial handling and selection of reviewers for a paper (Section 2), and obtaining a decision for a paper (Section 3). In Section 4, I offer some suggestions for reviewers, authors, and associate editors in turn.

[1]In more blunt terms, I don't fully know what the EiC does.
[2]The person who does make edits to accepted papers is the sub-editor, although in my experience this primarily involves the insertion or removal of commas.

[그림 108] What does an Associate Editor actually do?

12.1. 건강 빅데이터를 이용한 예시

- 컨튜리뷰션: 100만개의 키워드 빅데이터를 머신러닝 하여 의미 있는 결과를 도출하고자 하였다. 100만개의 건강 데이터셋(키워드)을 R 언어로 크롤링하여 워드클라우드 하였다. 그 결과 의미 있는 결과를 도출함을 확인 하였다.

여기서 사용된 데이터셋은 구글 검색 빅데이터와 네이버 검색 빅데이터(100만개)인데 이를 이용하여 텍스트 마이닝과 워드 클라우드를 하였다. 이를 머신러닝과 크롤링 기법을 적용해 빅데이터를 수집하고 시각화 하였다.

한편, Android 및 Apple iOS와 호환되는 빅데이터를 시각화하는 사용자 인터페이스(UI)를 제공한것도 특징이다.

요약: The obese population is increasing rapidly due to the change of lifestyle and diet habits. Obesity can cause various complications and is becoming a social disease. Nonetheless, many obese patients are unaware of the medical treatments that are right for them. Although a variety of online and offline obesity management services have been introduced, they are still not enough to attract the attention of users and are not much of help to solve the problem. Obesity healthcare and personalized health activities are the important factors. Since obesity is related to lifestyle habits, eating habits, and interests, I concluded that the big data analysis of these factors could deduce the problem. Therefore, I collected big data by applying the machine learning and crawling method to the unstructured citizen health data in Korea and the search data of Naver, which is a Korean portal company, and Google for keyword analysis for personalized health activities. It visualized the big data using text mining and word cloud. This study collected and analyzed the data concerning the interests related to obesity, change of interest on obesity, and treatment articles. The analysis showed a wide range of seasonal factors according to spring, summer, fall, and winter. It also visualized and completed the process of extracting the keywords appropriate for treatment of abdominal obesity and lower body obesity. The keyword big data analysis technique for personalized health activities proposed in this paper is based on individual's interests, level of interest, and body type. Also, the user interface (UI) that visualizes the big data compatible with Android and Apple iOS. The users can see the data on the app screen. Many graphs and pictures can be seen via menu, and the significant data values are visualized through machine learning. Therefore, I expect that the big data analysis using various keywords specific to a person will result in measures for personalized treatment and health activities.

향후 연구로 수산업에 종사하는 분들의 건강과 관련된 빅데이터 수집 및 분석 연구를 하고자 데이터 수집중이다.

12.2. 원자력발전소 보안 빅데이터를 이용한 취약점 분석에 관한 연구

- 컨튜리뷰션: 대한민국 한국수력원자력에서는 하루에 공격되는 웹페이지 수가 1억 건이 넘었다. 따라서 평균 1억4천 건의 빅데이터셋을 머신러닝 하여 의미 있는 보안의 취약점 결과를 도출하고자 다양한 방법을 시도하여 [그림 109]과 [그림 110]처럼 게재하였다.

요약: Among the many hacking attempts carried out against information systems for the past few years, cyber-attacks that could lead to a national-level threat included attacks against nuclear facilities particularly nuclear power stations. Two of the typical examples are the Stuxnet attack against an Iranian nuclear facility and the cyber threat against Korea Hydro and Nuclear Power in December 2015. The former has proven that a direct cyber-attack can actually stop the nuclear power station, and the latter has shown that people can be terrorized with only a (cyber) threat. After these incidents, security measures for cyber-attacks against industrial control systems have been strengthened. The nuclear power stations also changed their passive concept of executing security measures by operating the plant with an isolated network to prepare for the cyber-attacks carried out by malicious codes. The difference between the two concepts is that the latter has been formulated based on the possibility that most of the control systems can be targets of cyber-attacks. Threats against control systems are gradually increasing nowadays, so the relevant industries are implementing some measures to identify/develop safe and reliable digital equipment and identify risks to establish effective cyber security plans. Thus, this paper proposes a security measure based on the classification of past attack incidents against control systems and the big data analysis technique that processes the data generated from individual security equipment. The security of control systems is expected to be strengthened through such effective measure.

▪ Security for Nuclear Power Plant Big Data Analysis

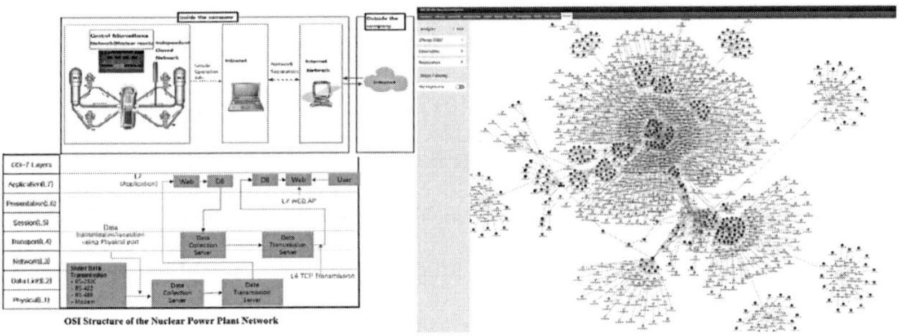

1. Data Set: 140,000,000 * 30 day= 42 억
2. Using IBM Watson
3. Big Data Analysis: TensorFlow

[그림 109] 원자력발전소 보안 빅데이터를 이용한 취약점 분석 논문 GA

Springer Link

Published: 04 July 2018

An effective security measures for nuclear power plant using big data analysis approach

Sangdo Lee & Jun-Ho Huh

The Journal of Supercomputing **75**, 4267–4294 (2019) | Cite this article

881 Accesses | **31** Citations | Metrics

[그림. 110] SpringerLink의 본 논문과 관련된 정보

12.3. 태양광발전소 빅데이터 플랫폼 구현에 관한 연구

본 논문은 태양광발전소 빅데이터 플랫폼을 구현하고자 퍼지 논리를 적용한 유전 알고리즘의 일종인 Tit-for-tat 알고리즘으로 [그림 111]과 같은 신재생에너지 기반의 전력의 생산과 소비 환경에서 협력의 정도를 측정하여 이를 이용한 악의적 사용자 억제 방안을 제안하였다.

요약: In an environment where the importance of new and renewable energies is growing, the balance between energy production and consumption cannot be achieved easily. Although it is possible for the one with surplus power to supply it to the one experiencing a shortage, power demand can hardly be expected to exceed supply or both to stay at equal levels at all times. In such case, a network limited to an individual or a small group can be regarded as a small single node so that the larger network consisting of these nodes can be represented with a graph based on the topology of dispersed nodes. This situation is similar to the prisoner's dilemma wherein the most ideal situation for the nodes is to collaborate with each other; in a situation wherein betrayal takes place, however, the Nash equilibrium can hardly be expected. Such situation between the nodes is almost the same condition repeatedly laid down to the prisoners who consistently and competitively pursue maximum profit and can be considered a game. Thus, this study attempted to devise a method of gaining maximum profit and predicting future power demands by using a genetic algorithm based on the game theory‾based fuzzy logic that seeks maximum profit by making the best choice. A scheme that can avoid a possible “prisoner's dilemma" situation in a new and renewable energy transaction environment was devised based on the game theory. For such scheme, the fuzzy theory was adopted to reflect the power demand, supply, and values; by developing a greedy algorithm, the optimal values were reflected under each given environment to set a foundation on which the situation wherein the cooperative nodes could be placed at a greater disadvantage than the uncooperative nodes can be avoided with a tit-for-tat algorithm wherein the genetic algorithm was reflected as well.

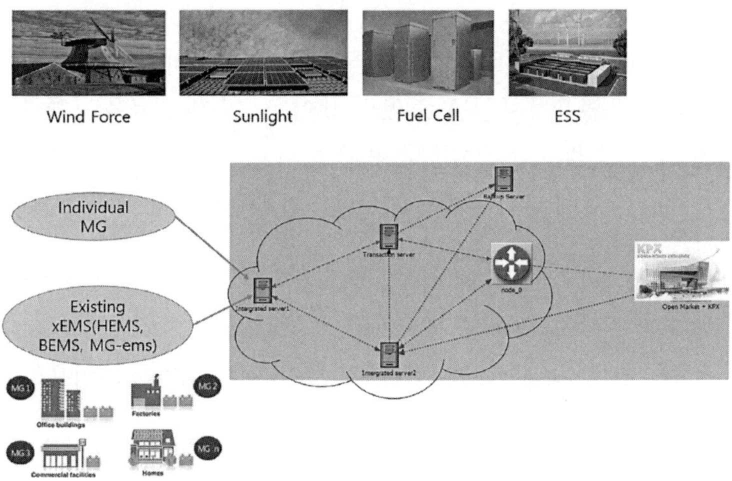

[그림 111] 신재생에너지 기반의 전력의 생산과 소비 환경의 예시

신재생에너지에 기반한 전력 생산 시 전력의 단가는 때에 따라 달라지게 된다. 대표적으로 태양광에너지를 예로들 때, 밤보다는 낮에 전력의 생산이 많으며, 눈이나, 비가 오는 상황보다는 해가 밝을 때 전력의 생산이 많아질 것이다. 이처럼 생산이 많아질 때는 수요와 공급의 법칙에 따라 전력의 가치는

상대적으로 떨어질 것이며, 소비가 많아질 때는 수요와 공급의 법칙에 따라 전력의 가치는 상대적으로 상승할 것이다. 이러한 상황에, 전력의 거래 시 적당한 시간에 적당한 량을 판매하거나, 구매하는 것이 개인에게 이익이 될 수 있다. 하지만, 이는 거시적인 관점에서는 전력의 흐름을 방해하며, 선량한 전력생산과 소비자에게는 손해를, 악의적 전력생산과 소비자에게는 이익을 가져다 주게 된다. 이는 전기에너지의 저장 시 많은 량의 에너지 손실이 발생하는 사실과 더불어 볼 때 지양해야 할 것이다.

그러나 이는 죄수의 딜레마의 상황과 같은 측면이 있다. 즉 싸게 팔아서는 손해이고, 비싸게 파는 것이 이득인 것이다. 그리고 싸게 사는 것은 이득이고, 비싸게 사는 것은 손해이다. 이러한 선택지는 모두에게 공통되며, 합리적 이성을 지닌 개인은 싸게 사고, 비싸게 팔려고 할 것이며, 이를 위해 전력을 ESS에 저장한 채 활용하지 않을 수 있으며, 이는 전력의 흐름을 방해하여, 전력의 수요 예측 및 수요 충족에 좋지 않은 영향을 끼칠 뿐만 아니라, 전기에너지의 불필요한 형태 변환에 따른 전기에너지의 낭비를 초래하게 된다.

이 때문에 본 논문에서는 악의적인 정도를 퍼지논리와 Tit-for-tat 알고리즘을 이용하여, 전력의 공급에 차등을 주는 방안(혹은, 전력의 가격을 차등하여 적용하는 방안)을 통해 대응하고자 했으며, 그리디 알고리즘을 이용하여 전체적인 네트워크의 관리 방안을 제안하고 있다.

[그림. 112]는 태양광발전소 빅데이터 플랫폼 구현 논문 그림 초록이며, 파이썬을 이용한 빅데이터 분석 결과 [그림 113]과 같다.

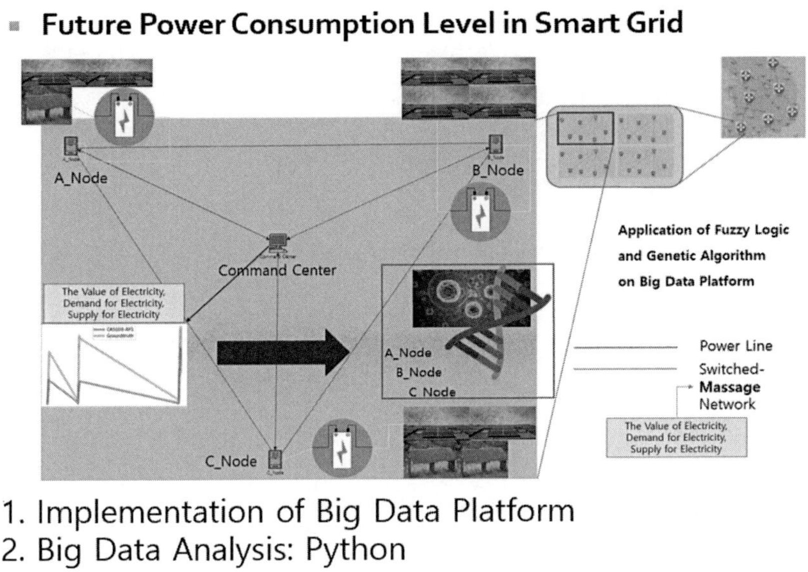

[그림. 112] 태양광발전소 빅데이터 플랫폼 구현 논문 GA

한편, GA (Graphical Abstract)는 그림 초록이라 볼수 있으며, 연구의 결과를 한눈에 일반인도 이해 가능한 그림이다. 표지 논문이 있는 저널중에는 GA (Graphical Abstract)를 확장하여 이달의 표지 논문을 선정 할때 참고하며, 연구 결과를 언론에 홍보하기에 좋다.

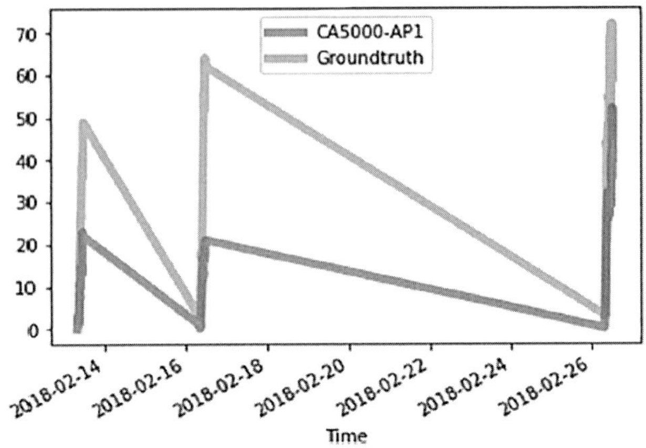

Python-based power usage big data analysis (1)

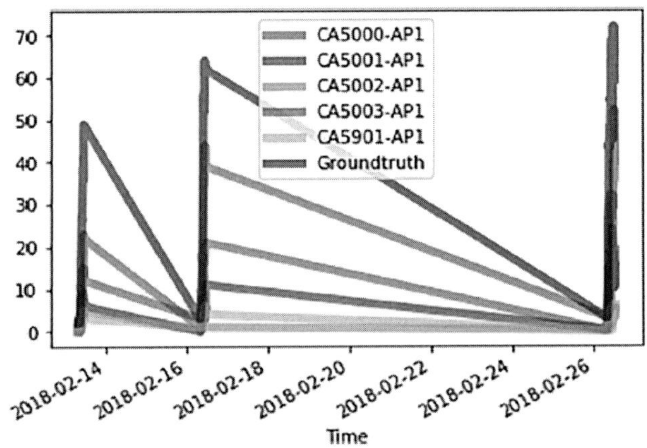

Python-based power usage big data analysis (2)

[그림 113] 파이썬을 이용한 빅데이터 분석결과

12.4. 태양광발전소 빅데이터 시각화 및 크롤링에 관한 연구

본 논문은 대한민국 네이버 뉴스 기사의 크롤링을 통한 전력수요예측의 정확도 향상을 위하여 [그림 114]와 같이 기존의 화석에너지 기반의 발전 체계에서 신재생에너지 기반의 발전체계를 게임이론에 기반하여 접목하여 연구를 하였다.

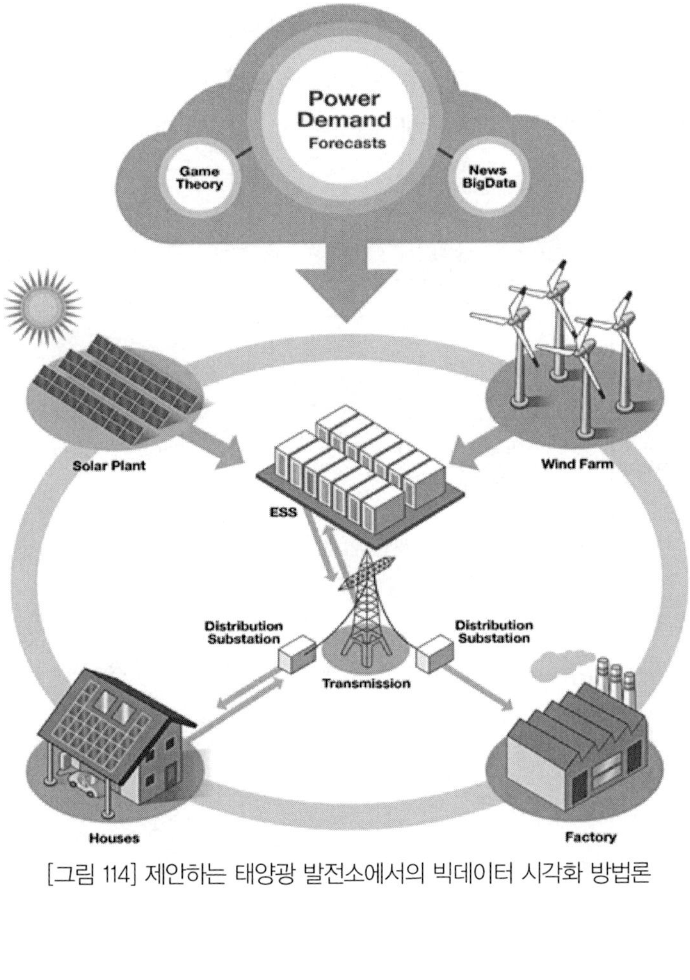

[그림 114] 제안하는 태양광 발전소에서의 빅데이터 시각화 방법론

한편, 본 논문은 R언어와 Python언어를 이용하여 네이버 뉴스 기사 크롤링 빅데이터를 대한민국 영암태양광발전소의 2016~2018년 6~8월의 발전량 데이터와 해당 기간의 전력 수요량과 결합하여, 신재생 에너지와 화석에너지의 에너지 생산량의 합을 이용 하였다.

[그림 115]와 같이 화석에너지 기반의 발전량을 조절하는 방안에 대해 제시하였다. 해당 그림에서 동그라미로 표시된 부분이 내쉬균형해에 해당한다. 회피 (피해야) 하는 상황은 전력을 과잉생산하거나(3,3) 전력이 부족한 상황(1,1)이며, 전력이 부족한 상황은 반드시 피해야 한다. 즉, 신재생에너지와 화석에너지의 생산량이 적당한 상태(4,2)> 과잉생산(3,3)>과소생산(1,1)의 순으로 적당하다.

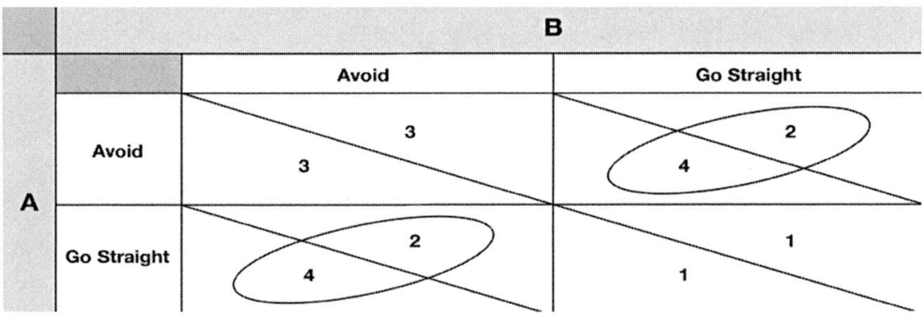

[그림 115] 제안한 태양광 발전소와 화석에너지의 게임이론적 구성

한편, [그림 116]는 빅데이터 키워드 분석 (웹크롤링을 하여 워드클라우드)을 위한 시각화를 보여주며, [그림 117]는 빅데이터 키워드 분석 목표를 보여준다.

[그림 116] 빅데이터 키워드 분석 (웹크롤링을 하여 워드클라우드)

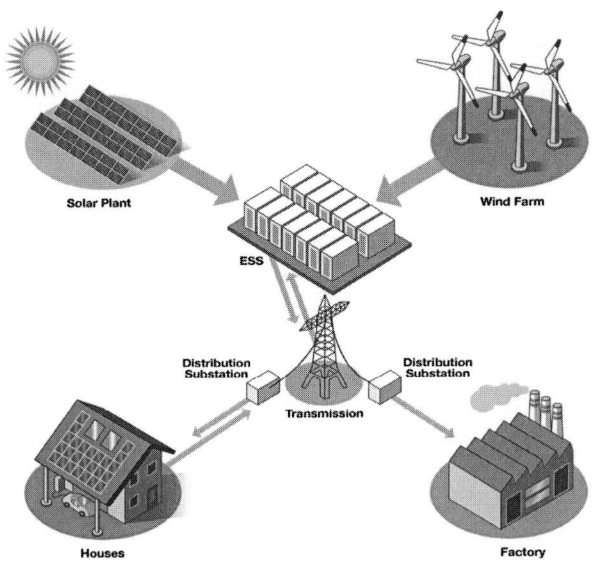

[그림 117] 빅데이터 키워드 분석 목표

첫번 째, 해당 연구를 이용하여 전력수요예측의 정확도 향상을 할 수 있다. 이는 저장하기 어려운, 저장할 경우 상당량의 손실이 발생하는 전기에너지의 특성으로 전력공급에 있어서 최악의 상황인 블랙아웃을 예방하기 위한 예비전력 생산량을 줄일 수 있으며, 이는 전력생산비용의 감소로 이어질 수 있다.

두번 째, 신재생 에너지에 기반한 전력 생산량 예측의 정확도를 향상할 수 있다. 신재생에너지는 발전량에 큰 편차를 보인다. 이는 전력의 수요/공급 예측에 큰 장애이며, 안전적인 전력공급을 목적으로 하는 전력공급시장에 신재생에너지가 화석에너지와 같은 위상을 가질 수 없게 하는 요인이다.

세번 째, 첫 번째와 두 번째 기대효과를 바탕으로, 유기적으로 연계되어 있지 않은 신재생에너지와 화석에너지의 연계를 할 수 있다. 전기에너지 그 자체로 저장이 어려우며, 다른 형태의 에너지로 변환하여 저장 시 에너지 효율이 상당히 감소된다. 따라서 필요한 만큼 전기에너지를 생산하고, 만든 만큼 소모하는 것이 효율적일 것이다. 현재 화석에너지 기반의 전력생산은 신재생에너지 생산분을 고려치 않고 별도로 필요한 전력을 생산하기에 이를 고려하여 화석에너지 기반의 전력생산을 줄일 경우 비용효율적일 것이라 예상된다. 시뮬레이션 환경은 OPNET 시뮬레이션 환경에서 [그림 118]과 같이 신재생 에너지원 생산량 예측 모델을 구성하였다.

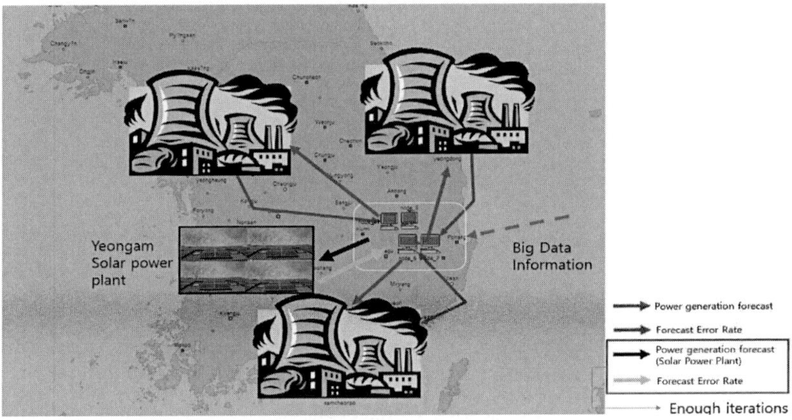

[그림 118] 신재생 에너지원 생산량 예측 모델 구성

한편, 태양광 발전에 영향을 미치는 요소는 크게 일사량과, 온도, 운량, 기상변수 등이 있다. 그 중 태양광 발전량과 일사량의 경우 모든 분위수 수준에서 발전량에 통계적으로 아주 유의한 양의 관계를 보인다.

이는 태양광 발전량과 일사량의 정비례 관계를 의미하며, 빅데이터 분석상으로도 "폭염"을 검색한 빈도와 일사량이 양의 상관관계를 보인다고 할 수 있다. 사람들이 폭염을 검색하는 횟수와 일사량이 가지는 양의 상관관계 사이에는 많은 변수가 산재하여 있기에, 단순한 "폭염검색빈도"는 일사량의 양의 상관관계를 전제할수 없으나, 빅데이터 하에서의 "폭염검색빈도"는 일사량과 양의 상관관계를 가지며, 이에 반하는 특이점들의 수가 빅데이터에 포함 될 경우, 데이터 처리에 있어서 유용한 방식으로 처리 가능함을 Series 1과 Series 2가 도식화 된 것을 [그림 119]과 [그림 120]를 통해 알 수 있는데 자세한 것본 논문을 찾아 보기를 바란다.

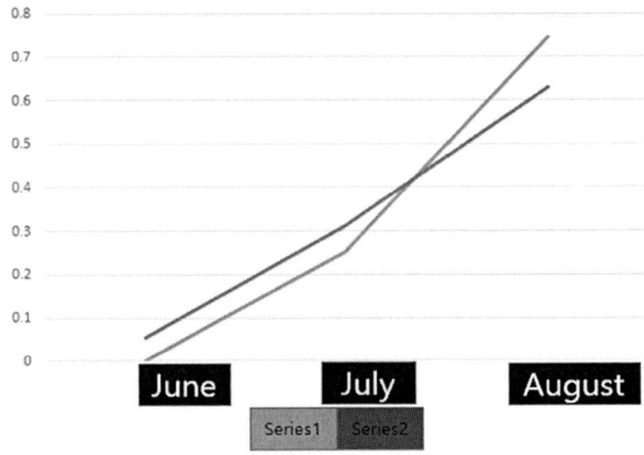

[그림 119] The frequency of appearance for the word "Heat wave" and the changes in photovoltaic power generation in June, July, and August 2016.

한편, Series 1은 대한민국 영암 태양광 발전의 2016년 6~8월 발전량을 각 월별로 평균낸 값이며, 해당 값은 '폭염'의 검색빈도와 양의 상관관계를 보이며 태양광 발전량을 예측하는데, 검색빈도를 이용할 경우, 발전량 예측의 정확도 향상에 기여할 수 있음을 보여주고 있다.

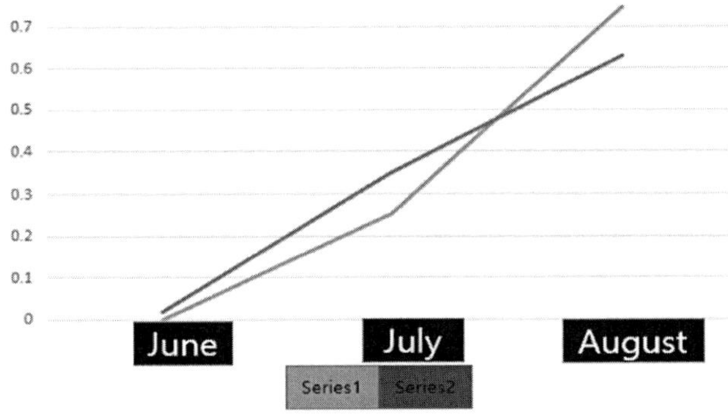

[그림 120] The frequency of appearance for the word "Tropical night" and the changes in photovoltaic power generation in June, July, and August 2016.

12.5. 스마트그리드 환경에서 AMI 설계와 지능형 에이전트에 관련된 연구

스마트그리드는 전력망에 정보통신 기술을 접목하여 전기의 사용량이나, 전력선 상태에 대한 정보를 수집하여 효율적으로 전력을 사용할 수 있도록 하는 기술을 말한다. 스마트그리드 분야는 크게 5가지로 Smart Power Grid (IT기술 접목을 통한 지능형 전력망의 구축), Smart Place (전력 공급자와 소비자 간의 양방향 소통이 가능한 주거 환경), Smart Electricity Service (통합운영센터 TOC 및 전력거래 서비스), Smart Transportation (전기자동차 충전 기술과 기반 시설 구축), Smart Renewable (신재생에너지 전력품질 고급화 및 안정적 연계)가 있다. 본 논문에서는 Smart Power Grid와 Smart Place에 초점을 맞추어 테스트 베드 하였다.

오늘날 스마트그리드에서 네트워크 연구자와 운영자들이 직면하고 있는 큰 문제 중 하나는 확장 가능한 테스트 베드가 거의 없다는 것이다. 따라서 본 논문에서는 스마트그리드 환경과 해외에서의 이슈인 Power Line Communicaton (전력선 통신) 기반 환경을 동일 시나리오에서 시뮬레이션 하여 확장이 가능한 테스트 베드를 구축한다. 전력선 통신에서 AMI Application를 제안하였고, 추가로 전력선 통신에서 제안한 기존의 AMI Application에서 인공지능에서 지능형 에이전트를 탑재하여 지능을 갖춘 AMI Application을 제안하여 성능평가를 하였다. 성능평가 결과 제안한 지능형에이전트를 탑재한 어플리케이션은 전력선 통신의 단점을 줄였다. 본 논문에서 제안한 지능형에이전트가 인공지능과 빅데이터 분야의 스마트그리드 기반 기술이 되기를 기대한다.

본 논문은 국제 저널 에디터에게 우수성을 입증받아 IGI 글로번 출판사의 미국 저서의 한 단원으로 출판 되기도 하였다.

영문 요약: Today, the power line communication (PLC) is being used for the configuration of Home-Network or factory automation. Due to the improvements in both the stability and the transmission speed resulting from recent digital PLC method, its field of applications is getting broader.Meanwhile, the PLC has been studied widely for it is considered to be the low-cost communication solution that utilizes power distribution network and suitable for the Smart Metering systems. However, involved costs and limited geographical application must be solved to commercialize this technology.

On the other hand, the positive economic aspects and potentials in future applications should be recognized. External control of household appliances and automated monitoring and power management can be achieved with the technology. Once such system is implemented and utilized, it will not only contribute to energy conservation but also be able to cope with the power system abnormalities remotely. Despite of these advantages, the PLC technology still reveals its vulnerability in achieving stable communications. Its low-reliability problem caused by the signal interference and attenuation are being discussed and the solution has been described in this study with the results obtained from the test bed experiments.We expect that our system proposed in this paper will become a foundation technology for the Smart Grid.

[그림 121]는 본 논문에서 제안한 Java 언어로 구현한 지능형 에이전트 UML이며, [그림 122]는 이를 계속 설명한다. 이처럼 프로그래밍한 부분은 그 과정을 UML와 의사코드 및 순서도로 설명할 수 있다. 한편, Springer Link의 논문정보는 다음 [그림 123]와 같다.

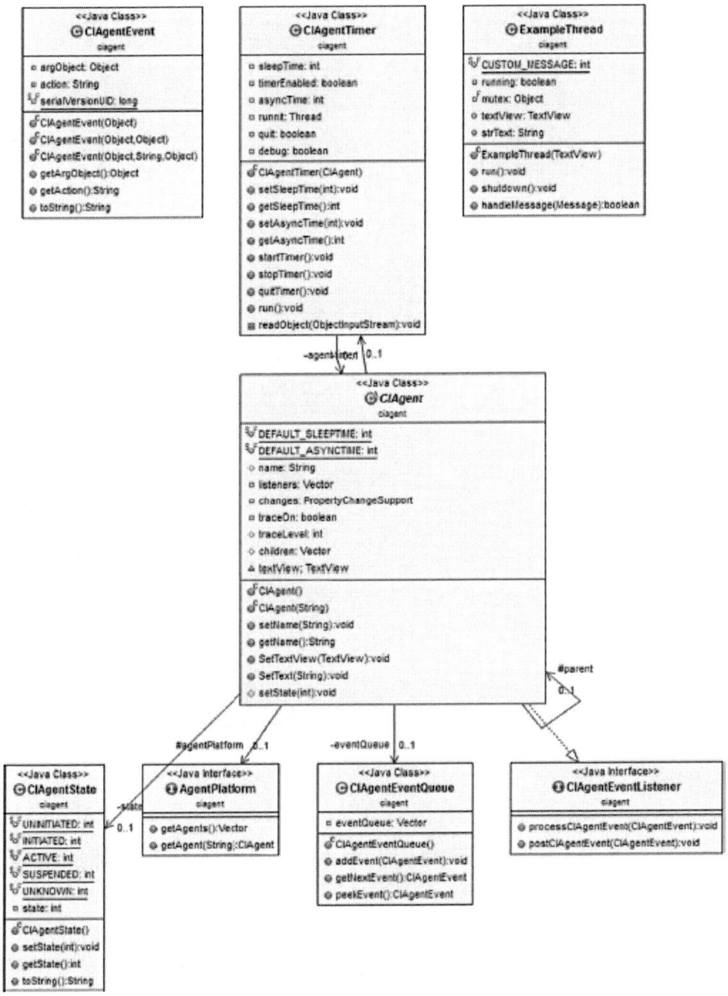

[그림 121] Java 언어로 구현한 지능형 에이전트 UML (1)

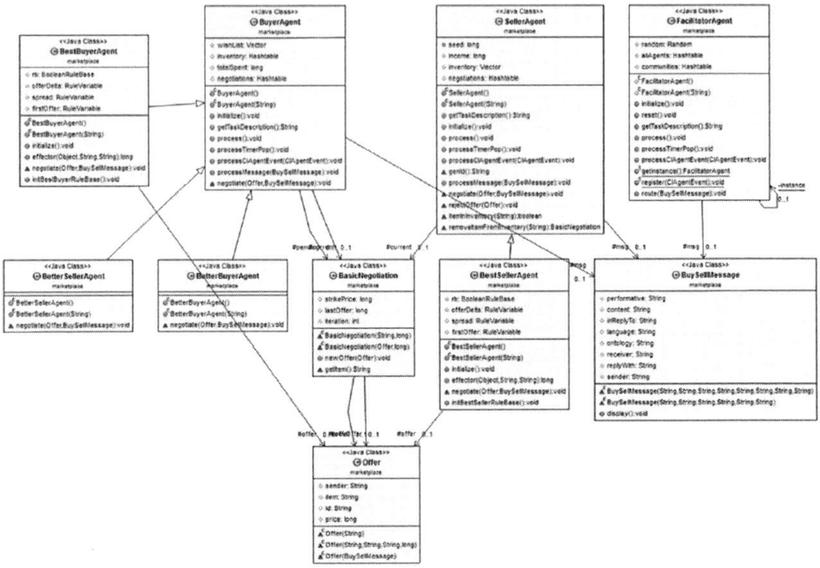

[그림 122] Java 언어로 구현한 지능형 에이전트 UML (2)

Springer Link

Published: 05 March 2016

Advanced metering infrastructure design and test bed experiment using intelligent agents: focusing on the PLC network base technology for Smart Grid system

Jun-Ho Huh, Sugarbayar Otgonchimeg & Kyungryong Seo

The Journal of Supercomputing **72**, 1862–1877 (2016) | Cite this article

792 Accesses | **70** Citations | Metrics

[그림. 123] Springer Link의 논문정보

12.6. Apache Spark Hadoop 환경에서 Rough Set 이론을 기반한 규칙 모형 제안

본 논문에서는 Apache Spark.net Hadoop 환경에서 Rough Set 이론을 기반으로 고객의 구매 추이를 추론하기 위하여 결합 된 규칙 모형을 구축하였다.

즉 본 논문에서 제안된 모형은 데이터 웨어하우스 구축의 사이클 시리즈, 빅데이터 전 처리, 표준화와 빅데이터 최적화, Rough Set 집합에 대한 결합된 규칙 들을 찾는 법으로 빅데이터를 개발 및 평가 그리고 시각화를 포함된다. 또한, 사용자가 사용할 수 있는 도구를 제공하기 위한 완벽한 소프트웨어(솔류션)를 제안한다.

사용자는 빅데이터를 가져와서 편집하고, 빅데이터 기록을 보고 모델을 실행하여 결합된 규칙을 탐색하고, 모델의 과정을 증명하고, 통계 및 보고 기능등을 제공할 수 있다.

영문 요약: In recent years, the information technology industry around the world has grown strong. At the same time, we also face a new challenge with the explosion in the amount of information. Although there is a huge amount of data, the information that we actually have is lacking, and the implications behind the data have not been fully exploited. Scientists have researched new ways to fully exploit the information contained in the database. Since the late 1980s, the concept of knowledge discovery in databases was first mentioned. This is the process of detecting latent, unknown, and useful knowledge in large databases, while overcoming the limitations of traditional database models with only data query tools that cannot find new information, and is information hidden in the database.

Knowledge mining in a database is the process of discovering new, useful, and information hidden in a database. Since the early 1980s, Z. Pawlak has proposed the Rough Set theory with a very solid mathematical basis. This theory is practiced by many research groups working in the field of general information technology and exploring knowledge in the database and applied in research. Rough Set theory is more widely applied in the field of knowledge discovery, while being useful in solving problems of data classification and association rules through discovery, and especially useful in problems dealing with ambiguous and uncertain data. Specifically, in theory, the raw set of data is displayed using information systems or tables. With large data tables having imperfect data, redundant data, or continuous data or represented in the form of symbols, the Rough Set theory allows knowledge exploration in databases like this to detect hidden knowledge from these "raw" blocks of data. The found knowledge is expressed in the form of rules and patterns. After finding the most general rules for data representation, one can calculate the strength and dependence between attributes in the information system.

In this paper, the authors research the recommendation system, rough set theory, theory of approximation, and fuzzy rough set theory, thereby building a partial model. Software enables users to exploit association rules of their database, thereby facilitating appropriate purchase or import decisions. The system can support user design options of database features, load data from the SQL Server by Apache Spark, and export the statistics to website to be reported.

[그림 124] Set Theory 이론이며, [그림 125]는 GA로 제안하는 연구 모델

이다. 한편, [그림 126]은 제안하는 모델의 객체 클래스들의 UML이며 [그림 127]은 제안하는 시스템이다. 한편, Springer Link의 논문정보 [그림. 128]과 같다.

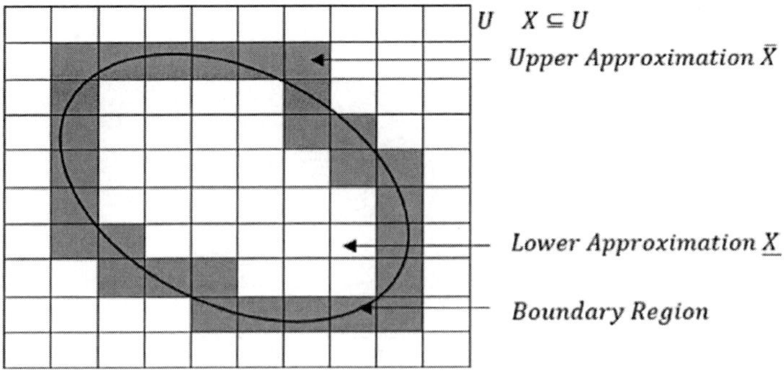

[그림 124] Set Theory 이론

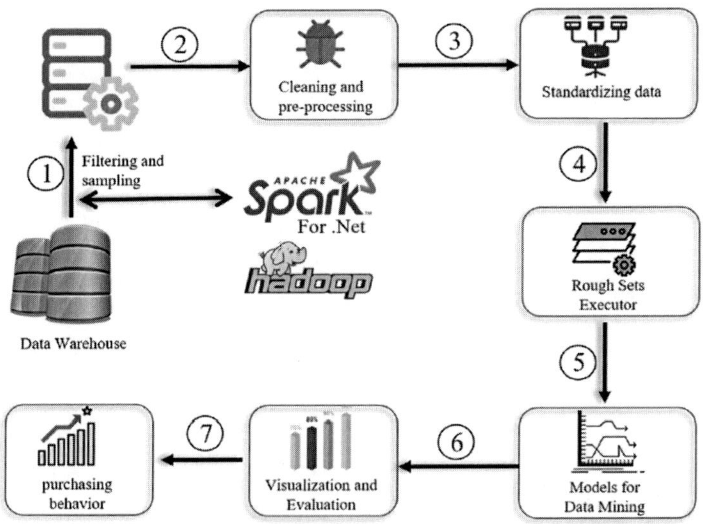

[그림 125] 제안하는 연구 모델

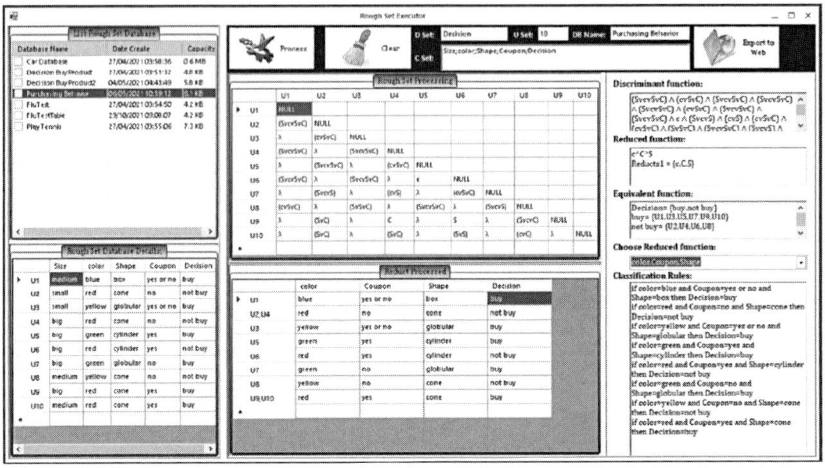

[그림 126] 제안하는 모델의 객체 클래스들의 UML

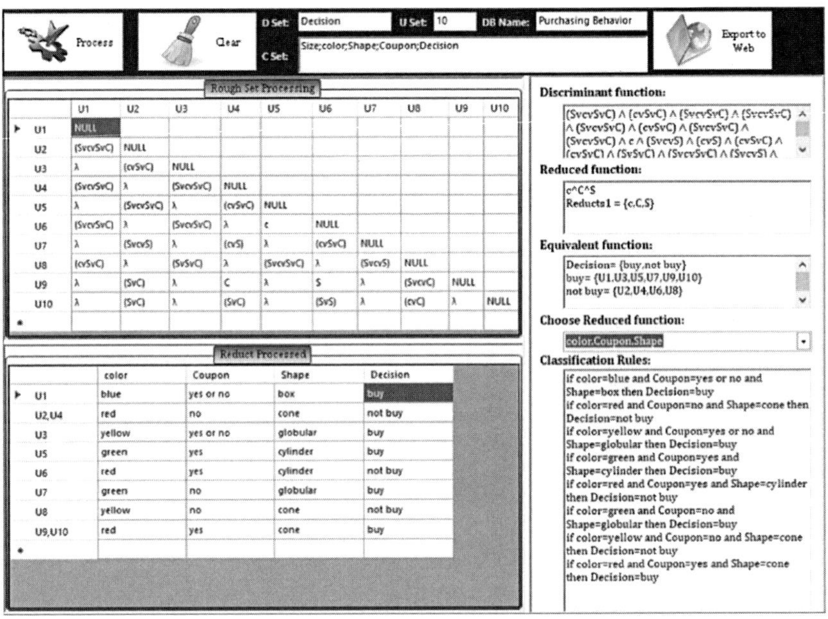

[그림 127] 제안하는 시스템

Springer Link

Published: 07 February 2022

Building a model to exploit association rules and analyze purchasing behavior based on rough set theory

Duy Thanh Tran & Jun-Ho Huh

The Journal of Supercomputing (2022) | Cite this article

9 Accesses | Metrics

[그림. 128] Springer Link의 논문정보

12.1 건강 빅데이터를 이용한 예시

Huh, J. H. (2018). Big data analysis for personalized health activities: machine learning processing for automatic keyword extraction approach. Symmetry, 10(4), pp. 1-30.

12.2 원자력발전소 보안 빅데이터를 이용한 취약점 분석에 관한 연구

Lee, S., & Huh, J. H. (2019). An effective security measures for nuclear power plant using big data analysis approach. The Journal of Supercomputing, 75(8), pp. 4267-4294.

12.3 태양광발전소 빅데이터 플랫폼 구현에 관한 연구

Je, S. M., & Huh, J. H. (2021). Estimation of future power consumption level in smart grid: Application of fuzzy logic and genetic algorithm on big data platform. International Journal of Communication Systems, 34(2), pp. 1-22.

12.4 태양광발전소 빅데이터 시각화 및 크롤링에 관한 연구

Je, S. M., Ko, H., & Huh, J. H. (2021). Accurate Demand Forecasting: A Flexible and Balanced Electric Power Production Big Data Virtualization Based on Photovoltaic Power Plant. Energies, 14(21), pp. 1-31.

12.5 스마트그리드 환경에서 AMI 설계와 지능형 에이전트에 관련된 연구

Huh, J. H., Otgonchimeg, S., & Seo, K. (2016). Advanced metering infrastructure design and test bed experiment using intelligent agents: focusing on the PLC network base technology for Smart Grid system. The Journal of Supercomputing, Springer, 72(5), pp. 1862-1877.

12.6 Apache Spark Hadoop 환경에서 Rough Set 이론을 기반한 규칙 모형 제안

Tran, D. T., & Huh, J. H. (2022). Building a model to exploit association rules and analyze purchasing behavior based on rough set theory. The Journal of Supercomputing, Springer, pp. 1-41.

13 결론

빅데이터라는 개념이 나온 지 어언 13년이 넘어서 많은 분야에 적용이 되고 있으며 이는 매우 좋은 현상이라고 생각된다.

최초의 빅데이터가 나온 개념은 크게 두가지로 먼저 '데이터베이스에 대한 확장 개념'이었고, 이것은 기존의 데이터베이스에 대한 도전이라고 생각을 하였던 시절이 있었으며, 비식별화 되지 않은 빅데이터로 인하여 빅데이터 기술이 상대적으로 적대시 되었던 것도 사실이다. 둘째로 통계학을 기반으로한 빅데이터를 어떻게 처리하고 최적화 하고 비식별화하는 문제를 R, 파이썬, 하둡을 이용하여 처리 하고자 하였고 통계학 및 수리 이용을 바탕으로 알고리즘을 구상하고 개선점을 찾아내는 문제는 컴퓨터공학(전산학)에서 속도를 빠르게 하거나 비용을 절감하는 문제를 해결하고자 하는 목표와 중복되는 것 또한 있다.

모든 기술은 그에 따른 이전 기술이 있기 마련이고 아무리 좋은 기술이라 할지라도 항상 순기능과 역기능이 존재하며, 빅데이터도 이러한 점에서는 동등하게 적용된다고 생각된다.

그렇지만 지금까지의 비식별화 컨셉을 보았을 때는 투명하지 않게 관리가 되었던 부분을 매우 투명하게 관리가 가능해지는 빅데이터 플랫폼을 바탕으로 생각하면 좋은 연구가 되는 기술이라고 판단이 된다.

한편, 최근 4차 산업혁명이 진행되면서 급속도로 ICT 환경이 변해가고 있고, 특히 대한민국에서 디지털 뉴딜 사업과 함께 2019년을 기점으로 빅데이터와 관련하여 많은 산업군이 생겨나서 빅데이터가 인공지능과 결합하여 급속도의 발전이 가능할 것이 예상되며, 이것은 전통적인 생태계가 흔들릴 정도로 매우 중요한 일이라고 생각할 수 있다.

우리는 스마트폰의 등장으로 모바일 환경이 도래했을 때, 기존의 웹 환경에서 모바일 환경으로 전환하지 못한 기업은 오랜 역사를 지니고 있더라도 힘들어지는 현상이 많이 목격되던 기존의 역사를 보면서 교훈을 얻었다.

따라서 본 저서는 빅데이터라는 개념과 함께 해양 빅데이터를 분석 해봄으로써 빅데이터 페러다임의 변화와 거기에 특화된 기초를 배양 할 수 있도록 하였다.

PART 부록

허준호 교수가 제안하는-

한국해양대학교 대학원 데이터정보학과 전공 빅데이터 관련 교과목

<2022년 이후 교육과정>

1) 빅데이터 수집 및 정제 특론

빅데이터 수집은 유형의 데이터(정형 데이터, 반정형 데이터, 비정형 데이터)들을 수집하는 방법론(정제 방법 포함)으로 데이터들이 어떻게 수집 하는가에 따라 빅데이터의 신뢰도가 결정된다. 따라서 본 강좌에서는 빅데이터의 신뢰도를 높이기 위한 수집 기법과 방법론에 대하여 최신의 논문들로 연구하고, 수집 분야에 대하여 토론한다.

1) Advanced Big Data Collection and Big Data Cleansing

Big data collection is a methodology of collecting (Include cleansing) a specific type of data (e.g., structured, semi-structured, or unstructured data) whose reliability depends on it. Thus, the data collection techniques and methodologies to enhance the reliability of data will be studied in this course by referring to some of the latest research works with discussions.

◆ 수업중 이용하는 저널

→ ACM Transactions on Knowledge Discovery from Data

→ ACM/IMS Transactions on Data Science

→ IEEE Transactions on Big Data

→ IEEE Transactions on Knowledge and Data Engineering

2) 빅데이터 클라우드 서비스 특론

최근 클라우드 시스템은 수집된 빅데이터를 서비스하며 클라우드 시스템에서 최적화 하여 관리자 및 사용자에게 가시화 하고 있다. 본 강좌는 빅데이터 클라우드 시스템의 최적화 이론들과 응용 방법론 그리고 가상화 및 가시화 기법에 대하여 연구하고 토론한다.

2) Advanced Big Data Cloud Service

The recent Big Data cloud systems are visualizing collected big data for the system managers, operators or users after service and optimizing it in a cloud system. This course focuses on their optimization theories, application methodologies as well as virtualization and visualization techniques, to which a thorough discussion will be followed.

◆ 수업중 이용하는 저널

→ ACM Transactions on Knowledge Discovery from Data
→ ACM/IMS Transactions on Data Science
→ IEEE Transactions on Big Data
→ IEEE Communications Surveys & Tutorials
→ IEEE Communications Letters
→ IEEE Transactions on Knowledge and Data Engineering
→ IEEE Transactions on Cloud Computing
→ IEEE Cloud Computing
→ Springer Journal of Big Data
→ Springer Computing
→ Springer The Journal of Supercomputing
→ Springer Journal of Ambient Intelligence and Humanized –Computing
→ Springer Cluster Computing

3) 빅데이터 에지 컴퓨팅 서비스 특론

에지컴퓨팅은 다양한 단말 기기에서 발생하는 데이터들을 클라우드 시스템과 같은 중앙집중식 데이터센터로 보내지 않고 데이터들이 발생한 현장 혹은 근거리 및 원거리에서 실시간으로 처리하는 방식이며 데이터 흐름 가속화를 지원하는 방식이다. 본 강좌는 에지 컴퓨팅 시스템과 포그 컴퓨팅 시스템의 최적화 이론들과 응용 방법론 그리고 서비스 및 가시화 기법에 대하여 연구하고 토론한다.

3) Advanced Big Data Edge Computing Service

Edge computing is a method of processing the data generated from various types of terminal devices at a close proximity or remotely on a real-time basis rather than sending it to a centralized data center like a cloud system to accelerate its flow. This course studies and discusses the optimization theories of edge and fog computing systems along with their application methodologies in addition to service and visualization techniques.

◆ **수업중 이용하는 저널**

→ ACM Transactions on Knowledge Discovery from Data
→ IEEE Transactions on Big Data
→ IEEE Transactions on Knowledge and Data Engineering
→ IEEE Transactions on Cloud Computing
→ Springer Computing
→ Springer The Journal of Supercomputing
→ Springer Journal of Ambient Intelligence and Humanized –Computing
→ Springer Cluster Computing

4) 빅데이터 프로그래밍 언어 특론

빅데이터 프로그래밍 언어에서 빅데이터 분석 언어는 R과 파이썬이 있으며, 빅데이터의 데이터베이스 최적화 시스템으로 하둡이 각광 받고 있다. 이들의 분석 방법론은 다양하며 빅데이터를 최적화 하여 가상화 및 가시화를 목표로 하고 있다. 따라서 본 강좌에서는 이들 솔류션을 응용한 최신 연구기법에 대하여 연구하고 토론한다.

4) Advanced Big Data Programming Languages

In big data programming Languages, both R and Python are being used as a popular big data analysis language whereas Hadoop has become an efficient and effective tool for optimizing it. Their analysis methods are diverse and the objective is to virtualize or visualize big data after optimizing it. This course studies the latest research works focusing on the solutions adopting these languages.

◆ 수업중 이용하는 저널

→ ACM Transactions on Programming Languages and Systems
→ ACM Transactions on Knowledge Discovery from Data
→ ACM/IMS Transactions on Data Science
→ IEEE Transactions on Big Data
→ IEEE Transactions on Knowledge and Data Engineering
→ IEEE Transactions on Cloud Computing
→ Springer Journal of Big Data
→ Springer Computing
→ Springer The Journal of Supercomputing
→ Springer Journal of Ambient Intelligence and Humanized –Computing

5) 인공지능 시뮬레이션 특론

빅데이터를 이용한 응용 서비스에서 인공지능 연구자와 운영자들이 직면하고 있는 큰 문제 중 하나는 확장 가능한 테스트 베드가 거의 없다는 것이다. 보통 제작된 네트워크 상에서 직접적으로 실험을 하거나, 복잡한 시스템들에 대한 분석적 모델을 만드는 것이 불가능 하기에 연구자들과 운영자들은 주로 시뮬레이션이나 축소된 테스트 베드에 의존한다. 따라서 본 강좌에서는 네트워크 가상화와 인공지능을 이용한 응용 서비스와 관련된 시뮬레이션에 대하여 연구하고 토론한다.

5) Advanced Artificial Intelligence Simulation

One of the major problems facing the Artificial Intelligence researchers or managers operating a Artificial Intelligence-based application service is that very few scalable testbeds are available currently. As it is impossible for them to perform a test directly or develop an analytical model on a network, they often rely on a simulation or small-scale test bed. Considering such an issue, this course studies the Artificial Intelligence used for the big data-based application services in addition to network virtualization.

◆ 수업중 이용하는 저널

→ ACM Transactions on Modeling and Computer Simulation
→ IEEE Transactions on Artificial Intelligence
→ Springer Computing
→ Springer Cluster Computing
→ Springer The Journal of Supercomputing
→ Springer Journal of Ambient Intelligence and Humanized –Computing

6) 빅데이터 환경 특론

빅데이터 연구자와 운영자들이 직면하고 있는 큰 문제 중 하나는 확장 가능한 테스트 베드 환경이 거의 없다는 것이다. 보통 제작된 네트워크 상에서 직접적으로 실험을 하거나, 복잡한 시스템들에 대한 분석적 모델을 만드는 것이 불가능 하기에 연구자들과 운영자들은 주로 시뮬레이션이나 축소된 테스트 베드에 의존한다. 따라서 본 강좌에서는 소규모 테스트 베드를 만드는 방법에 대하여 연구하고 토론한다.

6) Advanced Big Data Environment

Considering the current scarcity of scalable test beds environment which allow the big data researchers or managers to perform a test or develop an analytical model on a network and the fact that they have no alternative but to rely on a simulation or small-scale testbed, this course focuses on developing a small-scale but effective testbed through research and discussion.

◆ 수업중 이용하는 저널

→ ACM Transactions on Knowledge Discovery from Data
→ ACM/IMS Transactions on Data Science
→ IEEE Communications Surveys & Tutorials
→ IEEE Transactions on Big Data
→ IEEE Transactions on Knowledge and Data Engineering
→ Springer Journal of Big Data
→ Springer Computing
→ Springer The Journal of Supercomputing
→ Springer Journal of Ambient Intelligence and Humanized –Computing

7) 사회 연결망과 부동산 빅데이터 분석 특론

사회 연결망 분석은 사회 연결망 데이터를 활용하여 사회 연결망과 사회 구조 등을 사회과학적으로 분석하는 하나의 방식이다. 본 강좌는 사회 관계망 빅데이터는 복잡도가 높은 문제로 많은 변수들이 관여한다. 본 강좌에서는 다양한 사회 현상 및 기업문제를 이해하는데 어떻게 응용할 수 있는가를 연구하고 토론한다. 사회 관계망에서의 빅데이터를 가공하는 방법론 그리고 가사화 방법론을 통하여 부동산 분야의 데이터를 가사화 하는데 그 목표가 있다.

7) Advanced Social Network and Land (Real Estate) Big Data Analysis

This analysis method is a way of analyzing a social network and social structure in terms of social science by using social network big data. Since a variety of variables can be involved when analyzing such big data due to its high complexity, this course studies and makes a discussion on how to apply it to understand the issues involved with diverse social phenomena or businesses. The program focuses on visualizing big data in the field of land by using efficient data processing and visualization methods.

◆ 수업중 이용하는 저널

→ ACM Transactions on Knowledge Discovery from Data
→ ACM/IMS Transactions on Data Science
→ IEEE Transactions on Big Data
→ IEEE Transactions on Knowledge and Data Engineering
→ Springer Journal of Big Data

8) 해양 과학 빅데이터 분석 특론

본 강좌는 생물 정보학과 생물 통계학에서의 빅데이터 처리 시스템에 대하여 연구하고 토론하는데 그 목적이 있다. IRB를 받은 해양 빅데이터를 가공하는 방법론 그리고 가시화 방법론을 통하여 생명과학 분야의 데이터를 가시화 하는데 그 목표가 있다.

8) Advanced Ocean Science Big Data Analysis

This course aims to perform research and discussion on a big data processing system in the field of ocean bioinformatics or ocean biostatics, which involves visualization of ocean science big data using an IRB-approved data processing methodology along with a visualization technique.

◆ 수업중 이용하는 저널

→ ACM Transactions on Knowledge Discovery from Data
→ ACM/IMS Transactions on Data Science
→ IEEE Transactions on Big Data
→ IEEE Transactions on Artificial Intelligence
→ IEEE Communications Surveys & Tutorials
→ IEEE Transactions on Knowledge and Data Engineering
→ IEEE Journal of Oceanic Engineering
→ IEEE Internet of Things Journal
→ IEEE Spectrum
→ Springer Ocean Science Journal
→ Springer Journal of Big Data
→ Springer Computing
→ Springer The Journal of Supercomputing

허준호 교수가 제안하는-
한국해양대학교 대학원 데이터사이언스 전공
빅데이터 관련 교과목

<2022년 이전 교육과정 (2019년~2021년 운영)>

9) 빅데이터 수집 특론

빅데이터 수집은 유형의 데이터 (정형 데이터, 반정형 데이터, 비정형 데이터)들을 수집하는 방법론으로 데이터들이 어떻게 수집 하는가에 따라 빅데이터의 신뢰도가 결정된다. 따라서 본 강좌에서는 빅데이터의 신뢰도를 높이기 위한 수집 기법과 방법론에 대하여 최신의 논문들로 연구하고, 수집 분야에 대하여 토론한다.

9) Advanced Big Data Collection

Big Data collection is a methodology of collecting a specific type of data (e.g., structured, semi-structured, or unstructured data) whose reliability depends on it. Thus, the data collection techniques and methodologies to enhance the reliability of data will be studied in this course by referring to some of the latest research works with discussions.

◆ **수업중 이용하는 저널**

→ ACM Transactions on Knowledge Discovery from Data
→ IEEE Transactions on Big Data
→ IEEE Transactions on Knowledge and Data Engineering
→ Springer Computing
→ Springer The Journal of Supercomputing

10) 클라우드 컴퓨팅 특론

최근 클라우드 시스템은 수집된 빅데이터를 처리하여 클라우드 시스템에서 최적화 하여 관리자 및 사용자에게 가시화 하고 있다. 본 강좌는 클라우드 시스템의 최적화 이론들과 응용 방법론 그리고 가상화 및 가시화 기법에 대하여 연구하고 토론한다.

10) Advanced Cloud Computing

The recent cloud systems are visualizing collected big data for the system managers, operators or users after processing and optimizing it in a cloud system. This course focuses on their optimization theories, application methodologies as well as virtualization and visualization techniques, to which a thorough discussion will be followed.

◆ 수업중 이용하는 저널

→ ACM Transactions on Knowledge Discovery from Data
→ ACM/IMS Transactions on Data Science
→ IEEE Transactions on Big Data
→ IEEE Transactions on Knowledge and Data Engineering
→ IEEE Transactions on Cloud Computing
→ IEEE Communications Surveys & Tutorials
→ IEEE Cloud Computing
→ IEEE Internet of Things Journal
→ IEEE Spectrum
→ Springer Journal of Big Data
→ Springer Computing
→ Springer The Journal of Supercomputing
→ Springer Journal of Ambient Intelligence and Humanized –Computing

11) 에지 컴퓨팅 특론

다양한 단말 기기에서 발생하는 데이터들을 클라우드 시스템과 같은 중앙 집중식 데이터센터로 보내지 않고 데이터들이 발생한 현장 혹은 근거리 및 원거리에서 실시간으로 처리하는 방식이며 데이터 흐름 가속화를 지원하는 방식이다. 본 강좌는 에지 컴퓨팅 시스템과 포그 컴퓨팅 시스템의 최적화 이론들과 응용 방법론 그리고 가상화 및 가시화 기법에 대하여 연구하고 토론한다.

11) Advanced Edge Computing

Edge computing is a method of processing the data generated from various types of terminal devices at a close proximity or remotely on a real-time basis rather than sending it to a centralized data center like a cloud system to accelerate its flow. This course studies and discusses the optimization theories of edge and fog computing systems along with their application methodologies in addition to virtualization and visualization techniques.

◆ 수업중 이용하는 저널

→ ACM Transactions on Knowledge Discovery from Data
→ IEEE Transactions on Big Data
→ IEEE Transactions on Knowledge and Data Engineering
→ IEEE Transactions on Cloud Computing
→ IEEE Internet of Things Journal
→ Springer Computing
→ Springer The Journal of Supercomputing
→ Springer Journal of Ambient Intelligence and Humanized –Computing

12) 빅데이터 분석 방법 특론

빅데이터 프로그래밍 언어론에서 빅데이터 분석 언어는 R과 파이썬이 있으며, 빅데이터의 데이터베이스 최적화 시스템으로 하둡이 각광 받고 있다. 이들의 분석 방법론은 다양하며 빅데이터를 최적화 하여 가상화 및 가시화를 목표로 하고 있다. 따라서 본 강좌에서는 이들 솔류션을 응용한 최신 연구 기법에 대하여 연구하고 토론한다.

12) Advanced Big Data Analysis Methodology

In big data programming, both R and Python are being used as a popular big data analysis language whereas Hadoop has become an efficient and effective tool for optimizing it. Their analysis methods are diverse and the objective is to virtualize or visualize big data after optimizing it. This course studies the latest research works focusing on the solutions adopting these languages.

◆ 수업중 이용하는 저널

→ ACM Transactions on Programming Languages and Systems
→ ACM Transactions on Knowledge Discovery from Data
→ IEEE Transactions on Reliability
→ IEEE Transactions on Big Data
→ IEEE Transactions on Knowledge and Data Engineering
→ IEEE Transactions on Cloud Computing
→ Springer Journal of Big Data
→ Springer Computing
→ Springer The Journal of Supercomputing
→ Springer Journal of Ambient Intelligence and Humanized –Computing

13) 빅데이터 시뮬레이션 특론

빅데이터를 이용한 응용 서비스에서 빅데이터 연구자와 운영자들이 직면하고 있는 큰 문제 중 하나는 확장 가능한 테스트 베드가 거의 없다는 것이다. 보통 제작된 네트워크 상에서 직접적으로 실험을 하거나, 복잡한 시스템들에 대한 분석적 모델을 만드는 것이 불가능 하기에 연구자들과 운영자들은 주로 시뮬레이션이나 축소된 테스트 베드에 의존한다. 따라서 본 강좌에서는 네트워크 가상화와 빅데이터를 이용한 응용 서비스와 관련된 시뮬레이션에 대하여 연구하고 토론한다.

13) Advanced Big Data Simulation

One of the major problems facing the big data researchers or managers operating a big data-based application service is that very few scalable testbeds are available currently. As it is impossible for them to perform a test directly or develop an analytical model on a network, they often rely on a simulation or small-scale testbed. Considering such an issue, this course studies the simulations used for the big data-based application services in addition to network virtualization.

◆ 수업중 이용하는 저널

→ ACM Transactions on Modeling and Computer Simulation
→ IEEE Transactions on Cloud Computing
→ IEEE Internet of Things Journal
→ Springer Computing
→ Springer Cluster Computing
→ Springer The Journal of Supercomputing
→ Springer Journal of Ambient Intelligence and Humanized –Computing

14) 빅데이터 테스트 베드 특론

빅데이터 연구자와 운영자들이 직면하고 있는 큰 문제 중 하나는 확장 가능한 테스트 베드가 거의 없다는 것이다. 보통 제작된 네트워크 상에서 직접적으로 실험을 하거나, 복잡한 시스템들에 대한 분석적 모델을 만드는 것이 불가능 하기에 연구자들과 운영자들은 주로 시뮬레이션이나 축소된 테스트 베드에 의존한다. 따라서 본 강좌에서는 소규모 테스트 베드를 만드는 방법에 대하여 연구하고 토론한다.

14) Advanced Big Data Test Bed

Considering the current scarcity of scalable testbeds which allow the big data researchers or managers to perform a test or develop an analytical model on a network and the fact that they have no alternative but to rely on a simulation or small-scale testbed, this course focuses on developing a small-scale but effective testbed through research and discussion.

◆ 수업중 이용하는 저널

→ ACM Transactions on Modeling and Computer Simulation
→ IEEE Communications Surveys & Tutorials
→ IEEE Transactions on Reliability
→ IEEE Transactions on Big Data
→ IEEE Transactions on Cloud Computing
→ IEEE Internet of Things Journal
→ Springer Computing
→ Springer Cluster Computing
→ Springer The Journal of Supercomputing
→ Springer Journal of Ambient Intelligence and Humanized –Computing

15) 사회 연결망 빅데이터 분석 특론

사회 연결망 분석은 사회 연결망 데이터를 활용하여 사회 연결망과 사회 구조 등을 사회과학적으로 분석하는 하나의 방식이다. 본 강좌는 사회 관계망 빅데이터는 복잡도가 높은 문제로 많은 변수들이 관여한다. 본 강좌에서는 다양한 사회 현상 및 기업문제를 이해하는데 어떻게 응용할 수 있는가를 연구하고 토론한다. 소셜 네트워크에서의 빅데이터를 가공하는 방법론, 그리고 가사화 방법론을 통하여 생명과학 분야의 데이터를 가사화 하는데 그 목표가 있다.

15) Advanced Social Network Big Data Analysis

This analysis method is a way of analyzing a social network and social structure in terms of social science by using social network big data. Since a variety of variables can be involved when analyzing such big data due to its high complexity, this course studies and makes a discussion on how to apply it to understand the issues involved with diverse social phenomena or businesses. The program focuses on visualizing big data in the field of life science by using efficient data processing and visualization methods.

◆ 수업중 이용하는 저널

→ ACM Transactions on the Web

→ ACM Transactions on Computer-Human Interaction

→ ACM Transactions on Modeling and Computer Simulation

→ Springer Computing

→ Springer Cluster Computing

→ Springer The Journal of Supercomputing

→ Springer Journal of Ambient Intelligence and Humanized -Computing

16) 생명과학 빅데이터 분석 특론

1명의 인간의 유전 정보는 3MB에 불과 하지만 대한민국 국민 전체라면 이를 합한 150TB(테라바이트)의 정보를 소화할 수 있는 시스템이 필요하다. 따라서 생명과학 분야 연구의 미래는 빅데이터 처리 시스템을 얼마나 잘 갖췄느냐에 달려 있다는 의미다. 본 강좌는 생물 정보학과 생물 통계학에서의 빅데이터 처리 시스템에 대하여 연구하고 토론하는데 그 목적이 있다. IRB를 받은 생명과학 빅데이터를 가공하는 방법론 그리고 가시화 방법론을 통하여 생명과학 분야의 데이터를 가시화 하는데 그 목표가 있다.

16) Advanced Life Science Big Data Analysis

Although a person's genetic information is just about 3MB, its amount can reach up to 150TB when the entire population in the Republic of Korea is considered. The necessity of a big data processing system that can handle such a volume is clear and the future of life science research depends on acquiring or developing such a system. This course aims to perform research and discussion on a big data processing system in the field of bioinformatics or biostatics, which involves visualization of life science big data using an IRB-approved data processing methodology along with a visualization technique.

◆ 수업중 이용하는 저널

→ Nature
→ Science
→ Springer Computing
→ Springer Journal of Ambient Intelligence and Humanized –Computing

응용사례

플립러닝 (Flipped Learning) 연계 교육

영국의 탑티어 전산교육학/컴퓨터교육학 컨퍼런스 및 전산교육학/컴퓨터교육학 탑티어 저널인 SSCI 인덱스 저널인 IEEE Transactions on Education (ToE) Impact Factor 2.116 (JCR 2020 기준)에 플립러닝 교수법이 소개 되었고, 국내에 다수의 대학교에 플립러닝을 시행하고 있다.

교육방법 중 플립러닝 Ted 강연 자료 및 유튜브 강연자료 혹은 시제품을 이용하여 학생들에게 최근 동향을 전달하고 있다. 학생들 대면 상담이나 학생들의 설문 조사 결과도 긍정적 이야기가 다수라 본 교재에 샘플을 소개하고자 한다.

플립러닝은 교수자가 선행학습 영상 자료를 제작하여 수업 시간 전에 선행 학습을 할 수 있는 이점이 있다.

본 교육과정에서는 Ted 강연 자료 및 유튜브 (YouTube) 시제품 자료를 활용하여 학생들에게 잠재적 교육괴정 및 영교육과정을 남기고자 하였다. 그리고 학생들에게 긍정적인 수업 방식으로 남았기를 기대하며 앞으로 교수자인 본인도 수업 준비에 더욱 더 노력하고 학생들의 니즈를 반영하고자 하고 있다.

응용사례

플립러닝 연계 학부 1학년 과목 예시

과목명: 4차 산업혁명의 데이터 사이언스

교과목 개요: 4차 산업혁명의 원리들과 데이터 사이언스에 대하여 이해하고, 응용된 컨텐츠를 설계하는데 그 목표를 둔다.

- 4차 산업혁명의 원리들에 대하여 학습한다. (산학 현장에서의 요구 조건을 충족하고자 함)
- 데이터 사이언스와 융합적인 콘텐츠에 대한 아이디어를 생각하여 설계한다.
- 플립러닝을 활용하여 자연스러운 예습을 독려하여 의미 있었던 과목으로 긍적적인 잠재적 교육과정으로 남는데 그 목표가 있다.

학습목표: 본 교과목은 4차 산업혁명 시대의 빅데이터에 대한 명확한 개념 정리를 바탕으로 빅데이터 처리 과정의 전체 메커니즘에 대하여 이해한다.

주차	시간 구성	자료형태	사전학습 내용	평가방법	자료 화면 (※동영상 및 학습자료 캡쳐)
5주차	8분 4분 9분 6분	유튜브 영상	BMW 스마트카 시제품 외	시제품 및 토론 주제 기말고사에 출제	

주차	시간 구성	자료형태	사전학습 내용	평가방법	자료 화면 (※동영상 및 학습자료 캡쳐)
6주차	4분 6분 1분 6분	유튜브 영상	스마트카 시제품 외	시제품 및 토론 주제 기말고사에 출제	
7주차	5분 9분	유튜브 영상	스마트카 시제품 외	시제품 및 토론 주제 기말고사에 출제	
8주차	1분 1분 16분	유튜브 영상	자율주행차 시제품 외	시제품 및 토론 주제 기말고사에 출제	
9주차	1분 2분 3분 2분 3분 4분	유튜브 영상	드론 시제품 외	시제품 및 토론 주제 기말고사에 출제	
11주차	3분 1분 1분 3분 1분 1분 4분	유튜브 영상	게임 시제품 외	시제품 및 토론 주제 기말고사에 출제	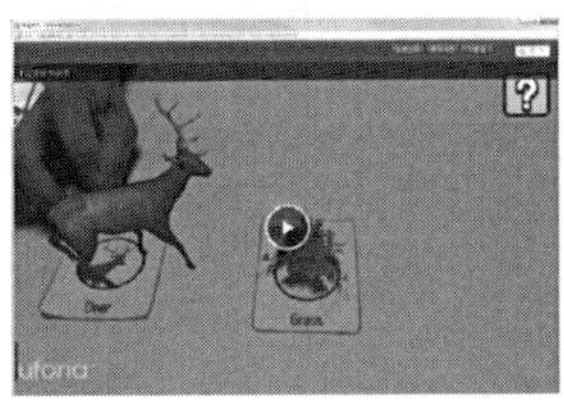

주차	시간 구성	자료형태	사전학습 내용	평가방법	자료 화면 (※동영상 및 학습자료 캡쳐)
13주차	1분 1분 1분 1분 1분 1분 2분	유튜브 영상	무인편의점 시제품 외	시제품 및 토론 주제 기말고사에 출제	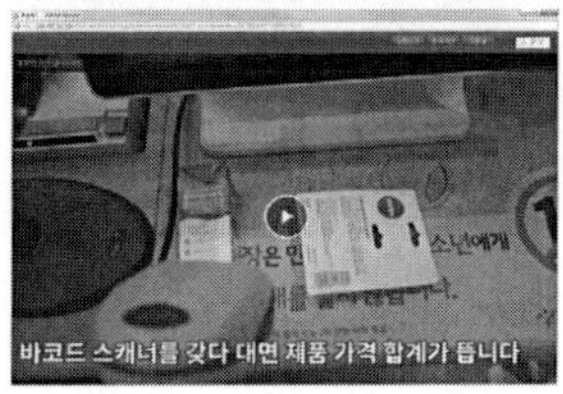

플립러닝 연계 학부 3학년 과목 예시

과목명: 사회관계망 빅데이터 분석

교과목 개요: 사회 연결망 분석은 사회 연결망 데이터를 활용하여 사회 연결망과 사회 구조등을 사회과학적으로 분석하는 하나의 방식이다. 본 강좌는 사회 관계망 빅데이터는 복잡도가 높은 문제로 많은 변수들이 관여한다. 본 강좌에서는 다양한 사회 현상 및 기업문제를 이해하는데 어떻게 응용할 수 있는가를 연구하고 토론한다. 소셜네트워크에서의 빅데이터를 가공하는 방법론 그리고 가사화 방법론을 통하여 생명과학 분야의 데이터를 가사화 하는데 그 목표가 있다.

따라서 빅데이터의 사회관계망 빅데이터 플랫폼들에 대하여 이해하고 빅데이터 수집 및 분석 그리고 이용 기법에 대하여 학습 하고자 한다.

학습목표: 사회관계망 빅데이터 수집 기법들에 대하여 학습한다. (산학 현장에서의 요구 조건을 충족하고자 함)

- 사회관계망 빅데이터 분석 기법들에 대하여 학습한다. (산학 현장에서의 요구 조건을 충족하고자 함)
- 사회관계망 빅데이터들을 비식별화 하는 기법들에 대하여 학습한다. (산학 현장에서의 요구 조건을 충족하고자 함)
- 플립러닝을 활용하여 자연스러운 예습을 독려하여 의미 있었던 과목으로 긍적적인 잠재적 교육과정으로 남는데 그 목표가 있다.

주차	시간구성	자료형태	사전학습 내용	평가방법	자료 화면 (※동영상 및 학습자료 캡쳐)
1주차	18분	Ted 강연 영상	비만 빅데이터의 연결망과 상관관계	시제품 기말고사에 출제 범위 및 14주차 토론은 과제에 출제	
4주차	3분, 2분, 9분, 18분	유튜브 영상	사회연결망 데이터 웨어하우스와 최적화와 관련된 글로벌 기업 자료	시제품 기말고사에 출제 범위 및 14주차 토론은 과제에 출제	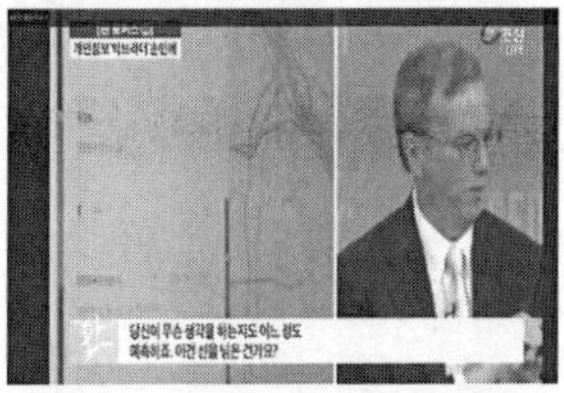
5주차	2분, 9분, 12분	유튜브 영상	사회연결망 글로벌 기업의 비정형 빅데이터 악용 사례외	시제품 기말고사에 출제 범위 및 14주차 토론은 과제에 출제	
6주차	2분, 3분, 1분, 2분, 5분	유튜브 영상	사회연결망 국내 기업의 비정형 빅데이터의 연관 관계	시제품 기말고사에 출제 범위 및 14주차 토론은 과제에 출제	
10주차	6분, 5분, 2분, 5분	유튜브 영상	사회연결망 국내 기업의 비정형 빅데이터의 연관 규칙 1	시제품 기말고사에 출제 범위 및 14주차 토론은 과제에 출제	

주차	시간구성	자료형태	사전학습 내용	평가방법	자료 화면 (※동영상 및 학습자료 캡쳐)
11주차	7분, 2분, 2분, 2분	유튜브 영상	사회연결망 국내와 글로벌 기업 및 외국의 비정형 빅데이터의 연관 규칙과 사례 1	시제품 기말고사에 출제 범위 및 14주차 토론은 과제에 출제	
12주차	10분, 2분, 1분, 2분, 2분	유튜브 영상	빅데이터 비식별화 관련 사례	시제품 기말고사에 출제 범위 및 14주차 토론은 과제에 출제	
13주차	13분, 18분	유튜브 영상	빅데이터 솔루션의 예시	시제품 기말고사에 출제 범위 및 14주차 토론은 과제에 출제	

한국해양대학교 일반대학원 데이터정보학과 전공 소개

1991년 한국해양대학교 학부 응용수학과로 시작하였다.

- 1995년 대학원 석사과정 신설
- 2004년 대학원 박사과정 신설
- 2014년 대학원 데이터정보학과로 재편

한국해양대학교 일반대학원 데이터정보학과 4차 산업혁명의 핵심적인 분야인 빅데이터, 인공지능과 밀접한 관계가 있는 학문으로, 21세기 산업정보화 사회와 4차 산업혁명시대를 선도하기 위한 인력 양성이 시급한 분야(빅데이터 수집 및 분석, 빅데이터 정제 및 가공기술, 빅데이터 비식별화 및 최적화 기법 등)를 교육하는 것을 목표로 한다.

그리고 데이터정보학과에서는 자연과학의 기초가 되는 수학 지식을 기본으로 데이터사이언스와의 유기적 연계를 지향함으로써 지능정보화 사회의 전문인력을 양성하는 것을 목표로 한다.

한편, 데이터정보학과에서는 수학, 통계학 및 전산학을 통합하여 고도화된 정보사회의 다양성에 따른 첨단 데이터 분석 및 컴퓨터를 활용한 빅데이터 분석 방법을 연구하고, 교육함으로써 4차 산업혁명 시대의 급속한 기술력 발전에 대비할 수 있는 전문인력을 양성한다.

〈전방위 수요조사 결과 분석〉

전방위 수요조사 결과, 신입사원 채용 시 산업체가 요구하는 역량이 다음 그림과 같이 직무(전공능력), 의사소통 능력, 조직이해력, 대인관계 등의 역량 순으로 조사되었으며, 산업체 관점에서 우리대학 졸업생들의 직업기초능력 및 직무수행능력에 대해 긍정적으로 평가한다.

특히 대학원 졸업생의 경우 전공분야에서의 전문성을 키워 SCI 급 (SSCI/ SCIE) 국제학술지에 게재하는 것을 높이 평가 하였기에 재학 중 인공지능과 빅데이터 관련 분야로 탑티어 컨퍼런스 논문 게재 혹은 우수한 국제 학술지 SCI 급 (SSCI/ SCIE) 게재시 취업 및 이직 가능성이 매우 높아진다.

〈국제 교류 협력 진행중〉

[그림 129]와 [그림 130] 같이 2020년 1월 Vietnam-Korea Joint Workshops (조직위원장이 본 학과 교수)을 시작으로 MITA 2021 한국멀티미디어학회 국제학술발표대회 조직하여 진행(조직위원장 허준호 교수)하여 학과 홍보를 하였으며, 그 과정에서 컨택한 외국인 학생들을 면담하며, 지원 하고 있다 [57].

Sinh viên tốt nghiệp có đầy đủ kiến thức chuyên môn cần thiết kết hợp giữa toán, công nghệ thông tin và kinh tế nhằm nắm vững các quy trình kinh doanh để thu thập, tổ chức quản lý và phân tích dữ liệu trong kinh doanh và quản trị doanh nghiệp... Ngoài ra, sinh viên học ngành Kinh doanh số và trí tuệ nhân tạo sẽ được tạo điều kiện tham dự, hợp tác, trau dồi kiến thức tại các hội thảo quốc tế, các chương trình trao đổi thực tập và các cơ hội học bổng quốc tế, đặc biệt là tại các nước Mỹ, Nhật, Hàn Quốc.

Tiến sĩ Lê Hoành Sử trao Thư cảm ơn đến Giáo sư Huh Jun-ho tại một workshop giữa Việt Nam và Hàn Quốc tháng 1/2020 tại trường ĐH Kinh tế -Luật, ĐHQG TPHCM

[그림. 129] 베트남 교육신문 (1) (출처: 2020년 5월 베트남 교육신문)

2022년 4월 Vietnam-Korea Joint Workshops 또한 조직하여 논문 모집 중에 있으며 학과 홍보 및 학생면담을 진행 하고 있다.

Giáo sư Huh Jun-Ho trao học bổng Chương trình Thạc sĩ Ngành Data Informatics tại Hàn Quốc cho hai sinh viên tại trường ĐH Kinh tế- Luật

[그림. 130] 베트남 교육신문 (2) (출처: 2020년 5월 베트남 교육신문)

〈집필자 연구실 소개〉

한국해양대학교 데이터정보학과 데이터 사이언스 연구실(지도교수 허준호 부교수)에서는 빅데이터 수집 및 분석, 인공지능, 스마트그리드, 블록체인등 4차 산업 혁명의 근본이 되는 연구들을 하고 있으며, 그 결과 SCI급 (SCIE/SSCI) 주저자 80여편, KCI 및 SCOPUS 주저자 40여편을 게재 하였다.

현재 석사 및 박사과정 대학원생들을 10명 이상 지도하고 있으며, 절반 이상이 전/현직 개발자 출신이다. [그림. 131]: 소프트웨어 개발 예시

구체적인 연구 개발 범위는 [표 16]과 같다.

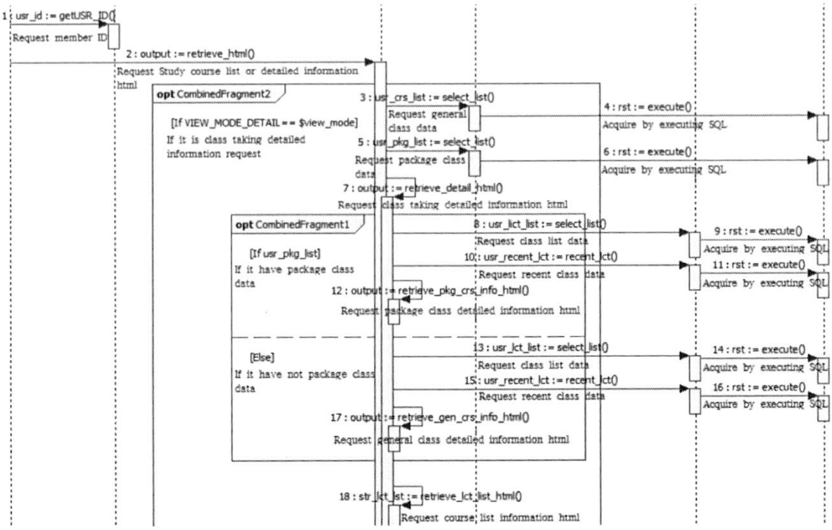

[그림. 131] 소프트웨어 개발 예시

[표. 16] 연구기술분류와 산학협력 분야 분류

연구기술 분류	1, 3, 8, 9, 10, 11, 12	
	국가과학 기술 표준 분류체계	1. 기초과학(수학/물리/화학/지구과학) 3. 농림/수산/식품 8. 전기/전자 9. 정보/통신 10. 에너지/자원 11. 원자력 12. 환경
산학 협력 분야	빅데이터, 인공지능, 지능형 전력망, REC, 금융, 자산, 부동산, 보안	
연구 키워드	빅데이터, 인공지능, 지능형 전력망, REC, 금융, 자산, 부동산, 보안	

1. 빅데이터 수집 및 분석 그리고 응용

[그림 132]와 [그림 133]과 같이 부동산 빅데이터 (관련 석사 2명 배출 및 관련 분야 SSCI 급 주저자 게재), 스마트팜 분야 빅데이터, 전력 분야 빅데이터, 전 조선 해운 전주기 빅데이터 센터장으로 과제 유치 및 수행 경험 보유 하고 있다. (관련분야 SCI 급 주저자 30여편 게재 및 교우사 본 저서 출판)

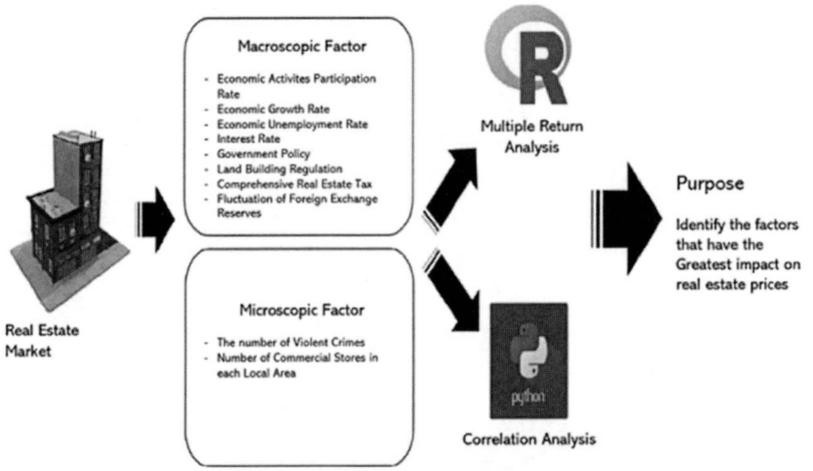

[그림 132] 부동산 빅데이터 수집 예시

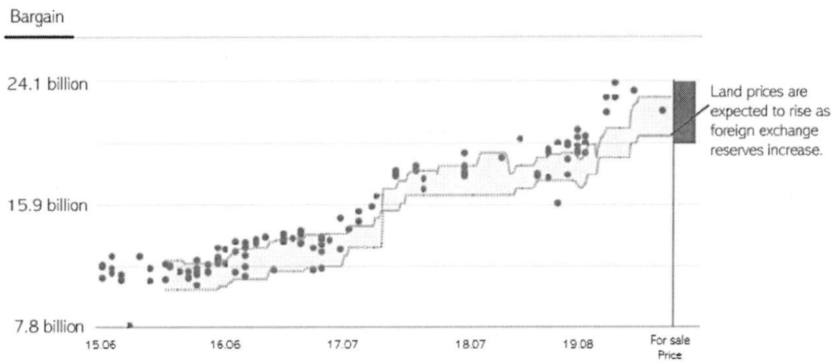

[그림 133] 부동산 빅데이터 분석 예시

2. 인공지능과 융복합

지능형에이전트, 머신러닝등의 알고리즘, 조선 수산 해운 해양 산업들과 융복합 [그림 134]. (관련분야 석사 2명 배출, SCI 급 주저자 20여편 게재)

(가). Ship Big Data Word Cloud

(나). Marine Big Data Word Cloud

(다). Big Data Integration Platform Word Cloud

(라). Smart Ship Word Cloud

[그림 134] 선박 빅데이터 분석 예시

3. 게임, AR/VR/MR, 메타버스 및 멀티미디어 인공지능

멀티미디어 분야 및 게임 분야 인공지능 [그림 135] (G-STAR 2017 국제게임전시회 부산가톨릭대학교 소프트웨어학과 지도교수), 관련 LMS 시스템과 교육, 부동산 분야 인공지능 서비스 및 메타버스. (관련분야 SCI 급 주저자 10여편 게재)

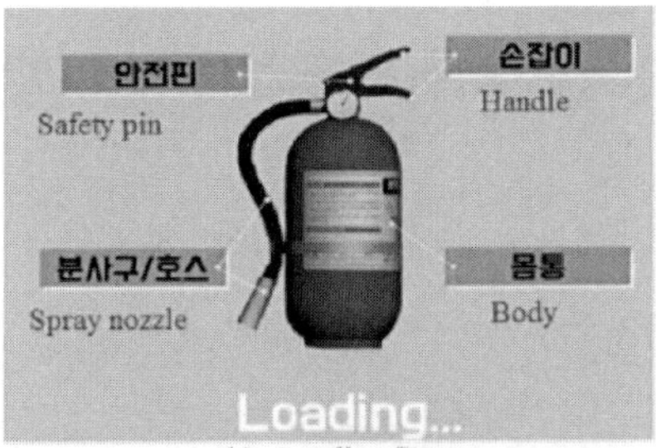

(a) Loading Screen

(b) Before Marker Recognition

(c) Click of Fire Extinguisher

Taking out the safety pin by turning the extinguisher as in (2).

(d) After Marker Recognition

(e) Mission Complete

[그림 135] VR 교육용 게임 예시

4. 스마트그리드 및 발전소 그리고 에너지 최적화

원자력 발전소 정보보안 [그림 136] (한국수력원자력 보안 총괄팀과 협업), 발전소 여자시스템 및 전력보안 [그림 137] (파푸아뉴기니, 베트남등 협업), 태양광 발전소 및 부유식 풍력 발전소 과제 수행, ESS, REC, 부동산. (관련분야 SCI 급 주저자 20여편 게재 및 스마트그리드 분야 미국 IGI Global 저서 출판)

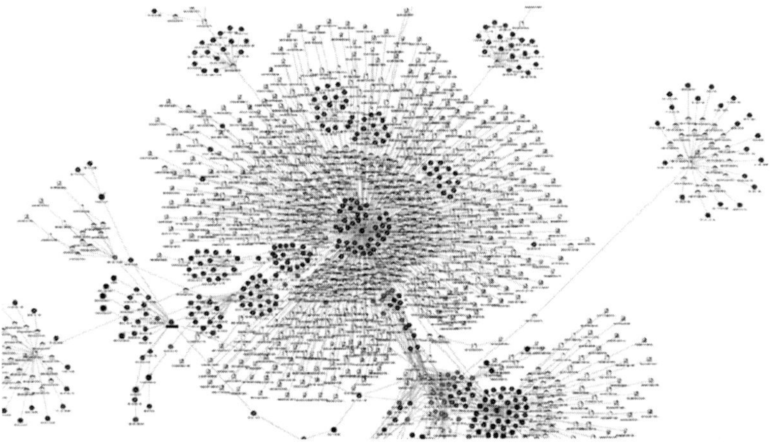

[그림. 136] 빅데이터 분석을 이용한 원자력 발전소 보안 취약점 분석

[그림. 137] 전력보안을 위한 화력발전소 여자시스템

5. 보안 및 블록체인

부동산 블록체인 [그림. 138], 금융자산 해킹 및 보안, 디지털 포렌식, 유산 상속 블록체인, 소액 부동산 투자 서비스와 블록체인, 아트블록, 데이터 비식별화와 블록체인, 농수산물 블록체인, 에너지 블록체인, 로그인과 블록체인 [그림. 139], 암호, REC 블록체인. (관련분야 SCI 급 주저자 10여편 게재 및 교우사 '블록체인의 세계 그 마법의 원리를 말하다' 저서 출판)

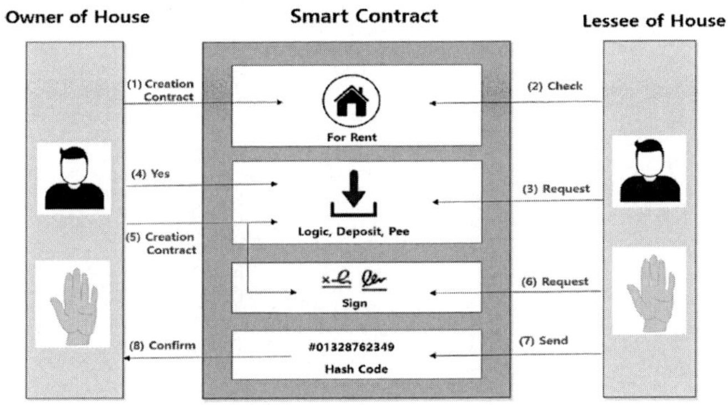

[그림. 138] 부동산 블록체인: 주택 임대 블록체인

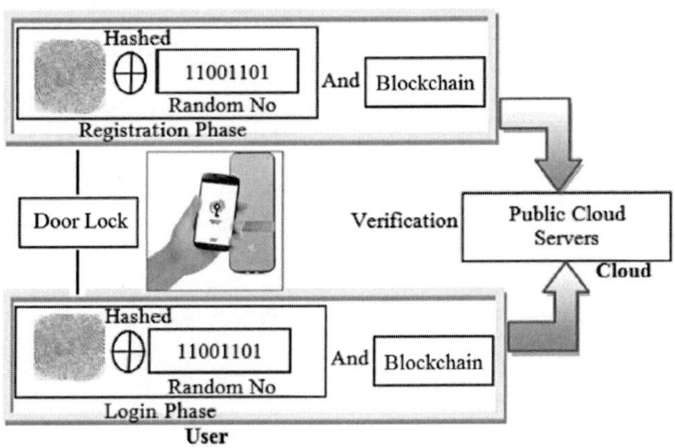

[그림. 139] 지문 인식 로그인과 블록체인

·참고문헌

[1] 방송통신위원회, 스마트워크 활성화 추진계획, 2011년.

[2] 정용찬(2012년). 『빅데이터 혁명과 미디어 정책 이슈』(KISDI Premium Report 12-02). 정보통신정책연구원.

[3] 정용찬 (2012년). 『빅데이터, 빅브라더』. KISDI 전문가컬럼. 2012.6. 정보통신정책연구원.

[4] Executive Office of the President (2010년) Designing a Digital Future. President's Council of Advisors on Science and Technology.

[5] O'Reilly Radar Team (2012년) Planning for Big Data. O'Reilly.

[6] Vital Wave Consulting (2012년) Big Data, Big Impact: New Possibilities for International Development. World Economic Forum.

[7] (사)한국소프트웨어 기술인 협회 빅데이터전략연구소(2021년) BIG DATA 빅데이터 개론.

[8] https://ko.wikipedia.org/wiki/빅_데이터

[9] 빅데이터 분석의 국내외 활용 현황과 시사점 SK경영경제연구소 최재경 수석연구원

[10] Huh, J. H. (Ed.). (2017). Smart grid test bed using OPNET and power line communication. IGI Global, USA, pp. 1-425.

[11] Big Data 연관 Keyword, 헤럴드경제데이터연구소

[12] 정보 사회의 패러다임의 변화와 힘의 이동, (사)한국소프트웨어기술인협회 빅데이터전략연구소

[13] RDBMS (Data Warehouse)와 Big Data (Hadoop)의 차이, LG CNS Blog Site, 2021년.

[14] 맥킨지, 2011년 맥킨지 보고서, 2011년.

[14] Vital Wave Consulting, 2012.

[15] 아마존의 예측 배송 경로, 연합뉴스, 아마존 디지츠, 2014년.

[16] GE Software Predix, 미국 GE 홈페이지, 2021년.

[17] 후지쯔 농업 관리 솔루션, 일본 후지쯔 홈페이지, 2021년.

[18] 구글 '플루 트렌드'의 독감 예측 현황, 미국 구글 플루 트렌드

[19] 지오비전을 이용한 서울 대치동 주변 10대 청소년 밀집도, SK텔레콤 지오비전, 2012년.

[20] 빅데이터를 활용한 신한카드 고객 라이프 스타일 분류, 대한민국 신한카드 홈페이지, 2021년.

[21] 바다 내비게이션 활용, 지능형해상교통정보서비스, 2022년.

[22] 해상 무선 통신망: LTE-M 및 상용 통신망, 지능형해상교통정보서비스, 2021년.

[23] 해양수산재난업무포털과 데이터허브, 해양수산재난업무포털, 2021년.

[24] 전자 어구 빅데이터 센터 서비스 제공 화면, 해양수산빅데이터거래소, 2021년.

[25] 해양환경데이터 통계 플랫폼 서비스 화면, 해양수산빅데이터거래소, 2021년.

[26] 빅데이터 활용 및 의의, 미래창조과학부 보도자료

[27] 공공 데이터 포털 (data.go.kr), 2021년.

[28] K-ICT 빅데이터 센터 (kbig.kr), 2021년.

[29] AI 허브 (https://aihub.or.kr)

[30] 대한민국 통계청 (http://kostat.go.kr)

[31] 대한민국 통계청 마이크로 데이터 서비스 (https://mdis.kostart.go.kr), 2021년.

[32] 서울 열린데이터광장 (https://data.seolul.go.kr), 2021년.

[33] 대한민국 보건의료빅데이터개발시스템 (https://opendata.hira.or.kr), 2021년.

[34] 대한민국 금융통계정보시스템 (https://fisis.fss.or.kr), 2021년.

[35] 대한민국 통신빅데이터플랫폼 (https://bdp.kt.co.kr), 2021년.

[36] DATA PORTAL (https://dataportal.co.kr), 2021년.

[37] Kaggle의 데이터셋들 (Datasets) (https://www.kaggle.com/datasets), 2021년.

[38] KDnuggets (https://www.kdnuggets.com/datasets), 2021년.

[39] 대한민국 해양수산 빅데이터플랫폼 (https://www.vadahub.go.kr), 2021년.

[40] R Project Site (https://www.r-project.org), 2021년.

[41] R Studio (https://www.rstudio.com), 2021년.

[42] Weka Wiki Page (https://waikato.github.io/weka-wiki/), 2021년.

[43] Rapidminer 한국어 사이트 (https://www.rapidminer.co.kr), 2021년.

[44] Python 사이트 (https://www.python.org), 2021년.

[45] 김성규, 허준호, 블록체인의 세계: 그 마법의 원리를 말한다, 교우사, pp. 1-204, 2021년.

[46] Python에서의 모듈과 패키지, 함수의 구분 (출처 : https://imasoftwareengineer.tistory.com), 2021년.

[47] 파이썬 주요 라이브러리 (출처 : https://devopedia.org), 2021년.

[48] 파이썬 문서 (https://docs.python.org/ko/3/library/), 2021년.

[49] 아태(중국 제외) 및 일본 지역 데이터스피어: 발신자 세분화 (Data Age 2025, sponsored by Seagate, 2018년)

[50] 데이터 유형, 분석속도, 분석 범위, 데이터 처리량, 분석 범위 (LG CNS : 빅데이터에 대한 오해와 금융권의 빅데이터 활용)

[51] JSON과 XML 데이터 형식 참고 (출처 : XML Editor, JSON Tools)

[52] 제조 공정의 영상을 분석하여 결과를 도출하는 시스템 (코그넥스)

[53] 판다스 사이트 (https://pandas.pydata.org) 2021년.

[54] 데이터 전처리가 데이터 분석 업무의 80%를 차지한다. (Exploratory Data Analysis Forbes)

[55] Pandas Join 형태 (www.educba.com), 2021년.

[56] 평균 집계 분석 (https://rfriend.tistory.com), 2021년.

[57] 2020년 5월 베트남 교육신문.

[58] 주영찬, 김정인, & 박성용. (2019). 기상정보를 활용한 태양광 발전량 모니터링 계량모형. 에너지경제연구, 18(1), 85-112.

[59] Je, S. M., Ko, H., & Huh, J. H. (2021), "Accurate Demand Forecasting: A Flexible and Balanced Electric Power Production Big Data Virtualization Based on Photovoltaic Power Plant," Energies, Vol. 14, No. 21, pp. 1-31.

[60] 제승모, Efficient Electric Power Production Mechanism through Big Data-Based Demand Forecasting, 고려대학교 교육대학원 컴퓨터교육전공 석사학위 논문, 2020년.

[61] 허준호, 2020년 플립러닝 결과보고서, 한국해양대학교 공과대학, 2020년 8월.

[62] 허준호, 2021년 플립러닝 결과보고서, 한국해양대학교 해양과학기술융합대학, 2021년 12월.

[63] 허준호외. 한국해양대학교 대학원 데이터정보학과 발전계획서, 2021년.

[64] Thomas H. Davenport (2006). Competing on analytics. Harvard business review, 84(1), 98.

[65] https://jupyterbook.org/try

[66] https://datascienceschool.net

[67] https://www.anaconda.com

[68] http://www.press9.kr/news/articleView.html?idxno=13950

[69] 동삼 혁신도시, 해양 신산업 중심지로 키운다. 다이내믹 부산 제 1848호 (https://www.busan.go.kr/news/totalnews01/view?dataNo=62062)

[70] "빅데이터" 정의, 특징, 의미, 활용, 전망. 하늘문화, 2016 (http://www.memorialnews.net/news/article.html?no=6767)

[71] 김종호, 빅데이터 시대의 정부의 역할, 2013년 2월.

[72] K2Base_빅데이터 , 과학기술정책지원서비스 (https://www.k2base.re.kr/k2bbs/pds25/view.do?recordCountPerPage=10&pageUnit=10&pageSize=10&pageIndex=3&nttId=13356&nttId2=173628&menuNo=&tempInt=269&vStartP=371&schScale=IN2_TITLE%2FCONTENT%2FFILE&searchCont=)

[73] 자라(Zara)의 빅데이터 분석 예시 (http://www.press9.kr/news/articleView.html?idxno=13950)

[74] 삼성 SDS Brightics AI (https://www.brightics.ai)

[75] https://e-navigation.mof.go.kr

[76] https://dl.acm.org/journals

[77] https://dl.acm.org/about/content#sec6

[78] Collective Intelligence (https://dl.acm.org/journal/cola)

[79] ACM Computing Surveys (https://dl.acm.org/journal/csur)

[80] Digital Governemnt: Research and Practive (https://dl.acm.org/journal/dgov)

[81] Distributed Ledger Technologies: Research and Practice (https://dl.acm.org/journal/dgov)

[82] Digital Threats: Research and Practice (https://dl.acm.org/journal/dgov)

[83] Formal Aspects of Computing (https://dl.acm.org/journal/fac)

[84] ACM Transactions on Computing for Healthcare (https://dl.acm.org/journal/health)

[85] Proceedings of the ACM on Interactive, Movile, Wearable and Ubiquitous Technologies (https://dl.acm.org/journal/imwut)

[86] Journal of the ACM (https://dl.acm.org/journal/jacm)

[87] Journal of Data and Information Quality (https://dl.acm.org/journal/jdiq)

[88] ACM Journal of Experimental Algorithmics (https://dl.acm.org/journal/jea)

[89] ACM Journal on Emerging Technologies in Computing Systems (https://dl.acm.org/journal/jetc)

[90] Journal on Computing and Cultural Heritage (https://dl.acm.org/journal/jocch)

[91] Proceedings of the ACM on Computer Graphics and Interactive Techniques (https://dl.acm.org/journal/pacmcgit)

[92] https://awards.acm.org/doctoral-dissertation

[93] https://awards.acm.org/doctoral-dissertation/award-winners

[94] National Institute of Standards and Technology (https://www.nist.gov)

[95] 한국소비자원참가격 (http://www.price.go.kr/)

[96] 서울연구데이터베이스 (https://data.si.re.kr)

[97] 서울빅데이터캠퍼스 (https://bigdata.seoul.go.kr)

[98] 보건복지부 (http://mohw.go.kr)

[99] 국민건강보험 (https://nhiss.nhis.or.kr)

[100] 보건의료빅데이터개방시스템 (https://opendata.hira.or.kr)

[101] 금융위원회 (https://www.fsc.go.kr)

[102] 네이버 데이터 랩 (http://datalab.naver.com)

[103] ACM Transactions on Graphics (https://dl.acm.org/journal/tog)

[104] Proceedings of the ACM on Human-Computer Interaction (https://dl.acm.org/journal/pacmhci)

[105] Proceedings of the ACM on Measurement and Analysis of Computing Systems (https://dl.acm.org/journal/pomacs)

[106] ACM Transactions on Autonomous and Adaptive Systems (https://dl.acm.org/journal/taas)

[107] ACM Transactions on Accessible Computing (https://dl.acm.org/journal/taccess)

[108] ACM Transactions on Architecture and Code Optimization (https://dl.acm.org/journal/taco)

[109] ACM Transactions on Algorithms (https://dl.acm.org/journal/talg)

[110] ACM Transactions on Asian and Low-Resource Language Information Processing (https://dl.acm.org/journal/tallip)

[111] ACM Transactions on Applied Perception (https://dl.acm.org/journal/tap)

[112] IEEE/ACM Transactions on Audio, Speech and Language Processing (https://dl.acm.org/journal/taslp)

[113] IEEE/ACM Transactions on Computational Biology and Bioinformatics (https://dl.acm.org/journal/tcbb)

[114] ACM Transactions on Cyber-Physical Systems (https://dl.acm.org/journal/tcps)

[115] ACM/IMS Transactions on Data Science (https://dl.acm.org/journal/tds)

[116] ACM Transactions on Economics and Computation (https://dl.acm.org/journal/teac)

[117] ACM Transactions on Embedded Computing Systems (https://dl.acm.org/journal/tecs)

[118] ACM Transactions on Evolutionary Learning and Optimization

(https://dl.acm.org/journal/telo)

[119] ACM Transactions on Human-Robot Interaction (https://dl.acm.org/journal/thri)

[120] ACM Transactions on Interactive Intelligent Systems (https://dl.acm.org/journal/tiis)

[121] ACM Transactions on Internet of Things (https://dl.acm.org/journal/tiot

[122] ACM Transactions on Intelligent Systems and Technology (https://dl.acm.org/journal/tist)

[123] ACM Transactions on Knowledge Discovery from Data (https://dl.acm.org/journal/tkdd)

[124] ACM Transactions on Management Information Systems (https://dl.acm.org/journal/tmis)

[125] ACM Transactions on Computing Education (https://dl.acm.org/journal/toce)

[126] ACM Transactions on Computer-Human Interaction (https://dl.acm.org/journal/tochi)

[127] ACM Transactions on Computational Logic (https://dl.acm.org/journal/tocl)

[128] ACM Transactions on Computer Systems (https://dl.acm.org/journal/tocs)

[129] ACM Transactions on Computation Theory (https://dl.acm.org/journal/toct)

[130] ACM Transactions on Design Automation of Electronic Systems (https://dl.acm.org/journal/todaes)

[131] ACM Transactions on Database Systems (https://dl.acm.org/journal/tods)

[132] Proceedings of the ACM on Programming Languages (https://dl.acm.org/journal/pacmpl)

[133] ACM Transactions on Information Systems (https://dl.acm.org/journal/tois)

[134] ACM Transactions on Internet Technology (https://dl.acm.org/journal/toit)

[135] ACM Transactions on Modeling and Computer Simulation (https://dl.acm.org/journal/tomacs)

[136] ACM Transactions on Multimedia Computing, Communications, and Applications (https://dl.acm.org/journal/tomm)

[137] ACM Transactions on Modeling and Performance Evaluation of Computing Systems (https://dl.acm.org/journal/tompecs)

[138] ACM Transactions on Mathematical Software (https://dl.acm.org/journal/toms)

[139] IEEE/ACM Transactions on Networking (https://dl.acm.org/journal/ton)

[140] ACM Transactions on Parallel Computing (https://dl.acm.org/journal/topc)

[141] ACM Transactions on Programming Languages and Systems (https://dl.acm.org/journal/toplas)

[142] ACM Transactions on Privacy and Security (https://dl.acm.org/journal/tops)

[143] ACM Transactions on Recommender Systems (https://dl.acm.org/journal/tors)

[144] ACM Transactions on Storage (https://dl.acm.org/journal/tos)

[145] ACM Transactions on Software Engineering and Methodology (https://dl.acm.org/journal/tosem)

[146] ACM Transactions on Sensor Networks (https://dl.acm.org/journal/tosn)

[147] ACM Transactions on Quantum Computing (https://dl.acm.org/journal/tqc)

[148] ACM Transactions on Reconfigurable Technology and Systems (https://dl.acm.org/journal/trets)

[149] ACM Transactions on Spatial Algorithms and Systems (https://dl.acm.org/journal/tsas)

[150] ACM Transactions on Social Computing (https://dl.acm.org/journal/tsc)

[151] ACM Transactions on the Web (https://dl.acm.org/journal/tweb)

[152] 한국연구재단 (2018), BK21 플러스 사업 Computer Science 분야 우수국제학술대회 목록 개선 결과 및 적용 기준

[153] Huh, J. H. (2018). Big data analysis for personalized health activities: machine learning processing for automatic keyword extraction approach. Symmetry, 10(4), pp. 1-30.

[154] Lee, S., & Huh, J. H. (2019). An effective security measures for nuclear power plant using big data analysis approach. The Journal of Supercomputing, Springer, 75(8), pp. 4267-4294.

[155] Je, S. M., & Huh, J. H. (2021). Estimation of future power consumption level in

smart grid: Application of fuzzy logic and genetic algorithm on big data platform. International Journal of Communication Systems, 34(2), pp. 1-22.

[156] Huh, J. H., Otgonchimeg, S., & Seo, K. (2016). Advanced metering infrastructure design and test bed experiment using intelligent agents: focusing on the PLC network base technology for Smart Grid system. The Journal of Supercomputing, Springer, 72(5), pp. 1862-1877.

[157] Tran, D. T., & Huh, J. H. (2022). Building a model to exploit association rules and analyze purchasing behavior based on rough set theory. The Journal of Supercomputing, Springer, pp. 1-41.

[158] Lim J-H, Kim J-H, & Huh J-H. (2022). Recent Trends and Proposed Response Strategies of International Standards Related to Shipbuilding Equipment Big Data Integration Platform, Springer Quality & Quantity, Major Revision, pp. 1-30.

[159] Lee S-H, Kim J-H, & Huh J-H. (2021). Land Price Forecasting Research by Macro and Micro Factors and Real Estate Market Utilization Plan Research by Landscape Factors: Big Data Analysis Approach, Symmetry, pp. 1-24.

[160] Lee, H.G., & Huh, J. H. (2018). A cost-effective redundant digital excitation control system and Test Bed Experiment for safe power supply for process industry 4.0. Processes, 6(7), pp. 1-29.

[161] Kim, S.K., & Huh, J.H. (2020). Autochain platform: expert automatic algorithm Blockchain technology for house rental dApp image application model. EURASIP Journal on Image and Video Processing, 2020(1), pp. 1-23.

[162] Huh, J.H., & Seo, K. (2019). Blockchain-based mobile fingerprint verification and automatic log-in platform for future computing. The Journal of Supercomputing, Springer, 75(6), pp. 3123-3139.

·찾아보기

ㅈ

ㅋ

ㅌ

ㅍ

ㅎ

해양 빅데이터의 세계

초판발행 2022년 2월 28일

지은이 박상일 · 허준호
펴낸이 오판근
펴낸곳 (주) 교우
주 소 서울시 동대문구 약령시로 8 교우빌딩 2층 (주)교우
전 화 02-925-2861 / **팩 스** 02-925-2860, **편집부** 02-925-2825
홈페이지&북스토어 www.kyowoo.co.kr / **이메일** kyowoo@kyowoo.co.kr

등 록 1994년 3월 24일 제1994-000013호
ISBN 979-11-251-0351-6 (93530)

(주) 교우는 보다 혁신적이고 참신한 도서를 다양하게 기획하고 있습니다.
책으로 펴내고자 하는 아이디어나 원고는 메일로 보내주세요.
(주) 교우는 전과정을 책임지고 최선을 다하겠습니다.

값 25,000원

교우미디어는 (주) 교우의 Imprint 사입니다.
수학정원·과학정원은 (주) 교우의 새로운 브랜드명입니다.

잘못된 책은 구입하신 서점에서 교환해 드립니다.